岩溶湿地
地下水合理开发及
生态功能保护理论与实践

邹胜章　樊连杰　周长松　卢　丽　林永生　等 著

GUANGXI NORMAL UNIVERSITY PRESS
广西师范大学出版社
·桂林·

岩溶湿地地下水合理开发及生态功能保护理论与实践

YANRONG SHIDI DIXIASHUI HELI KAIFA JI SHENGTAI GONGNENG BAOHU LILUN YU SHIJIAN

图书在版编目（CIP）数据

岩溶湿地地下水合理开发及生态功能保护理论与实践 / 邹胜章等著. -- 桂林：广西师范大学出版社，2024.10
ISBN 978-7-5598-6479-6

Ⅰ．①岩… Ⅱ．①邹… Ⅲ．①沼泽化地－地下水资源－资源开发－研究②沼泽化地－地下水资源－资源保护－研究 Ⅳ．①P641.8

中国国家版本馆 CIP 数据核字（2023）第 201279 号

广西师范大学出版社出版发行

（广西桂林市五里店路 9 号　邮政编码：541004）

网址：http://www.bbtpress.com

出版人：黄轩庄

全国新华书店经销

广西广大印务有限责任公司印刷

（桂林市临桂区秧塘工业园西城大道北侧广西师范大学出版社集团有限公司创意产业园内　邮政编码：541199）

开本：787 mm × 1 092 mm　1/16

印张：14.25　　字数：338 千

2024 年 10 月第 1 版　　2024 年 10 月第 1 次印刷

定价：168.00 元

国家重点研发计划课题（2017YFC0406104）
中国地质调查局地质调查项目（DD20221758）
广西重点研发计划项目（桂科 AB18050026）
广西重点研发计划项目（桂科 AB21220044）
广西重点研发计划项目（桂科 AB22080070）

资助出版

《岩溶湿地地下水合理开发及生态功能保护理论与实践》编委会

邹胜章　樊连杰　周长松　卢　丽　林永生

张连凯　申豪勇　赵　一　卢海平　陈宏峰

李　军　朱丹尼　谢　浩　王　佳　罗明明　　著

马　瑞　路　明　祁继红　薛　强　刘　菲

邓日欣　杨烨宇　梁建平　张　伟　唐春雷

序

—

　　岩溶湿地是一种独特的湿地类型，在我国南方岩溶区分布广泛。地表和地下同时发育的岩溶湿地，使得其不仅具有强大的生态功能，更是岩溶水资源的调蓄场所；岩溶湿地内地下水资源开发利用程度高，相关环境问题较多，湿地退化严重。近年来，对岩溶湿地生态保护的相关研究不断深化，出现了很多研究成果。邹胜章研究员及其团队的新著《岩溶湿地地下水合理开发及生态功能保护理论与实践》，是其团队近10年来的研究成果集成。它重点解决了石漠化区岩溶地下水循环演变过程及其生态功能危机形成机制中的关键科学问题，并以理论研究指导示范工程建设。该书贡献了一个具体的岩溶湿地岩溶水资源开发与水生态功能保护案例，对促进我国岩溶湿地水资源开发利用与生态功能保护具有重要意义。

　　专著以我国最大的岩溶湿地——桂林会仙岩溶湿地为主要研究对象。通过对岩溶湿地水循环及赋存规律的系统研究，建立了岩溶水系统"五水"转化动力学模型；初步阐明了岩溶湿地区地下河系统的水资源化利用与生态环境相互作用机制，确定了岩溶湿地水资源合理开发利用的临界水位与生态需水量，研发了岩溶地下河探测、动水封堵、储蓄与应急利用、生态功能保护的关键技术；构建了石漠化区地下水合理利用与生态环境功能保护"三位一体"的技术方法体系；并在会仙湿地典型区开展了关键技术的应用示范，有效提高了示范区地下水资源利用率和应急供水能力，取得了良好的生态与经济效益。

　　此前，胜章及其团队还出版了《岩溶区地下水环境质量调查评估技术方法与实践》。可以看出，他们长期从事岩溶区水资源调查评价与开发利用研究，试图从岩溶水系统的研究，寻求解决岩溶水资源开发利用与保护难题的技术方法。这也是我长期以来一直坚持和对他的要求。我曾于1989年提出了"运用系统方法开展岩溶研究"的主张，胜章及其团队继承与发展了这一思想，并取得了较好的成果，吾心甚慰。

　　作为我的学生，胜章不善言辞，但他"讷于言而敏于行"。其严谨的研究工作作风和治学态度，让他带领团队在岩溶环境水文地质研究领域开拓出了一片天地。因此，当胜章要我为本书作序时，欣然应允，并对此书的出版，表示祝贺。我相信他们的研究成果对推动岩溶环境水文地质学的发展，必能发挥重要作用。

朱遠峰

前　言

我国南方岩溶地区分布于云南、贵州、广西、广东、湖南、湖北、重庆和四川等省（区、市），面积约为78万km²。我国南方岩溶区别于北方岩溶的最主要特点是南方岩溶区发育大量的地下河，在地下河排泄区，由于特殊的水文地质条件、水土结构和生物特性等，形成了一种区别于其他湿地的湿地类型，称之为"岩溶湿地"。我国岩溶湿地广泛分布于南方岩溶区，主要分布在云贵高原和广西平原地区，其中著名的有云南丘北普者黑湿地、云南纳帕海湿地、贵州威宁草海湿地、贵州红枫湖湿地、贵州织金八步湖湿地和广西会仙湿地等。

岩溶湿地的功能主要体现在调节局部气候、调蓄水资源、净化环境、保护生物多样性、保护自然资源、旅游、科研和科普等方面。健康的岩溶湿地在保障湿地内居民生活、农业生产用水方面发挥着重要作用，但水资源的不合理开发导致岩溶湿地地下水水位下降严重，引发岩溶塌陷、湿地沼泽萎缩及生物群落减少等一系列生态环境问题，严重威胁到湿地的健康与可持续发展。

岩溶湿地作为岩溶水系统的一部分，不但拥有独特的生态环境，而且在石漠化地区水资源开发利用过程中具有特殊的意义；石漠化与岩溶湿地的发展、演化及地下水的循环三者间相互制约、相互影响。加强石漠化区地下河流域水赋存规律研究，阐明岩溶地下河的水资源化利用与生态环境相互作用机制，结合岩溶水文地质、地球化学、生态学、气象水文学及调查统计学等原理，揭示岩溶湿地形成演化理论及其退化演替规律，是实现石漠化区水资源开发利用与生态环境功能保护的有效途径。

2017年，国家重点研发计划重点项目"我国西部特殊地貌区地下水开发利用与生态功能保护"（2017YFC0406100，2017~2021年）启动，其中第四课题"岩溶石漠化区地下河水资源化及生态保护研究与示范"（2017YFC0406104）选取南方岩溶区具代表性的会仙岩溶湿地，采用调查-探测-监测-试验-分析相结合的技术方法，建立了会仙岩溶湿地系统地下水-地表水动态监测网络，查明了岩溶地下水循环及赋存规律，初步阐明了地下河系统的水资源化利用与生态环境相互作用机制，确定了地下河系统水资源合理开发利用的临界水位与生态需水量，研发了岩溶地下河探测、动水封堵、储蓄与应急利用、生态功能保护的关键技术，编制了岩溶地下水资源化与生态功能保护技术方案，并在广西会仙湿地典型区开展了关键技术的应用示范。该研究成果对西南岩溶石漠化区地下河流域的水质管理与生态保护具有重要意义。

本书主要集成了国家重点研发计划课题"岩溶石漠化区地下河水资源化及生态保护研究与示范"（2017YFC0406104）、中国地质调查局地质调查项目"珠江流域水文地质与水资源调查评价"（DD20221785）、广西重点研发计划项目"广西典型水环境污染物监测技术开发及示范研究"（桂科 AB18050026）、"桂中连片干旱区水资源调控与生态综合治理关键技术研发与示范"（桂科 AB21220044）和"桂林城区水土环境新型污染物防治关键技术研究与示范"（桂科 AB22080070）等项目取得的成果与认识，系统阐述了"五水"转化动力学模型、岩溶湿地水循环与"五水"转化规律、石漠化区地下水合理利用与生态环境功能保护"三位一体"的技术方法体系，重点解决了石漠化区岩溶地下水循环演变过程及其生态功能危机形成机制等关键科学问题。

本书对地下河型岩溶湿地水资源开发、水环境生态功能保护技术方法及应用示范方面的成果进行了总结。全书共分为6章：第1章主要介绍岩溶湿地的定义和分类，分析岩溶湿地水资源开发及湿地水环境生态保护方面存在的主要问题；第2章以会仙岩溶湿地为例，阐述岩溶湿地的成因和演化动力机制；第3章从岩溶湿地水循环角度出发，分别论述典型岩溶湿地水文过程与生态效应；第4章重点阐述岩溶湿地生态与环境功能退化机制，通过构建的岩溶湿地健康评价模型，对典型岩溶湿地水功能进行了评价与区划；第5章介绍岩溶湿地生态功能保护与调控的4个关键技术方法；第6章介绍岩溶湿地水资源的开发利用模式，及相关理论与技术方法在会仙岩溶湿地的应用示范所取得的成果与认识。

本书相关内容在研究过程中，得到了中华人民共和国科技部、中国地质调查局、广西科技厅的资助和项目专家组的有力支持。本书相关研究工作主要由中国地质科学院岩溶地质研究所承担，同时得到了包括中国地质大学（武汉）、河北工程大学、中国地质大学（北京）、桂林市气象局等众多单位相关科研人员的大力支持，为本书的研究资料翔实和高质量完成奠定了坚实基础。值此成果出版之际，对支持和帮助本书出版的各位专家、各级领导以及参加本成果相关项目研究的各位同仁表示衷心感谢。

作 者

2023 年 6 月 1 日

目 录

第1章

岩溶湿地地下水开发及生态保护面临的问题与背景

▦ 1.1 岩溶湿地类型及其发育特征

1.1.1 岩溶湿地概念 💧

湿地是珍贵的自然资源，也是重要的生态系统。湿地仅覆盖地球表面6%的面积，却为地球上20%的已知物种提供生存环境，具有不可替代的生态功能，因而被称为"地球之肾"（赵魁义，2002）。目前，国际学界并没有统一的湿地定义，较常用的是《关于特别是作为水禽栖息地的国际重要湿地公约》（以下称《湿地公约》）给出的定义（国家林业局《湿地公约》履约办公室，2001）："湿地系指不论其为天然或人工、长久或暂时之沼泽地、湿原、泥炭地或水域地带，带有静止或流动，或为淡水、半咸水或咸水水体者，包括低潮时水深不超过6 m的水域。"我国湿地资源总量大、分布辽阔、区域差异明显、生物多样性丰富、湿地类型齐全，包括《湿地公约》定义的所有湿地类型，并拥有世界独特的高原湿地类型——被誉为"水塔"的青藏高原湿地。第二次全国湿地资源调查结果显示，全国湿地总面积5360.26 hm²[①]，湿地面积占国土面积的比率（即湿地率）为5.58%。

在我国南方岩溶地区，由于特殊的水文地质条件、水土结构和生物特性等，形成一种区别于其他湿地的湿地类型，称之为"岩溶湿地（karst wetland）"。岩溶湿

---

①1 hm²=10⁴ m²。

地是广泛分布在岩溶地区的一种特殊的湿地类型，包括岩溶湖泊、河流水系、沼泽地和岩溶洞穴或管道等。吴应科等（2006）考察广西桂林会仙湿地时曾使用"岩溶湿地"概念，但没有明确岩溶湿地的定义。马祖陆等（2009）在对会仙湿地进行详细研究后，提出岩溶湿地定义："岩溶湿地是指主要分布在岩溶地区（包括地表、地下），或以岩溶水为主要补给水源，具有岩溶地区特有的富钙偏碱性水土特征和典型岩溶水土循环演化机制，以喜钙耐碱的湿地生物群落为主或与喜钙耐碱的生物群落相互依存为特征的内陆湿地，包括岩溶地区地表或地下的湖泊、沼泽、河流或其他地下岩溶水文系统。"Guo 等（2022）将以岩溶地下水为补给来源、具有"半地上、半地下"岩溶洞穴或管道的湿地定义为岩溶溶洞湿地。可见，岩溶湿地属于地下水湿地系统的一种，与其所在地地表水存在与否无关，其内通常发育有溶洞或地下河。本书在总结我国西南岩溶湿地特点基础之上提出岩溶湿地的定义：一种分布于岩溶区，依靠岩溶水形成的、常年或季节性积水的地域（包括地表和地下），域内水量和水位（地表、地下）具有明显的岩溶水文特征，水生植物和生物对岩溶水土环境具有较强的适应性和依赖性。

1.1.2　岩溶湿地特点

岩溶湿地是一类具有典型岩溶水文特征，且形成和演化受岩溶水水量和水质严格控制的内陆淡水湿地。岩溶湿地由于其特殊的水文地质条件和水循环过程，湿地在形成、发育、演替、空间形态、水文特征和生态功能方面明显不同于其他类型湿地。岩溶湿地的主要特点包括：①主要分布于我国西南地区，湿地规模大小不一，规模较小者居多；②宏观上与岩溶地貌密切相关，微观上受岩溶发育规模和数量影响较大；③湿地水量和水位年内动态变化较大；④具有岩溶水循环特征；⑤优势植被和生物与岩溶水土环境密切相关。

1.地表地下二元水文地质结构

岩溶含水层与裂隙和孔隙含水层之间存在显著差异，主要表现在其具有较强的空间非均质性、较大的孔隙度及较好的连通性。岩溶水系统以各种不均匀的岩溶形态（溶缝、地下河、溶潭等）作为水的储存和运移空间，系统内部结构极不均匀，这种不均匀性造成岩溶水系统内部在水力联系方面具有各向异性。岩溶地下水可同时赋存于孔、隙、缝、管、洞中，含水介质尺度差别很大，具有高度非均质性和各向异性，岩溶洼地和落水洞等地表地下岩溶形态发育较完善，地表土壤层分布极不均一，发育出地表河流、湖泊和岩溶地下河、溶洞等多种岩溶湿地类型。

岩溶洼地排泄口因岩溶崩塌、泥沙堵塞和滑坡等原因被堵塞后积水形成湖泊型岩溶湿地。在地下岩溶管道和溶洞等具有一定规模的空间则又会形成岩溶地下河湿地和溶洞湿地。岩溶地下河往往成为岩溶区地表河流的主要补给源，甚至是地表河流的发源地，形成地表河流型湿地，因此在岩溶区由于多层水文地质结构而形成了多层岩溶湿地。

2.封闭的储水构造

岩溶封闭储水构造是岩溶区能够储蓄一定规模岩溶水的必要条件，是天然岩溶水库、岩溶地下水库存在的基础。岩溶湿地往往是由相对封闭的、储水条件良好的岩溶水系统构成的。岩溶封闭储水地质体往往是由岩溶含水地质体与能有效富集并储存岩溶地下水的封闭界面所组成的相对封闭的三维岩溶水文地质结构体（陈静等，2019）。西南岩溶地区常见的岩溶储蓄水构造有向斜盆地、背斜槽谷、单斜构造、断陷盆地和断裂带储水等。例如，湖北神农架大九湖岩溶湿地是由背斜和向斜组成的汇水盆地；广西桂林会仙岩溶湿地则是由多个背斜、向斜和断层构成的褶皱-断陷复合汇水盆地。

3.生态水文循环过程

水是湿地形成、发育及维持其结构和功能的关键因子，水文过程在湿地形成、发育、演替直至消亡全过程中起重要作用，它主要通过形成和改变湿地理化环境影响湿地生态系统组分、结构，进而控制湿地生态系统的演化（章光新等，2018）。湿地水资源的时空分配格局直接影响植物群落的分布、组成和结构；另一方面，植物通过降雨截留、凋落物储水和植物用水等过程对地面-大气系统的水文通量产生强烈影响，进而影响着整个湿地水文循环（邓伟等，2003）。岩溶湿地具有典型岩溶地区的水文特征和水循环过程，岩溶湿地受岩溶水系统结构的控制，其水文过程具有多峰多谷、水位变幅不均、对降雨响应时间短的特点（郭纯青等，2009）。岩溶湿地生态水文过程包括生态水文物理过程、生态水文化学过程和水文过程的生态效应。湿地生态水文物理过程包括湿地植被降水截留、蒸发散、地表径流和地下水等水文过程。生态水文化学过程主要是指水文行为的水质性研究。水文过程的生态效应主要指水文过程对植被生长和分布的影响。

岩溶湿地受"土在楼上、水在楼下"的双层水文地质结构的影响，大气降水在地表快速向地下漏失，地下河也呈现快速的水文响应，易旱易涝，使得岩溶湿地的水位和流量动态变化极大；同时，由于岩溶水的富钙偏碱性和高易损性，地表的污染物极易通过落水洞快速污染地下水。岩溶水在水量和水质上的动态易变性，快速的水文过程也极易引起生态过程的变化，导致岩溶湿地生态系统极为敏感而脆弱（陈静等，2019）。

1.1.3　岩溶湿地分类 🌢

由于学科领域和研究目标的不同，湿地分类标准不一，形成了许多不同的湿地分类系统，总体上可归纳为综合分类和专业分类两类。根据《湿地公约》定义，结合我国第二次全国湿地资源调查结果，湿地分类有：近海与海岸湿地、河流湿地、湖泊湿地、沼泽湿地和人工湿地。

岩溶湿地作为一种特殊的湿地类型,其分类标准和类型划分目前学界并没有达成共识。马祖陆等(2009)以湿地的地貌(地表和地下)划分亚类,以湿地成因(生境与形成机制)作为第一级分类依据,根据对湿地生态系统结构和性质的分析和研究,将岩溶湿地划分为2个亚类、7个一级分类、17个二级分类(表1-1)。研究者

表 1-1　岩溶湿地分类表(马祖陆等,2009)

亚类	一级分类	二级分类	三级分类或说明	进一步分类或说明
地表岩溶湿地	岩溶沼泽湿地	岩溶泉(群)前沼泽或沼泽化草甸	①溢流型岩溶泉(群)前沼泽湿地 ②分散岩溶泉(群)前沼泽湿地 ③集中排泄型岩溶泉(群)前沼泽湿地 ④岩溶泉前绿洲(水草、森林)沼泽湿地	可根据湿生植被群落类型或基底类型进行分类
		岩溶裂隙渗漏水源沼泽或沼泽化草甸	①岩溶裂隙水侵淹的沼泽地或沼泽化草甸	
		岩溶低洼地潴水沼泽或沼泽化草甸	①雨源型岩溶洼地沼泽或沼泽化草甸 ②地下水补给型洼地沼泽或沼泽化草甸 ③地表漫流补给型洼地沼泽或沼泽化草甸 ④岩溶堰塞型的沼泽或沼泽化草甸 ⑤季节性侵淹的湖滨沼泽或草甸	
	岩溶河流湿地	永久性岩溶地表河流	①雨源型永久性岩溶河 ②地下河源永久性岩溶河 ③岩溶泉(群)型永久性岩溶河 ④岩溶裂隙水补给型永久性岩溶河 ⑤外源水补给型永久性岩溶河	包括河床和低河漫滩
		季节性或间歇性岩溶地表河流	①雨源型季节性或间歇性岩溶河 ②其他水源补给的季节性或间歇性岩溶河	
		洪泛岩溶峰林平原湿地	①岩溶河口湿地(绿洲) ②泛滥的河谷(滩涂、河滩) ③森林草被洪泛平原(岩溶河间地块、谷地)湿地	洪水泛滥淹没的河流两岸地势低平区

亚类	一级分类	二级分类	三级分类或说明	进一步分类或说明
地表岩溶湿地	岩溶湖泊湿地	溶蚀洼(谷)地岩溶湖	①天然溶蚀洼(谷)地岩溶湖 ②堰塞型溶蚀洼(谷)地岩溶湖 ③溶蚀-堰塞混合岩溶湖	包括雨源(坳陷潴水)型、地下水补给型、混合补给型各类溶蚀洼(谷)地岩溶湖溶潭以及落水洞堵塞形成的暂时性积水的高位洼地等类型(可根据水生植被群落类型或基底类型进一步分类)
		构造岩溶湖	①断陷盆地(或破碎带)构造岩溶湖 ②褶皱构造岩溶湖 ③断陷-褶皱综合成因岩溶湖	可根据具体构造形态进一步分类,如褶皱构造岩溶湖可进一步划分为向斜构造岩溶湖、背斜构造岩溶湖等
		其他岩溶湖	①综合成因岩溶湖 ②人工蓄水工程(岩溶水库)	由构造、溶蚀、堰塞等不同成因组合形成的天然岩溶湖或人工建造的蓄水工程
	岩溶河、沼泽湿地	岩溶低洼峰林平原(坡立谷)河、湖、沼泽湿地	①沙(砾)滩、泥炭滩涂地 ②草被、地衣型河漫滩沼泽湿地 ③河边森林沼泽湿地	河、湖之间分布的低洼沼泽地岩溶河(漫滩)湖间沼泽湿地
		湖滨森林沼泽混合湿地	①峰林平原湖滨低地、缓丘上雨季短期被洪水浸泡的森林湿地	可根据水生植被群落类型或基底类型进一步分类
地下岩溶湿地	地下岩溶储水盆地	地下岩溶湖	①堰塞型地下岩溶湖 ②断陷(坳陷)地下岩溶湖 ③向斜(构造盆地)地下岩溶湖 ④背斜(构造穹隆)地下岩溶湖	具有空间上连续的、规模较大并蓄含地下水的厅堂式岩溶洞穴或相互联通的洞穴群(地下湖泊)或岩溶地区人工蓄水工程(岩溶地下水库)
		地下岩溶储水构造	①堰塞型岩溶储水构造 ②断陷(坳陷)岩溶储水构造 ③向斜(构造盆地)岩溶储水构造 ④背斜(构造穹隆)岩溶储水构造	以溶洞、密集型岩溶管道与岩溶裂隙相互连接的地下混合蓄(积)水地质体

亚类	一级分类	二级分类	三级分类或说明	进一步分类或说明
地下岩溶湿地	地下岩溶河流湿地	管道岩溶地下河	①雨源型永久(季节)管道岩溶地下河 ②外源水补给型永久(季节)管道岩溶地下河	指单一或多管道(洞穴)地下河及储水洞穴系统(含季节性地下河)
		密集岩溶裂隙地下径流带	①密集岩溶裂隙地下径流带	由多条规模较小而集中分布的裂隙状岩溶地下径流(管道)组成
	其他地下岩溶水文系统	承压岩溶地下水文系统	①承压岩溶地下水文系统	包括承压岩溶地下蓄水区、涌泉(群)等
		其他岩溶水文系统	①其他岩溶水文系统	由岩溶储水盆地、岩溶地下河、岩溶地下湖泊3种类型湿地组合形成的地下河-湖湿地类型或其他岩溶水文系统(管道、裂隙、溶洞混合型)

可根据研究目的和研究意义等开展岩溶湿地的分类工作，总体上以地形地貌、地质构造、岩溶空间特征、地下水分布状况和湿地所处地理环境等单一因素或多元类型进行分类。

1.2　中国岩溶湿地分布特征

1.2.1　中国岩溶湿地概况

我国西南岩溶区分布于云南、贵州、广西、湖南、湖北、重庆、四川和广东等省（区、市），面积约为78万 km^2，受特殊岩溶地质和地形地貌等条件的影响，形成了众多岩溶湿地，其中多数分布在云贵高原和广西平原地区，包括岩溶湖泊、河流水系和沼泽地等类型。岩溶湿地水文系统具有地表、地下双重空间结构，同时具有渗漏性强、降水入渗补给系数大、水文过程变化迅速、旱涝灾害频繁的特点，而岩溶湿地生态系统具有一定的特殊性、复杂性和脆弱性。随着人类活动的日益频繁，不少岩溶湿地正在退化，水面逐渐萎缩，水质变差，湿地生态系统面临严重威胁。我国著名的岩溶湿地有云南丘北普者黑湿地、云南纳帕海湿地、贵州威宁草海湿地、贵州红枫湖湿地、贵州织金八步湖湿地和广西会仙湿地等。另有数量众多而单个面积较小的湖泊与沼泽湿地等岩溶湿地。

1.2.2 中国重要岩溶湿地名录 🔸

根据我国湿地的分级管理制度,按照生态区位、生态功能和生物多样性等的重要程度,将湿地划分为国家重要湿地、省级重要湿地和一般湿地。我国重要湿地见表1-2。

表 1-2 我国重要岩溶湿地名录

湿地名称	湿地类型	湿地面积/hm²	湿地级别
云南纳帕海湿地	沼泽	3434.00	省级
云南鹤庆草海湿地	湖泊	268.45	国家级
云南剑川剑湖湿地	断陷盆地湖泊	623.00	省级
云南丘北普者黑湿地	断陷盆地湖泊	7525.19	国家级
云南沾益海峰湿地	湖泊	724.00	省级
云南洱源茈碧湖湿地	断陷溶蚀洼地湖泊	786.00	省级
云南洱源西湖湿地	断陷湖泊	550.00	国家级
云南富源小海子湿地	湖泊和沼泽	102.90	省级
贵州贵阳市阿哈湖湿地	草本沼泽、永久性河流、喀斯特溶洞湿地	473.00	国家级
贵州习水县东风湖湿地	库塘、草本沼泽、喀斯特溶洞湿地	82.92	国家级
贵州凤冈县龙潭河湿地	库塘、永久性河流、洪泛平原湿地、喀斯特溶洞湿地	426.73	国家级
贵州安顺市黄果树湿地	库塘、永久性河流、洪泛平原湿地、喀斯特溶洞湿地	196.15	国家级
贵州荔波县黄江河湿地	库塘、永久性河流、洪泛平原湿地、喀斯特溶洞湿地	183.85	国家级
贵州贵定县摆龙河湿地	库塘、永久性河流、洪泛平原湿地、喀斯特溶洞湿地	243.85	国家级
贵州惠水县鱼梁河湿地	库塘、永久性河流、洪泛平原湿地、喀斯特溶洞湿地	132.10	国家级
贵州平塘县平舟河湿地	库塘、永久性河流、洪泛平原湿地、喀斯特溶洞湿地	371.00	国家级
贵州独山县九十九滩湿地	库塘、永久性河流、洪泛平原湿地、喀斯特溶洞湿地	169.13	国家级
贵州沿河县乌江湿地	库塘、永久性河流、洪泛平原湿地、喀斯特溶洞湿地	560.86	国家级
贵州思南县白鹭湖湿地	库塘、永久性河流、喀斯特溶洞湿地	2514.90	国家级
贵州印江县车家河湿地	库塘、草本沼泽、永久性河流、洪泛平原湿地、喀斯特溶洞湿地	196.79	国家级
贵州安龙县招堤湿地	库塘、草本沼泽、永久性河流、永久性淡水湖、喀斯特溶洞湿地	278.20	国家级
贵州兴义市万峰湿地	库塘、永久性河流、喀斯特溶洞湿地	2295.08	国家级
贵州长顺县杜鹃湖湿地	库塘、草本沼泽、永久性河流、喀斯特溶洞湿地	80.11	国家级

湿地名称	湿地类型	湿地面积/hm²	湿地级别
贵州威宁草海湿地	湖泊	3100.00	国家级
贵州红枫湖湿地	人工湖泊	4174.45	国家级
贵州福泉岔河湿地	河流湿地、沼泽湿地、人工湿地	241.94	国家级
贵州修文岩鹰湖湿地	河流湿地、沼泽湿地、人工湿地、永久性河流、喀斯特溶洞湿地	483.70	国家级
湖北大九湖湿地	湖泊湿地	1645.00	国家级
广西桂林会仙湿地	河流湿地、湖泊湿地、沼泽湿地、人工湿地	493.59	国家级
广西百色福禄河湿地	河流湿地、人工湿地	313.50	国家级
广西靖西龙潭湿地	河流湿地、湖泊湿地、人工湿地	60.94	国家级
广西凌云浩坤湖湿地	河流湿地、湖泊湿地	460.23	国家级
广西富川龟石湿地	河流湿地、人工湿地	3951.58	国家级
广西南丹拉希湿地	河流湿地、人工湿地	214.90	国家级
广西东兰坡豪湖湿地	河流湿地、沼泽湿地、人工湿地	289.40	国家级
广西都安澄江湿地	河流湿地、人工湿地	474.12	国家级
广西忻城乐滩湿地	河流湿地、人工湿地	880.80	国家级
广西合山洛灵湖湿地	河流湿地、人工湿地	283.49	国家级
广西兴宾三利湖湿地	河流湿地、沼泽湿地、人工湿地	644.50	国家级
广西大新黑水河湿地	河流湿地、沼泽湿地	449.60	国家级
广西龙州左江湿地	河流湿地、人工湿地	794.98	国家级

1.2.3　中国典型岩溶湿地概况　💧

1.广西桂林会仙岩溶湿地

1）地理位置

会仙岩溶湿地位于广西桂林市临桂区著名古镇会仙镇（图1-1），距临桂新城约10 km，是临桂新城的生态屏障。其地理坐标为110°08′15″～110°18′00″ E、25°01′30″～25°11′15″ N，面积约为120 km²。会仙镇境内河塘纵横，秀水萦回，数十座秀丽石峰耸立其中，山水交相辉映。境内主要的河流湖泊有相思河、唐朝武则天时期开凿的古桂柳运河和风景秀丽的睦洞湖。

2）地形与地貌

会仙岩溶湿地位于广西桂林峰林平原南部。其四周为中低山与丘陵环绕，中央为峰林平原。地形总体上为南北高、东西较低、中间低平。

3）气象条件

根据临桂气象站资料，会仙岩溶流域位于广西多雨地带的桂北暴雨中心，降雨量十分丰富，年平均降雨量1863.2 mm，年平均蒸发量1589.9 mm，年平均日照时数1588.5 h，年平均气温19.2 ℃。

4）水文特征

会仙湿地位于漓江与柳江的分水岭地带，受区域特殊地形与水文地质条件的制约，地表和地下河由环绕湿地四周的中低山和丘陵向湿地中部低洼的岩溶峰林平原湿地（盆地）内汇集后，通过分布于会仙湿地东、西部边缘仅有的两条主要过境河流——东部的良丰江和西部的相思江分别排向漓江和洛清江（柳江）。但受湿地仅有的东、西两个排泄口——良丰江河谷和相思江下游狭窄的凤凰岭峡谷的影响，地表水及地下水排泄不畅，因而在湿地内形成连片分布的众多湖泊、沼泽和水草地。

图1-1　桂林会仙岩溶湿地地理位置图

2.云南普者黑岩溶湿地

1）地理位置

普者黑岩溶湿地地处云贵高原南端，位于云南省文山壮族苗族自治州丘北县境内（图1-2），南距丘北县城约5 km，地理坐标为103°55′~104°13′ E、24°05′~24°14′ N，总面积为165 km²，是典型的岩溶湖泊湿地（黄海燕等，2016）。

2）地形地貌

普者黑岩溶湿地属于岩溶盆地，盆地内地形平坦，海拔为1446~1462 m，地表岩溶形态主要是峰丛洼地、峰林洼地和岩溶湖群等；盆地边缘主要为石牙坡地和峰丛洼地等岩溶地貌，海拔为1500~1700 m。

3）气象条件

普者黑岩溶湿地地处低纬度季风气候区，总体上属中亚热带气候特征，终年温和湿润。年平均气温为13.7～18.6 ℃，极端高温为35.7 ℃，极端低温为-7.6 ℃。年平均降雨量为1100～1200 mm，但降雨量年内分布不均匀。5～9月为雨季，降雨量占全年的70%以上，10月至次年4月为旱季。

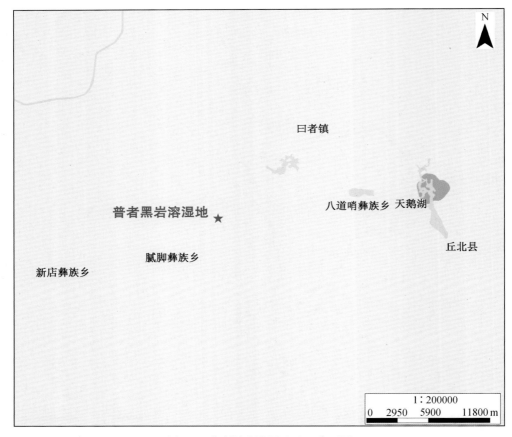

图1-2　普者黑岩溶湿地地理位置图

4）水文特征

普者黑岩溶湿地属珠江流域西江上游水系，湿地流域内分布有54个湖泊、312座孤峰、83个溶洞、15条河流和120 km地下暗河，是由湖泊、孤峰、峰林等构成的岩溶湿地复合生态系统，既是滇东南水域面积最大的岩溶流域，也是当地重要的饮用水水源地（郭欢，2016；马铭嘉等，2019）。湿地中的水主要来源于摆龙湖和落水洞的岩溶地下水，其下游进入清水江后流入南盘江，最终汇入珠江。

5）地质条件

普者黑岩溶湿地出露地层包括第四系（Q）、上第三系（N）、中三叠统拖味组

（T₂t）、个旧组上段（T₂gᶜ）。地质构造复杂、地势起伏、断裂发育，为东西向构造与北东向构造的交接部位。

区内土壤以红壤、黄壤及水稻土为主，有极少量黑土，区内土壤垂直分布不明显。石灰岩、玄武岩、砂页岩、砂岩及页岩为红壤主要成土母岩；砂页岩为黄壤主要成土母岩。受成土母质不同及植被多样性影响，普者黑峰林湖盆区土壤性状、肥力有很大差别。

普者黑岩溶湿地是滇东高原独特的蓄水型峰丛（林）湖盆的典型发育区，植被-土壤层-表层岩溶带-包气带-饱水带构成了地表地下双层岩溶垂直含水结构系统。区内主要分布有三类地下水：浅埋藏的松散岩类孔隙水、赋存于基岩表层的风化带裂隙水及赋存于溶洞、溶隙和溶孔中的岩溶水。

3.云南沾益海峰岩溶湿地

1）地理位置

海峰岩溶湿地位于云南省曲靖市沾益区大坡乡德威村（图1-3），地理坐标为103°29′~103°43′ E、25°35′~25°57′ N，处于滇东喀斯特高原核心部位，由准平原抬升后形成的高原和受牛栏江切割而成的峡谷两大部分组成，海拔为1840~2414 m，总面积为

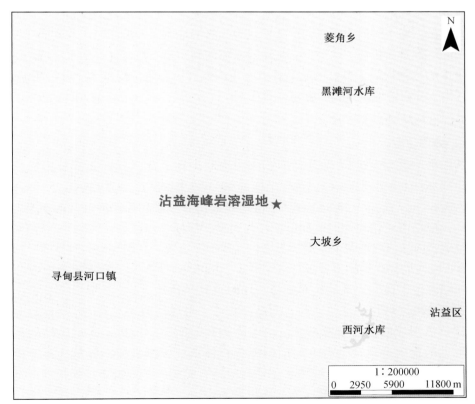

图1-3　沾益海峰岩溶湿地地理位置图

278.46 hm^2，核心区面积为26.67 km^2，水体面积为10.05 km^2，是集山、水、林、石、洞、潭及草地于一体的典型的岩溶湿地景观。海峰岩溶湿地以兰石坡海子湿地为核心，与干海子、背海子、黑滩河共四块湿地构成，有"九十九山，九十九峰""云南小桂林"之美誉。

2）地形地貌与地质条件

海峰岩溶湿地发育于滇东岩溶高原丘陵，地表岩溶形态主要是峰丛洼地、峰林洼地和岩溶湖。地质构造属于扬子准地台西部的曲靖台褶束，它是滇东台褶带的一部分，从构造形态来看，是一个复背斜的核部与其西翼的大部地区。在地质构造运动的影响下，两侧东北-西南向的山地相对隆升，湿地夹持于其中。区内最低海拔为1840 m，最高海拔为2414 m，相对高差为574 m。

3）气象条件

海峰岩溶湿地表现为典型的亚热带高原季风气候，干湿季分明，年温差小，日温差大。冬半年（11月至次年4月）盛行偏西风，风速快，空气干燥，蒸发量大，形成冬春干旱多风、干冷同期的特点；夏半年（5~10月）则降水充沛，形成夏秋湿暖雨多、雨热同季的特点。

4）水文特征

海峰岩溶湿地属金沙江水系，是金沙江一级支流牛栏江流域的控制区。区内河流主要有两条，即小洞河与黑滩河，主要表现为岩溶地下河明流和暗流段共同存在。区内湖泊的特点是面积小、水质好，现阶段水体的利用率不高，良好的水环境给湿地生态系统中的生物提供了良好的生活环境，也为发展生态旅游提供了十分优越的条件。同时，由于受岩溶地质地貌的影响，石灰岩广泛分布，具有丰富的岩溶地下水。

4. 云南纳帕海岩溶湿地

1）地理位置

纳帕海岩溶湿地地处青藏高原东南缘横断山脉三江纵谷区东部香格里拉市境内，距离城区8 km（图1-4），地理坐标为99°37′~99°43′ E，27°49′~27°55′ N，平均海拔为3568 m，面积为34.34 km^2。该湿地是云南海拔最高和纬度最北的高原岩溶湖泊之一，也是沼泽化较为严重和退化较为典型的湿地（田昆等，2004）。云南纳帕海岩溶湿地属内陆型湿地，主要湿地类型包括草本泥炭地、高山湿地和时令湖。1984年云南省人民政府建立纳帕海省级自然保护区，2005年其被列入《国际重要湿地名录》。

纳帕海位于横断山系的核心部位，同时也处于长江上游三大植物多样性中心之一的生物地理区域核心部位，与青藏高原相连，形成高原淡水湖泊沼泽湿地与周围的森林植被组成的湿地生态系统。由于海拔高差明显，形成了丰富多样的植被类型，常见的重要群落类型有亚高山沼泽化草甸植被、挺水植物群落、浮叶植物群落、沉水植物群落。此外，纳帕海还是高原特有鹤类——国家Ⅰ级保护濒危动物黑颈鹤的重要越冬栖息地，已被云南省人民政府定为"黑颈鹤越冬栖息自然保护点"。

2）地形地貌

纳帕海地貌形态较为复杂，具有冰川地貌、流水地貌、湖成地貌、喀斯特地貌、构造地貌等地貌类型及其组合特征，四周山岭环绕。湖盆发育在石灰岩母质的中甸高原上，湖盆一侧为中甸主断裂带，另一侧具有宽阔的浅水带，呈簸箕形，南北长 12 km，东西宽 6 km。受喀斯特作用的强烈影响，纳帕海湖盆底部被蚀穿形成落水洞。区内主要土壤类型为沼泽土和泥炭土，pH 为 8.02，土壤有机质平均含量为 85.30 g/kg，全氮平均含量为 2.71 g/kg，水解氮平均含量为 324.76 mg/kg，速效磷含量为 3.7~5.7 mg/kg，速效钾平均含量为 124.81 mg/kg，属于较肥沃的土壤。

3）气象条件

纳帕海岩溶湿地属寒温带高原季风气候区西部型季风气候，全年盛行南风和南偏西风，具有高寒、积温低、霜期长、降水量少、干湿季节分明及冬春季干旱突出等特点。年日照平均时数为 2180.3 h，且辐射总量季节性差别不大，但太阳辐射强，白天增温剧烈，夜间降温快，因此气温年较差小，日较差大。冬季从 9 月中旬开始到次年 5 月结束，长达 257 d，年平均气温为 5.4 ℃。干湿季分明，年平均降水量为 619.9 mm，每年的 5~10 月为明显湿季，11 月至次年 5 月为明显干季，冬春季干旱突出。

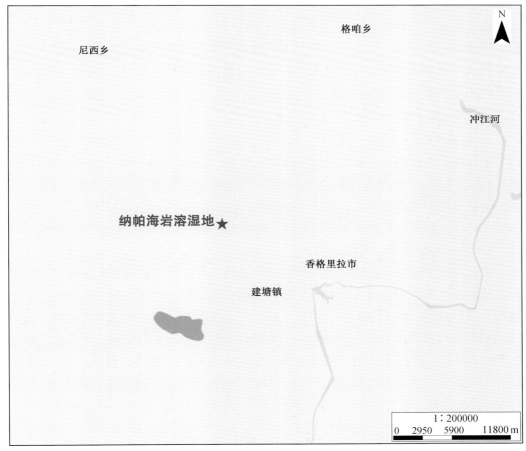

图 1-4　纳帕海岩溶湿地地理位置图

4）水文特征

纳帕海岩溶湿地属金沙江水系。纳帕海是季节性天然湖泊，由一系列淡水池塘、沼泽组成，集水面积为660 km²，年均产水量为2.57×10⁴ m³，水源来自周围汇入的纳赤河、旺赤河、共比河等8条短小溪流，但水量补给主要依靠降雨、地表径流、冰雪融水和湖两侧沿断裂带上涌的泉水。湖水从西北隅溶洞汇入地下河流，再经溶洞流往尼西乡汤姆堆排出，注入金沙江。

受西南季风影响，6月初形成降水，源自雪山森林的纳曲河、奶子河等10余条溪流汇入湖中，湖面水漫达千公顷，水深可达4~5 m。由于岩溶作用和人为对落水洞进行扩大加速了湖水外泄，在8月后湖水开始退落；10月前后由于秋季季风退缩产生降雨，湖水再次上涨使湖面增高至31.25 km²，并于11月后退落；湖水退落后湖面大幅缩小，湖水从西北角的9个落水洞泄入地下河，穿过北部小背斜，潜流10 km后出露形成支流并汇入金沙江，汇水流量减少，湖面缩小至5 km²左右。

5）地质条件

纳帕海湿地湖盆一侧为中甸主断裂带，另一侧具有宽阔的浅水带，呈簸箕形，南北长12 km，东西宽6 km。地质构造上属滇西地槽褶皱系，古生界印支槽褶皱带，中甸剑川岩相带。岩石分布有从寒武纪至三叠纪各时代的石灰岩，以及大量的冰碛物及河流相沉积物，第三系砾岩、砂岩，第四系冲积、洪积、冰碛、湖积、坡积残积物母质等。

5.湖北大九湖岩溶湿地

1）地理位置

大九湖岩溶湿地位于神农架林区西部（图1-5），地理坐标为109°56′~110°11′ E、31°24′~31°33′ N，海拔为1600~1800 m，是我国"南水北调"中线工程的重要水源地，也是汉江中游重要的生态屏障。该地虽地处北亚热带，但海拔较高，气候湿冷，生物多样性丰富，以其典型性、特殊性、代表性和稀有性而具有保护和科研价值。

2）地形地貌

大九湖位于我国地势第二级阶梯的东部边缘，是由大巴山东延的余脉组成的高山盆地地貌。大九湖地区地貌类型丰富，主要有构造侵蚀地貌、夷平面地貌、岩溶地貌、冰川地貌、流水和沼泽堆积地貌等。大九湖盆地外围为海拔2200~2400 m的陡峭中山，山顶高出盆地500~800 m。其中最高点是位于中部的霸王寨主峰（海拔为2625.4 m），最低点是东北部的漆树垭（海拔为1500 m）。中更新世以来，受地壳间歇性抬升影响，加之古气候暖湿，有利于岩溶作用发育，大九湖岩溶盆地开始形成、发育，盆地内侧发育了较宽阔的、坡度较缓的二级洪积台地，海拔为1740~1760 m。

3）气象条件

大九湖岩溶湿地地处中纬度北亚热带季风气候区，属亚高山寒温带潮湿气候。日照时间短，气候温凉。年平均气温为7.4 ℃，7月平均气温为17.2 ℃，1月最冷，日

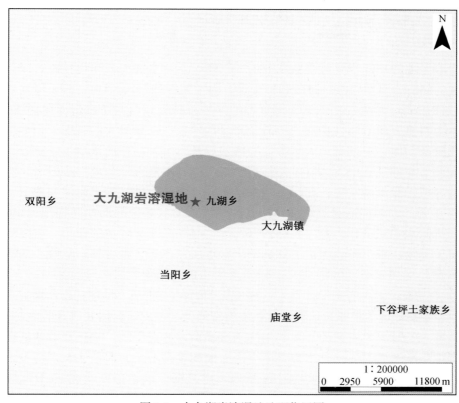

图1-5 大九湖岩溶湿地地理位置图

平均气温为–4.3 ℃，无霜期短，仅144 d。年降水量为1528.3 mm，降水丰富且分布均匀，云雾天气较多，相对湿度大于80%。全年日照时数为1000 h左右，平均每天日照2.7 h。冬长夏短、春秋相连的独特气候条件造就了大九湖独特的亚高山湿地资源。由于流域内山势高大，也表现出明显的垂直气候特征。

4）水文特征

大九湖岩溶湿地位于汉江与长江分水岭地带，区内主要河流有堵河、大宁河、龙船河、白河、马渡河、洋溪河和板桥河。大九湖岩溶湿地雨量充沛，蒸发量小，湿度大。区域内黑水河和九灯河两条溪流均汇入落水孔，属堵河水系。由于盆地封闭，无其他排水通道，而岩溶洞穴又不能通畅排水，因而地下水位普遍较高。在盆地中部广阔的低平河漫滩地带，地下水位接近地表，形成独特的高山湖沼景观。大九湖没有外来的河流补水，也没有河流直接排水，地处高海拔地区的大九湖完全依靠天然降水，出水则是由湿地西北角喀斯特地貌典型的落水孔排出。大九湖的水由落水孔流入地下暗河后在邻近的竹山洪坪镇喷涌而出，成为汉江重要支流——堵河的源头水。大九湖西侧的各冲沟发育有20多条小型冲沟，河流顺坡径流进入湖区后，沿途渗漏进入地下，为季节性河流。

■ 1.3 岩溶湿地功能与保护现状

岩溶湿地的功能主要体现在调节局部气候、调蓄水资源、净化环境、保护生物多样性、旅游、自然资源、科研和科普等方面（樊连杰等，2019）。岩溶湿地处于水陆相互作用的过渡地带，既是土地资源的一种特殊形式，又是水资源的储蓄地带，具有水土自然资源的属性功能。碳酸盐岩是地球表层系统最大的碳库，是地球大气二氧化碳的归属，岩溶湿地的碳酸盐岩含水层是岩溶碳循环的重要组成部分，在碳循环和调节局部气候中发挥着重要作用。在雨季，湿地可以分流过量的水，削减洪峰，减轻或控制洪涝灾害；在旱季，湿地所蓄水资源可补给地表河流和地下水，缓解用水矛盾。岩溶湿地通过过滤作用、生物群落与其环境间的相互作用可以吸附、降解和排除水中污染物、悬浮物和营养物等，起到净化水环境的作用。岩溶湿地不仅为水生动物、水生植物提供了优良的生存场所，也为多种珍稀濒危野生动物（特别是水禽）提供了必要的栖息、迁徙、越冬和繁殖场所。岩溶湿地集山、水、湖、田、草于一体，往往形成景色宜人、环境优美的自然景观，同时其兼具水资源、水文地质、生态环境等科学价值，因此，岩溶湿地又是旅游、科研和科普的重要场所。

随着人类对湿地资源的开发利用活动增多，并且对湿地，缺乏有效的管理和保护，湿地不断遭到破坏，其水位逐渐下降、面积逐渐缩小，湿地生态系统受到严重破坏。国家在保护湿地方面出台了一系列法律法规，如自2022年6月1日起施行的《中华人民共和国湿地保护法》明确规定："湿地保护应当坚持保护优先、严格管理、系统治理、科学修复、合理利用的原则，发挥湿地涵养水源、调节气候、改善环境、维护生物多样性等多种生态功能。"针对岩溶湿地的保护，除了国家出台的保护湿地的有关法律法规外，湿地所在的各省（区、市）人民政府根据湿地实际情况也采取了相应保护性措施。例如，广西壮族自治区出台《广西壮族自治区湿地保护条例》《广西壮族自治区红树林资源保护条例》，依法推进湿地生态系统保护修复；桂林市人民政府针对桂林会仙岩溶湿地的保护，自2023年1月1日起施行《桂林市会仙喀斯特国家湿地公园保护管理规定》；云南省通过《云南省湿地保护条例》《云南省人民政府关于加强湿地保护工作的意见》和《云南省人民政府办公厅关于贯彻落实湿地保护修复制度方案的实施意见》进一步加强湿地保护工作，科学处理好湿地保护和资源合理利用关系，充分发挥湿地生态服务功能；"十三五"期间，贵州省颁布实施《贵州省湿地保护条例》，并出台《贵州省湿地保护修复制度实施方案》《贵州省重要湿地认定办法》《贵州省重要湿地认定标准》和《贵州省级湿地公园管理办法》，不断建立健全湿地保护制度，落实湿地保护目标责任，强化湿地保护体系建设，使湿地保护修复取得了显著成效。

岩溶湿地由于其所处环境的特殊性，在气候变化和人类活动的影响下，湿地水文过程、水环境及生态系统发生了改变，进而影响到湿地健康的可持续发展。湿地保护制度的建立和实施对保护湿地和恢复湿地环境起到了很好的作用。但是，仅从规章制度方面对湿地进行保护还远远不够，湿地退化过程中面临着水资源、水环境和生态系统等众多科学问题，需要从岩溶水文地质和岩溶水文生态系统的结构、功能等方面进行系统的研究与思考，通过实施水系统和退化生态系统的保护与修复等措施对岩溶湿地进行保护与治理。因此，如何协调水资源开发利用、生态环境保护和经济可持续发展依然是我们面临的一个难题。

1.4　岩溶湿地地下水资源开发引发的生态环境问题

岩溶湿地受特殊的水文地质结构影响，通常地表水系统与地下水系统并存，地下水与地表水转换频繁、联系密切，地下水位的变化特征与地表水相似，具有明显的多峰多谷特征，同时对降水响应迅速。岩溶湿地具有丰富的地下水，能够不断补给湿地地表水，是维系湿地健康发展的关键要素。地下水可以直接影响湿地水位变化，湿地水位可通过影响湿地水深、水域面积、水质及土壤含水量等因素，进而扰动湿地生态状况。岩溶湿地宝贵的地下水资源，不仅为湿地的形成、发展、演化提供了水资源保障，同时为域内居民的生活和农业、渔业活动提供了水源保障。岩溶湿地内，居民开采地下水用于日常生活、农田果园灌溉和渔业养殖等。近年来，由于湿地地下水资源的过度开发，引发了岩溶湿地一系列生态环境问题。过度地开采地下水一方面导致了湿地地下水水位下降严重，在局部区域形成地面沉降和岩溶塌陷。地下水水位下降，会导致湿地地表水得不到地下水的充分补给，造成湿地水域面积减小、水位降低，湿地沼泽萎缩，湿地生态系统受到严重破坏。同时地下水水位下降会影响到湿地内峰丛、峰林等石山地区植被的正常生长需水，导致原本脆弱的石山生态环境退化，严重时会导致石漠化的形成。另一方面，地下水资源的过度开发会影响地下水的形成，从而使其化学成分发生相应的变化，导致地下水水质变差。水质变差会影响水生生物的生存环境，导致水生生物群落结构与功能发生变化，影响湿地生态服务功能。

1.5　小结

岩溶湿地是一种特殊的湿地类型，目前虽然没有统一定义，但岩溶湿地的概念应该是既能反映湿地特点，又包含岩溶水文地质与水循环的特殊性。岩溶湿地的分类在湿地分类基础之上，可根据岩溶湿地所处地形地貌、地质构造、岩溶空间特征、地下水分布状况等特点开展单一因素或多元类型的分类。

我国岩溶湿地主要分布在西南岩溶地区，其中在云贵高原和广西平原地区居多，我国著名的岩溶湿地有云南丘北普者黑湿地、云南纳帕海湿地、贵州威宁草海湿地、贵州红枫湖湿地、贵州织金八步湖湿地和广西会仙湿地等。

　　岩溶湿地的功能主要体现在调节局部气候、调蓄水资源、净化环境、保护生物多样性、提供自然资源、旅游、科研和科普等方面。目前，我国已经制定并颁布了保护湿地的法律法规，各省（区、市）人民政府也出台了针对域内岩溶湿地的保护性法规。岩溶湿地的保护和恢复取得了一定成效。但是，如何协调水资源开发利用、生态环境保护和经济可持续发展，依然是我们面临的一个重要难题。

　　地下水在维系岩溶湿地健康发展，保障湿地内居民的生活和农业生产用水方面发挥着重要作用。但由于地下水资源的过度开发，导致岩溶湿地地下水水位下降严重，引起地面沉降、岩溶塌陷、湿地沼泽萎缩、生物群落减少等一系列生态环境问题，严重威胁到湿地的健康与可持续发展。

第2章

典型岩溶湿地成因
与演变驱动机制

■ 2.1 岩溶湿地成因

2.1.1 湿地主要成因 ◌

　　湿地与森林、海洋并称三大生态系统，湿地位于陆生生态系统和水生生态系统之间的过渡地带，包括沼泽湿地、湖泊、浅海滩涂及河流等多种类型，其成因多种多样，但最主要的成因有两个：①降雨量多，蒸发量少；②地势低洼，有利于水流汇集。

　　水的来源是湿地成因的重要指示因子，水的赋存方式和水文过程控制湿地生态系统运行机制；其中，水动力条件决定湿地基质或沉积物类型与空间分布规律，水深和水质决定湿地的植被类型、群落结构及生态功能。因此，湿地的形成一般着重分析降水量、水位季节变化、蒸发量、入渗量、地表水排泄能力及水网密度等要素。我国典型的湿地成因如下。

　　（1）三江平原地区湿地主要成因：气候湿润，降水较丰富；地势低平，排水不畅；气温低，蒸发弱；冻土发育，地表水不易下渗。

　　（2）青藏高原湿地主要成因：海拔高，气温低，蒸发量小；冰川积雪融化较多；低洼地易积水；地下冻土层厚，地表水不易下渗。

　　（3）长江中下游平原湿地主要成因：降水丰富；河湖较多，地表水丰富；地势低平，洪水易泛滥，排水不畅。

　　岩溶湿地属于一种特殊的湿地类型，岩溶湿地水的赋存方式和水文过程受岩溶发育程度、岩溶含水层结构特征、岩溶水动力条件等的控制；其中，地表、地下"双层"水文地质结构是岩溶湿地区别于非岩溶湿地的主要特征之一。不同类型的岩溶湿地各具不同的成因。

2.1.2 岩溶湿地发育特征

岩溶水主要赋存于封闭的岩溶储水地质体内，是岩溶湿地发育的基础。岩溶湿地根据水的存储空间可分为地表岩溶湿地和地下岩溶湿地两大类，其中地下岩溶湿地是岩溶湿地所特有的。

1.地表岩溶湿地

岩溶区地表湿地包括岩溶河流、溶蚀洼地型岩溶湖、构造岩溶湖、岩溶沼泽湿地等不同类型（蔡德所和马祖陆，2012）。

（1）岩溶河流湿地中的洪泛峰林平原湿地：系岩溶河水、地下水洪水泛滥淹没的河流两岸地势平坦地区，包括河滩、泛滥的河谷、季节性泛滥的草地。地下水的水文特征对岩溶泛洪峰林平原的淹没时间、周期和生态特征影响巨大。

（2）溶蚀洼地型岩溶湖：石灰岩溶蚀、侵蚀形成的岩溶洼地中积水形成的湖泊，分为天然型、堰塞型和混合型等几种成因类型。堰塞型岩溶洼地型岩溶湖是由于洼地（谷地）排泄口因岩溶崩塌、泥沙堵塞和滑坡等被堵塞后积水成湖，以岩溶地表、地下河流转换处——伏流入口被堵塞后在上游形成的湖泊较为常见，且此类湖泊通常面积较小。我国最有代表性的低纬度地区高原岩溶湖泊为贵州威宁草海，属于溶蚀、堰塞的综合成因。

（3）构造岩溶湖：由于地壳变动（包括地壳断裂和褶皱）形成，由碳酸盐岩和非碳酸盐岩、断层带等共同组成的断陷盆地或褶皱构造（如向斜盆地），在其低洼凹陷处汇集地表、地下水形成的湖泊，有断陷型、褶皱型（包括向斜、构造盆地、背斜和构造穹隆等）和混合型的构造岩溶湖。云南岩溶湖泊群、广西桂林会仙睦洞湖、四川广安华蓥天池湖均为典型的构造岩溶湖。

（4）岩溶沼泽湿地的分布局限于大型岩溶低洼地或峰林平原地区，多分布于岩溶湖泊周边、河间低洼地、岩溶地下水出口处。岩溶沼泽中水的成因、来源是沼泽湿地起源和发生类型的重要指示因子，也是岩溶沼泽湿地进一步划分的标准。云南中甸的纳帕海是我国最典型的岩溶低洼地潴水沼泽（或沼泽化草甸）。

2.地下岩溶湿地

根据不同的成因方式，地下岩溶湿地可划分为不同类型，包括地下岩溶储水盆地、岩溶地下河流湿地和其他岩溶地下水文系统。

地下岩溶储水盆地依据地下水空间赋存方式的不同，将地下岩溶储水盆地划分为地下岩溶湖型储水盆地和地下岩溶储水构造两类。岩溶湖型储水盆地具有空间上连续、规模较大并蓄含地下水的厅堂式岩溶洞穴、相互连通的洞穴群（地下湖泊）或岩溶地区人工蓄水工程（岩溶地下水库）。地下岩溶储水构造指小溶洞、密集型岩溶管道与岩溶裂隙相互连接的地下混合蓄（积）水地质体。

根据水动力特征，岩溶地下河流湿地可分为管道型地下河湿地和溶缝型岩溶地下水径流带湿地。管道型地下河湿地属于单一或多管道（洞穴）地下河及储水洞穴系统（含季节性地下河），根据地下水的来源可分为雨源型地下河湿地、外源水补给型地下河湿地；根据支管道数量可分为单管道岩溶地下河湿地、多管道岩溶地下河湿地。溶缝型岩溶地下水径流带湿地发育在岩溶裂隙密集发育的地下水主径流带区，由多条规模较小但集中分布的裂隙状岩溶地下径流组成。

成因复杂或具有以上两大类成因的复合型地下岩溶湿地统一归入其他岩溶地下水文系统，包括承压岩溶地下蓄水区、涌泉（群）等。

2.1.3　岩溶湿地系统的演化　🜄

1. 湿地水量对人类活动的响应

湿地是地球上单位面积服务价值最高的生态系统类型，不仅在维系区域生态安全中扮演重要角色，而且还具有巨大的水源涵养和气候调节等生态系统服务功能。湿地的大面积萎缩可能会带来诸如生物多样性锐减、旱涝灾害频发、洪水调控功能下降等一系列生态环境问题（吴应科等，2006）；对于岩溶湿地，还有可能造成岩溶石漠化等生态系统的退化问题。

随着人类对湿地资源的开发利用增多，并且缺乏有效管理和保护，湿地不断受到破坏，水位逐渐下降、面积逐渐缩小，湿地生态系统受到严重破坏。人类活动对湿地面积的影响主要体现为两种方式：一种是直接方式，包括围湖（沼泽）造田、围湖养殖或在沼泽中开挖鱼塘、养殖场等破坏性开发；另一种是间接方式，主要包括开挖沟渠、疏干湿地地表水和过量利用湿地水资源，造成湿地水资源的枯竭、水域面积减小和沼泽萎缩。

遥感作为资源环境调查的先进技术手段，在岩溶湿地的调查和监测中发挥着重要作用。目前，湿地面积监测主要应用"3S"技术，利用近期的卫星影像资料量测获得。蔡德所等（2009）采用遥感反演分析方法，对广西会仙岩溶湿地的形成演化进行了分析研究，发现近40年来自然湿地面积从42 km² 减小到约15 km²，说明湿地生态结构逐步从自然湿地向人工湿地转化。

2. 湿地水质对人类活动的响应

湿地与其他陆地生态系统相比，其显著的特征是生长有大量水生植物，而岩溶地区地下水和地表水相对于其他地区含有大量 Ca^{2+} 和 HCO_3^-，研究表明部分水生植物能直接利用水体 HCO_3^- 进行光合作用，从而促进水生植物的生长。湿地水质与水生植物的关系非常密切，二者之间相互依存，维持良好的稳定状态。水质下降会改变水生生物的生存环境，导致水生生物群落结构与功能变化，影响湿地生态服务功能。

随着社会生产的发展，人类活动对湿地水质的影响日益增大。这种影响主要表现在两个方面：①人类的生产及生活产生的废弃物通过水文循环使湿地水质发生污染；②人类通过生产活动改变了土壤性质和地下水的形成条件，从而使其化学成分发生相应的变化。农业面源污染是岩溶湿地水质污染的主导因素，大量氮、磷、重金属元素及有机物的迁移富集导致湿地水质恶化，随之衍生的氮、磷、硫等元素的生物地球化学行为对水文地球化学演化产生不利影响。例如，贵州威宁草海周边土壤和河流均受到不同程度的污染（曹星星，2016），广西会仙岩溶湿地水体富营养化现象严重，部分水域水质达到Ⅳ类或Ⅴ类（陈瑞红等，2018）。

对湿地水质的保护与修复，应建立在厘清污染源的基础之上。通过对湿地水质特征及其变化规律的研究，可以反映周边人类活动对水体的影响。在岩溶湿地污染源的解析方面，同位素示踪技术被广泛利用。例如，硝态氮污染是岩溶湿地最常见的污染之一，由于岩石风化过程中一般不产生 NO_3^-，水体中 NO_3^- 主要来自农业施肥、工业活动和天然水体的硝化作用，因此硝酸盐氮氧同位素技术在湿地硝酸盐污染的溯源及迁移转化研究中有重要应用。

3. 岩溶湿地生态系统的演化

岩溶湿地生态系统是岩溶地区一种独特的生态系统，其生产力低、恢复能力差、敏感性强，易受外界干扰且遭受破坏后极难恢复，它的形成与演化不仅受到区域自然环境变化因素的制约，还受到人类活动的强烈影响。人类对岩溶湿地自然资源的过度垦殖造成了湿地的严重退化，强烈干扰到天然状态下的地表水-地下水循环，致使其一系列生态功能减弱甚至完全丧失。

岩溶水系统对外界环境变化反馈敏感，人类活动的剧烈干扰使流域尺度上水循环和水资源量时空分布发生了深刻变化，影响并改变了流域水文过程及水量平衡，导致湿地大幅度萎缩、功能严重退化甚至丧失，岩溶生态环境问题日趋突出，如石漠化、工程性缺水和岩溶地下水污染等。例如，贵州威宁草海曾进行过大规模人工排水，导致了明显的地方性生态失调（张华海等，2007）。

经济增长导致生态用水和农业生产用水矛盾突出。对于岩溶湿地生态系统，经济发展对灌溉农业的高度依赖使得湿地水资源被掠夺性开发，引发区域水流模式改变，影响水资源分布格局和生态过程，严重威胁岩溶湿地生态健康和系统稳定性。广西会仙岩溶湿地内除尚存一些水生植物外，生物多样性已基本不复存在。在岩溶湿地生态退化不可逆转的条件下，将稻田作为人工湿地加以保护，是维持湿地生态系统平衡的最佳土地利用方式。

■ 2.2 会仙岩溶湿地成因与演化

2.2.1 会仙岩溶湿地水文系统特征 💧

会仙岩溶湿地的地势总体上呈现南北高、中间低洼（多湖泊、沼泽）的趋势，东、西为低山丘陵。地表水、地下水总体上自南、北向平原（盆地、湿地核心区）汇

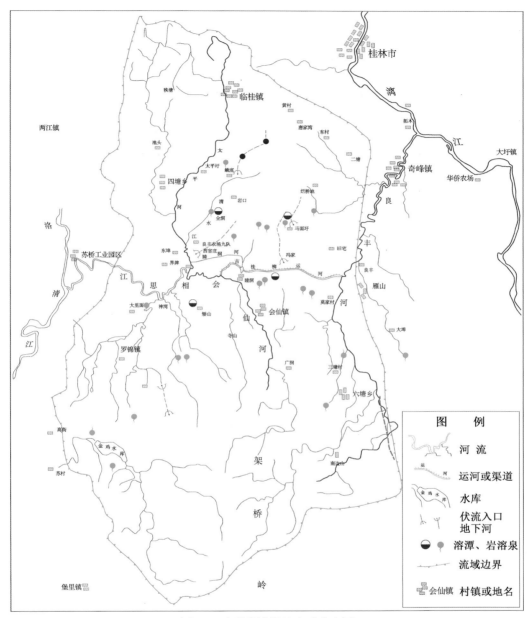

图2-1　会仙岩溶湿地水系分布图

集，且会通过东部良丰江、西部相思江河谷分别排向漓江和洛清江（图2-1）。虽然湿地地处漓江与柳江（洛清江）分水岭地带，但横跨两大流域，中间分水岭并不明显，且会随季节或降雨条件乃至人为因素而变动，属于可变性岩溶分水岭。因此，在本研究中，将会仙岩溶湿地作为一个统一的岩溶水文系统进行分析。

湿地水文系统南部为地形高大的架桥岭山脉，其主体为泥盆系信都组碎屑岩组成的常态中低山，地形高程为600～1200 m不等，山体（包括岩溶山区的碎屑岩基底）从南向北逐渐降低，外围（北部）为300～500 m的峰丛洼（谷）地，并逐渐过渡到地形平缓的峰林（孤峰）平原（湿地）。南部碎屑岩常态中低山地表沟谷发育，地表水自南向北、向北东、向西北流动，至山体外围的岩溶山地后多转入地下（地表水系不发育），在历经多次的地表水-地下水循环转化后，最终在峰林平原边缘以岩溶泉或地下河的方式补给湿地，或直接汇入相思江、良丰江。南部与遇龙河（漓江）、堡里河（柳江）的分水岭位于塘头—白鸡岭香草岩—三县界—凉尾伞—龙口坪—石头厂—仓头岭—崇树界—林村—金鸡一线，高程均在800 m以上，地表分水岭与地下分水岭大部分同界（东部的遇龙河谷、金鸡河峡谷局部地段可能有不一致的现象）。

湿地水文系统北部地表分水岭位于临桂胡家田—庙头圩—路口—塘家湾—常家村—阳家村—奇峰镇南，高程为150～500 m，地下分水岭与地表分水岭总体一致（在局部地段可能有差异）。北部地势不高，总体向南降低，并以中部的龙泉林场—马面为轴，轴部以岩溶山地（峰丛洼地、峰丛谷地）为主，地势较高，地表水系不发育；东、西两面为河谷、平原，地势较低，地表水系发育。水系格局为由北向南直接汇入湿地或由中间轴部向东、西两边汇入，并通过相思江、良丰江支流后向南汇入湿地。地下水受信都组碎屑岩基底高程北高南低（黄村-马面背斜向南部湿地倾伏，基地在北部黄村—龙泉林场翘起并出露）的影响，总体向南运移，并在湿地边缘以地下河、岩溶泉的方式出露地表并补给湿地。典型的岩溶地下水系统有狮子岩地下河、福山地下河、峨底地下河和金全、全洞一带的岩溶泉岩溶地下水，受构造控制明显，主要沿黄村-马面背斜轴部及沿轴部发育的断层、破碎带发育。

湿地水文系统的西部为由中泥盆统-石炭系不纯碳酸盐岩、碎屑岩组成的低矮丘陵，与洛清江干流的分水岭位置为金鸡三岔岭—羊角山—猪练塘—凤凰岭—竹枝脉—凤凰林场—黄洞西。分水岭位置大致受龙胜-永福断层东支的控制，地表水、地下水分水岭一致，并且均由西向东呈平行状汇入相思江（太平河、罗锦河）。由于汇水区面积小、河流短、水量小，较大的支流为四塘河。在丘陵低洼谷地多建有小型水库，通过渠道形成长藤串瓜式水文系统，为下游工农业用水和湿地生态用水提供水源。

湿地水文系统的东部为平原地区，地表水分水岭大致以良丰江为界，地下分水岭以雁山断层（沿雁山背斜轴部，信都组碎屑岩阻水）为界。水流格局由西向东、由南向北流动。

湿地水由四周向湿地中央汇集后，最终通过良丰江、相思江（洛清江）分别汇入漓江和柳江。由于东、西两个主要地表水排水口狭窄，地表水、地下水排泄不畅，平原中央低洼地带多长期积水，形成湖泊、塘池或沼泽地、水草地等。

2.2.2 会仙岩溶湿地岩溶水系统特征 🜄

会仙湿地流域面积为199.95 km²，其中东、西以地表河流为界，南、北以地表水分水岭为界（图2-2）。其水系统内共包括15个子系统，其中古桂柳运河以南包括6个子系统，古桂柳运河以北包括9个子系统（表2-1）。其中I-2、I-3两个子系统为本书的重点研究区域，面积合计41.82 km²。

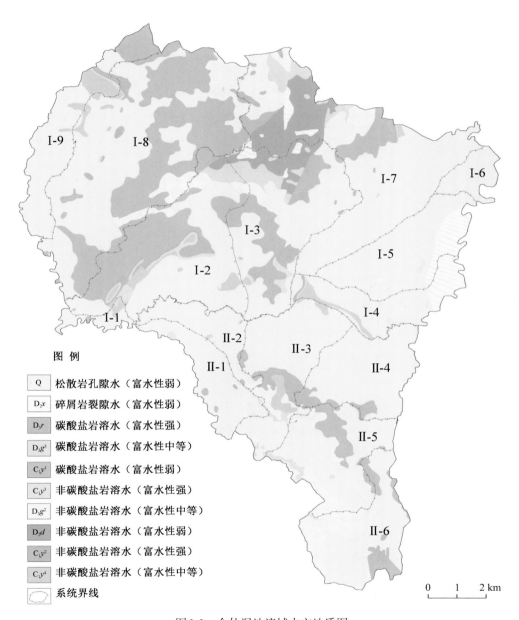

图 例

Q	松散岩孔隙水（富水性弱）
D_2x	碎屑岩裂隙水（富水性弱）
D_3r	碳酸盐岩溶水（富水性强）
D_3g^3	碳酸盐岩溶水（富水性中等）
C_1y^1	碳酸盐岩溶水（富水性弱）
C_1y^3	非碳酸盐岩溶水（富水性强）
D_3g^2	非碳酸盐岩溶水（富水性中等）
D_3d	非碳酸盐岩溶水（富水性弱）
C_1y^2	非碳酸盐岩溶水（富水性强）
C_1y^4	非碳酸盐岩溶水（富水性中等）
⬭	系统界线

0　1　2 km

图2-2　会仙湿地流域水文地质图

表2-1　会仙湿地流域子系统划分

系统名称	子系统名称	子系统面积占比/%	子系统面积/km²
I-古桂柳运河北部系统	I-1 上高桥分散排泄子系统	0.74	1.47
	I-2 睦洞河（湖）分散排泄系统	7.76	19.51
	I-3 马面-狮子岩地下河系统	13.16	22.31
	I-4 杜门岭分散排泄子系统	3.97	7.93
	I-5 文家村分散排泄子系统	5.71	11.42
	I-6 桂林园艺分散排泄子系统	1.40	2.81
	I-7 北芬子系统	14.45	28.89
	I-8 官庄子系统	19.09	38.16
	I-9 太平村分散排泄子系统	4.84	9.67
II-古桂柳运河南部系统	II-1 会仙村分散排泄子系统	3.27	6.55
	II-2 毛家分散排泄子系统	2.50	5.01
	II-3 新民村分散排泄子系统	6.31	12.61
	II-4 莫家村分散排泄子系统	5.35	10.71
	II-5 陂头村分散排泄子系统	5.85	11.70
	II-6 塘背分散排泄子系统	5.60	11.20

2.2.3　会仙湿地岩溶含水层（组）类型 ◐

　　会仙岩溶湿地处于储水构造盆地内，大部分地区沉积物下都存在隔水性能稳定、承压性能良好的白云岩、泥灰岩或其他非碳酸盐岩等，并未出现地表水穿越该类沉积物下渗入灰岩或其下承压地下水击穿该沉积层而出现上升泉的现象，因而不能反映该类沉积物本身的隔水、承压能力。但在会仙储水构造盆地边缘的大源头、葛家等岩溶地下水排泄带，该类沉积物较薄（一般厚1~3 m）并且直接下伏纯碳酸盐岩，并有岩溶承压地下水。此外，调查发现有大量的岩溶塌陷和从土层中出露的岩溶泉，表明该类沉积物在厚度较薄时隔（储）水能力较差，但对会仙岩溶湿地内该类沉积物具体的隔（储）水能力的评价还需要进行详细的沉积物力学性质测定或试验研究。

　　会仙岩溶湿地内的浅层地层划归为3个强岩溶含水层组、3个中等岩溶含水层组、3个极弱-弱岩溶含水层组和4个岩溶隔（储）水层组（表2-2）。强岩溶含水层组

表 2-2　会仙岩溶湿地含水（储水）层组类型与性能

岩性地层代号及岩溶含水(储水)层组类型		岩性描述		含水介质类型与特征	在会仙储水构造中的作用	
Q 隔水层组		黏土、亚黏土、淤泥沼泽土		孔隙水含水介质	孔隙水含水介质，隔水	
N-T 隔水层组		内陆河湖相沉积岩		孔隙水含水介质	内陆盆地，保水性能好	
C_1d 中等岩溶含水层组		深灰-黏灰黑色含生物屑微晶灰岩、砂屑灰岩夹泥质灰岩、泥灰岩及燧石团块条带		岩溶裂隙水含水介质	蓄水体	
C_1l 隔水层组	C_1y^4 极弱-弱岩溶含水层组	页岩、砂岩、硅质岩及少量灰岩	深灰色微晶生物屑灰岩、白云质灰岩、白云岩。西部清水河流域及督龙一带白云岩化强烈，风化为白云岩砂	孔隙/裂隙水含水介质 / 岩溶裂隙/溶孔含水介质	底板及边围	
	C_1y^3 中等岩溶含水层组		主要为灰-灰黑色百合茎屑灰岩，含泥质条带或钙质页岩、泥灰岩，局部含燧石	孔隙/裂隙水含水介质 / 岩溶管道/岩溶裂隙含水介质	底板及边围	蓄水体
C_1c 隔水层组	C_1y^2 极弱-弱岩溶含水层组	灰黑色灰岩、泥质灰岩、泥灰岩夹钙质页岩	灰-深灰色中-厚层生物屑微晶灰岩，顶部含大量燧石。太平圩、龙头山、四两山及督龙一带为白云岩	岩溶裂隙/溶孔含水介质	底板及边围	
D_3r 强岩溶含水层组	D_3y^1 中等岩溶含水层组	深灰-灰白色厚层块状灰岩	灰-深灰色中-厚层微晶粒屑灰岩、充晶砂屑灰岩、灰质白云岩、白云质灰岩。太平圩-塘北段及凤凰山西北一带变为灰白色灰岩	细小岩溶管道和岩溶裂隙	蓄水体、富水层	
	D_3d 强岩溶含水层组		灰色白云岩、灰岩、生物屑灰岩	岩溶管道，溶洞、地下河发育	蓄水体、富水层	
	D_3g 强岩溶含水层组		上段为中-厚层状粒屑微晶灰岩、枝状层孔虫灰岩和白云质灰岩及多层薄层状泥质生物灰岩互层；下段主要为中-厚层隐晶粒屑灰岩			
D_2d 强岩溶含水层组		中-厚层灰色白云岩、灰岩、生物屑灰岩		岩溶管道，溶洞、地下河较发育	蓄水体、富水层	
D_2x 隔水层组		深灰-紫红色粉砂岩		裂隙水含水介质	储水构造盆地底板、边围	

包括 D_3d、D_3g、D_2d 等以中厚层块状灰岩为主的含水层，中等岩溶含水层组包括 C_1d、C_1y^3、D_3y^1 等以灰岩夹泥质灰岩为主的含水层。

2.2.4 会仙岩溶湿地成因 ◈

会仙岩溶湿地的形成主要受地质和岩溶水文地质条件的控制。

1. 构造成因

会仙岩溶湿地是岩溶地区具有代表性的、保存良好的少数低海拔特殊湿地类型，其形成得益于其优越的地形地貌和水文地质条件。自古生代以来，桂林地区主要沉积了一套滨海-浅海相碎屑岩-碳酸盐岩沉积组合、浅海海沟相硅质碎屑与碳酸盐岩沉积组合。受印支期不均匀构造运动的影响，中生代在桂林市及周边地区形成了以桂林市区-阳朔县为中心、向西弯曲且包括众多次一级构造盆地或向斜的大型复式向斜内陆盆地，并沉积了一套内陆盆地河湖相沉积组合。盆地周边为非碳酸盐岩，向斜核部为泥盆系、石炭系的古老碳酸盐岩；盆地地表水和地下水自北、东、西部的中低山向复式向斜盆地中部漓江汇集过程中，在灵川大圩古镇-雁山附近受阻于岩溶发育较差，岩性为泥岩、白云岩和砂页岩等的相对隔水层，因出口狭窄而排泄不畅，造成上游市区、雁山、会仙一带地下水位较高，低洼地带长期积水形成大面积湖泊和沼泽（图2-3、图2-4）。现有研究表明，会仙岩溶湿地是自晚白垩纪燕山构造运动以来，随区域地壳抬升，内陆湖泊不断解体、缩小后遗留的内陆湖泊沼泽。

根据会仙—马面一带岩溶峰丛中距地面40~60 m普遍分布有溶洞、古地下河等岩溶形态分析，本地区地面至少抬升了40 m。根据对湿地范围内沉积物的分布分析，至少到晚第四纪，会仙岩溶湿地还存在一个以临桂区会仙镇睦洞湖、督龙湖、分水塘为中心的大型浅水湖泊，包括整个会仙盆地（峰林平原）大部分地区及清水江、相思江、会仙河两岸及良丰江上游流域，其总面积超过120 km²。

2. 水文地质成因

地质构造形成了会仙湿地基底，独特的水文地质条件造就会仙岩溶湿地。

会仙岩溶湿地位于柳江与桂（漓）江分水岭地带，地表、地下能够有效地富集、蓄积，得益于其特殊、优越的水文地质封闭条件。

会仙岩溶湿地位于南岭纬向构造带、湘东桂东经向构造及广西山字形构造东翼交汇处。印支构造运动形成的一系列向西弯曲的近南北向平行排列的弧形断裂和褶皱（架桥岭背斜、马面-黄村背斜、雁山二塘-良丰-六塘向斜、临桂二塘-界牌-罗锦向斜、雁山断裂、桂林-来宾断层和龙胜-永福断层等压扭性断裂）与晚三叠世末期燕山构造运动形成的近东西向构造复合、叠加，形成了鞍部位于四塘乡大湾—会仙镇睦洞—雁山区良丰西龙村一线（构造盆地），两翼由临桂二塘-界牌-罗锦向斜、雁山二塘-良丰-六塘向斜组成的马鞍状构造"低地"，即北部的马面-黄村背斜、南面的架桥岭背斜均向中部会仙睦洞带倾伏，且临桂二塘-罗锦向斜、二塘-良丰-六塘向斜也以

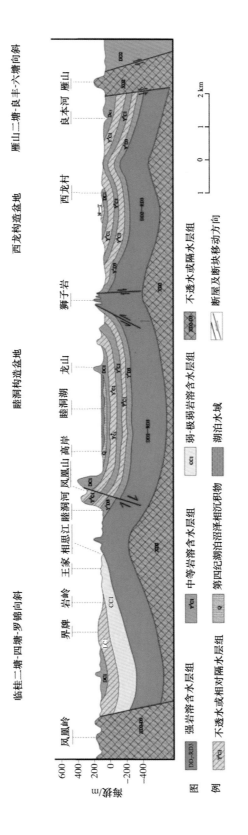

图 2-3 会仙岩溶湿地东西向水文地质剖面图

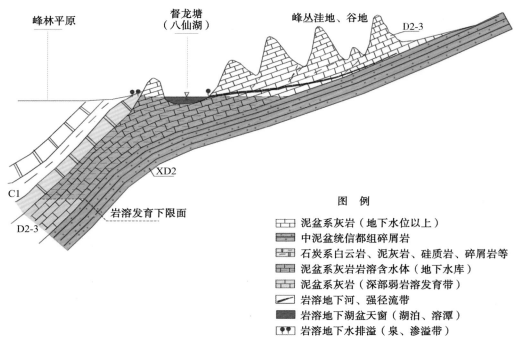

图2-4　背斜储水结构/水文地质剖面图

四塘乡大湾—会仙镇睦洞—雁山良丰一线为构造最低点，分别向南、北两端抬起，因而在四塘乡大湾—会仙镇睦洞—雁山区西龙村一线形成构造鞍部。在这一系列断层、褶皱组成的复式褶皱的东西两侧，分别有泥盆系-石炭系的非碳酸盐岩石和雁山断裂、桂林-来宾断层（临桂二塘-四塘横山断层）和龙胜-永福断层等压扭性断裂（隔水）形成地下水边界。实际上，上述马鞍状构造的鞍部即是上述断裂之间的构造地块在晚三叠世末期燕山构造运动南北向挤压作用下陷而成的。

上述构造格局形成的区域地层由南、北两端向中间（会仙附近）倾斜，也造就了四周为高山、丘陵，中间低平的地形格局，对地表地下水的补径、排、储、区域岩溶作用的发育等具有明显的控制作用。

地表水、地下水由南、北两端（以地表、地下岩溶分水岭为边界）乃至四周向中部的构造低地（构造鞍部）——地势上最低的盆地中央汇集，然后通过良丰江和相思江（通过侵蚀切开并穿越东、西两边由压扭性断层和非碳酸盐岩所组成的隔水边界）分别汇入漓江和柳江支流洛清江。

由于东、西两边隔水边界保持完好，良丰江和相思江切割并穿越东、西部隔水边界所形成的两个排泄通道（地表河峡谷）非常狭窄，并且排泄口底部海拔高程较高（145~146 m），不仅在雨季不能快速、有效地排泄四周向盆地中央汇集的洪水，造成盆地中央（湿地）连年洪水泛滥成灾，而且即便在平水期和枯水期，盆地内地下水位也接近地表，导致湿地核心地带（构造鞍部）地表长期积水或土壤长期处于饱水状态，形成大面积湖泊、沼泽、水草地或岩溶地下水富集区。

由于多层含水层、隔水层在空间上的相间分布与相互封闭，形成剖面上具有多层储水、平面上相互隔离、包容的复杂岩溶水文系统结构体——会仙复合型岩溶封闭储水地质体，这是会仙湿地形成的地质基础。

1）会仙岩溶封闭储水地质体的结构组成

根据对区内岩性、构造空间组合关系的研究，可知会仙岩溶封闭储水地质体是一个由断层、褶皱在空间上复合形成的大型复合构造体（图2-5）。其岩溶水储存方式可以概括为断陷-褶皱复合储水、背斜倾伏端储水、向斜构造储水、构造盆地储水和构造边缘第四纪沉积物蓄水等几种主要类型。

会仙褶皱-断裂复合型岩溶封闭储水地质体包括整个会仙岩溶湿地，是包含多个次一级独立岩溶封闭储水地质体、多层次储（蓄）水的大型复杂岩溶封闭储水地质体。其中包含的次一级独立岩溶封闭储水地质体有睦洞湖-西龙村构造盆地型岩溶封闭储水地质体，东西部向斜储水型岩溶封闭储水地质体，马面-黄村及架桥岭背斜倾伏端储水型岩溶封闭储水地质体，以及介于上述构造之间的边缘低洼地第四纪沉积物封闭储水构造体。上述次一级岩溶封闭储水地质体"漂浮"于由中-上泥盆统灰岩组成的下层岩溶含水体之上。

岩溶含水地质体：主要由四大强岩溶含水层组（D_3d、D_3g、D_3r、D_2d）和三大中等岩溶含水层组（D_3y^1、D_3y^3、C_1d）组成。

封闭底板：由中泥盆统信都组碎屑岩组成，为不规则起伏面，形状为马鞍状，即以架桥岭背斜和黄村-马面背斜核部连线为轴，轴部高，两翼［相思江河谷(向斜核部)和良丰江河谷(向斜核部)］低，中部（呈近东西方向）下陷（断陷、下沉），使底板面整体从南、北方向向中部大湾—睦洞湖—西龙村一线（鞍部）倾伏（轴部在睦洞湖一带下伏，两翼向斜的南、北两端抬起）。受底板起伏形态的控制，地下水从南、北、东、西方向向中部马鞍状底板的最低处汇集。需要说明的是，本"封闭底板"为中泥盆统信都组深灰-紫红色粉砂岩，在湿地核部可能埋藏较深，但整个会仙褶皱-断裂复合型岩溶封闭储水地质体的东、西区域排泄口海拔较高，岩溶发育深度可能有限，因此，实际的"封闭底板"可能高于信都组砂岩的顶部，即该区的岩溶发育下限面。

封闭边围：南面以中泥盆统信都组碎屑岩组成的分水岭为界，其中部架桥岭山区的地表水、地下水分水岭一致，南部边围东、西两侧跨越遇龙河（漓江）和金鸡河（洛清江）两大地表河流域（地表水与地下水分水岭不一致）；东、西部边围由雁山压扭性断层（东部）、龙胜-永福压扭性断层东支和桂林-来宾断裂带（西部）与在地表断续出露、在地下连续分布（东部）或地表水、地下水均连续分布（西部）的泥盆系-石炭系非碳酸盐岩（包括信都组深灰-紫红色粉砂岩和下石炭统页岩、砂岩、

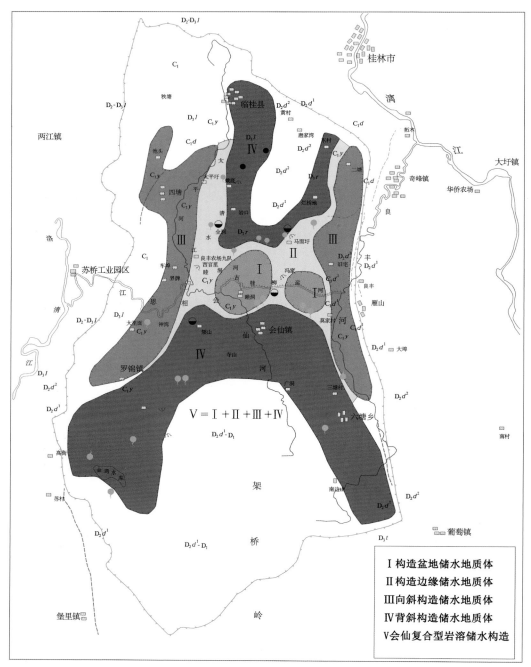

图2-5　会仙岩溶封闭储水地质体类型及分布

硅质岩、泥岩和泥灰岩等隔水岩层）组成，地表水、地下水分水岭一致；北部边围以桃花江、南溪河分水岭为界，地表、地下分水岭基本一致。

　　会仙褶皱-断裂复合型岩溶封闭储水地质体封闭条件良好。唯一的两个地表、地下水排泄口为良丰江和相思江穿越东、西部边围时形成的缺口——凤凰岭峡谷和良丰江河谷这两个排泄口的高度决定了该封闭岩溶储水构造体内储蓄岩溶地下水的水位。盆地中央因岩溶作用发育强烈或岩性（石炭系白云岩、砂页岩、泥岩等）脆弱被剥蚀，形成地形相对低洼而呈波状起伏的盆地（即岩溶峰林平原），地表蓄水、地下储水丰富；盆地周边碳酸盐岩石破碎、岩溶作用发育，有良好的岩溶储水空间；而远离盆地中央的碎屑岩山区或岩溶山区是会仙褶皱-断裂复合型岩溶封闭储水地质体的主要水源补给区。

2）会仙岩溶封闭储水地质体类型

会仙岩溶封闭储水地质体地处桂江（漓江）与柳江流域分水岭地带，是漓江一级支流良丰江与柳江二级支流相思江的共同水源地，或者说是其共同流域，在两流域的水资源调控中有着十分重要的作用。睦洞湖、西龙村构造盆地型岩溶封闭储水地质体为"漂浮"在会仙褶皱-断裂复合型岩溶封闭储水地质体之上的次一级岩溶封闭储水地质体，由以会仙睦洞湖、雁山西龙村为中心的两个呈近东西向排列的构造盆地组成。盆地中央地形低洼，岩溶峰林平原地貌发育典型，属于构造盆地储水类型。该岩溶封闭储水地质体的结构组成如下。

岩溶含水地质体：为 C_1d、D_3y^1 和 C_1y^3 中等岩溶含水层组和地表岩溶洼地，是具有多层含水层的岩溶含水地质体。

封闭界面（包括底板和边围）：为 D_3y^2、D_3y^4 等岩溶发育微弱的多层相对隔水层组。第四纪黏土、湖泊相沉积在一定程度上也起到了封闭界面的作用。

会仙睦洞湖和雁山西龙村两个构造盆地平面形态呈近椭圆形（略向北东-西南方向延伸），三维空间形态类似于一个大型盛水盆。构造盆地的形成时间相对较晚，在空间上破坏了原来的近南北向褶皱形态，致使南北轴向的架桥岭-黄村背斜被分割成架桥岭和马面-黄村两个背斜。其中，睦洞湖构造盆地规模较大，分布于会仙镇督龙村北石山—黄插塘—陡门—大源头—高桥—凤凰岭所包围的区域内。其"悬挂"（"漂浮"或叠覆）于会仙褶皱-断裂复合型岩溶封闭储水地质体之上，形成典型的"双层或多层岩溶储水"结构〔上层开放式非承压岩溶水文系统和下层（多层）相对封闭的承压岩溶水文系统〕，良好的封闭条件使"上层"水位（地表、地下一致）常年保持在148 m以上。雨季"上层"盆地接受大气降水和周边（主要是南、北）岩溶山地的地表与地下水（含岩溶泉、地下河水、岩溶渗流水）和会仙河的溢洪水的侧向补给，盆地储水丰富，湖泊、沼泽分布广泛，其中睦洞湖是会仙岩溶湿地的核心和目前保存的水域面积最大的湖泊湿地；而平、枯水季节"上层"盆地除接受部分来自南、北方向岩溶山地的地下水（主要为表层岩溶水）补给，还通过渠道接受青狮潭水、会仙河（通过拦河坝提高水位）的补给（图2-6）。

（1）向斜储水型岩溶封闭储水地质体。会仙褶皱-断裂复合型岩溶封闭储水地质体的次一级岩溶封闭储水地质体包括西部的临桂二塘-罗锦向斜和东部的雁山二塘-良丰-六塘向斜，二者均呈现为南北两端抬起、中间下陷并略有起伏、变宽且南北向窄

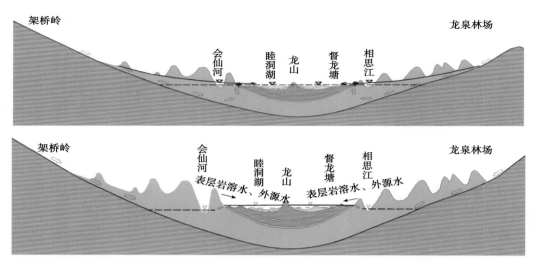

图2-6 会仙湿地丰水期（上）枯水期（下）补给关系示意图

（东西最宽8 km，南北长约25 km）的不完整船形向斜。它们与构造盆地型岩溶封闭储水地质体具有类似的双层或多层岩溶储水结构——上层开放式非承压岩溶封闭储水地质体和下层（多层）岩溶封闭储水地质体（相对封闭、局部承压）。整个向斜岩溶封闭储水地质体呈船形"漂浮"于会仙褶皱-断裂复合型岩溶封闭储水地质体（"地下湖盆"）之上。

岩溶含水地质体：为石炭系大塘组、岩关组（C_1d、D_3y^1、C_1y^3）至三叠系灰岩等多个中等岩溶含水层组，组成多个次一级岩溶含水体。这些地层在地表零星出露，多形成峰林平原上的残蚀孤峰。

封闭界面：临桂二塘-罗锦向斜封闭储水构造体的封闭界面东翼及部分底板为岩溶发育微弱、相对隔水的岩关组白云岩（C_1y^2、C_1y^4），西翼、南部边围及部分底板为石炭系船埠头组、鹿寨组砂页岩、泥灰岩和硅质岩（C_1c、C_1l），而北部边围为地下分水岭。第四纪黏土、湖泊相沉积在一定程度上起到了封闭界面的作用（作为底板）。东部雁山二塘-良丰-六塘向斜是一个不完整的向斜：受东部雁山南北向断层切割，向斜南段只保留西翼，北段在雁山三塘以北可见东翼部分地层，核部岩溶含水层为石炭系大塘组灰岩（南段缺失），而岩溶封闭储水地质体的封闭界面（底板，南、北和西部边围）仍为石炭系的砂页岩、泥灰岩及白云岩，但东边围由压扭性的雁山断层及中泥盆统信都组碎屑岩所取代。

本岩溶封闭储水地质体雨季既接受大气降水和向斜两翼地表水补给，也接受上游或相邻岩溶地下水及外源水（如青狮潭水库水）补给。所储存的岩溶地下水（岩溶含水地质体中）与地表低洼处的直接积水（第四系湖泊沼泽黏土层之上）具有统一水面，属开放、非承压岩溶水文系统。其下伏的会仙褶皱-断裂复合型岩溶封闭储水地质体的含水地质体中的岩溶地下水在枯水期的水位低于上层岩溶水，也有从上层封闭储水构造体向下伏的会仙褶皱-断裂复合型岩溶封闭储水地质体反向补给的现象。

向斜储水地质体与构造盆地储水地质体的水文地质结构十分相似，二者均"漂浮"在由中上泥盆统灰岩（强岩溶含水层组）与中泥盆统信都组碎屑岩所组成的大型岩溶封闭储水体（地下岩溶水盆地）之上（图2-3）。所不同的只是储水体形态上的差异，即船形或盆形。由于上述两大向斜核部的地表高程较低，为会仙岩溶湿地两条主要河流相思江（会仙河）和良丰江的发育创造了良好的条件。

（2）背斜岩溶封闭储水地质体。黄村-马面背斜和架桥岭背斜既是会仙岩溶湿地主要的地表、地下水补给区，又是该湿地岩溶地下水的主要储存空间。岩溶地下水主要储存于背斜的倾伏端及靠近倾伏端的背斜两翼。背斜储水的岩溶水文地质机制：受地质、地形条件的控制，来源于马面-黄村背斜核部的地表水和岩溶地下水向位于中部的会仙睦洞及两翼运移时，在九头山—督龙村北冯家狮子山—马面一线及清水河左岸四塘峨底—西官庄和秦村—烂桥堡—东村受石炭系岩关组、鹿寨组白云岩、碎屑岩等隔水岩层的顶托而不能快速、有效排泄，进而汇集、蓄积在背斜倾伏端及靠近倾伏端的背斜两翼的中、上泥盆统岩溶含水层（岩溶含水地质体）中，致使该地段地下水位长期较高，形成地下岩溶储水盆地（图2-4）。在地形低洼处地下水直接出露地表，使地表水、地下水连成一体，形成典型的地表地下联合湖（盆），典型的如位于会仙镇冯家附近的八仙湖和位于督龙附近的督龙塘、福山一带的湖泊与沼泽。它们是位于马面背斜倾伏端一带的背斜岩溶封闭储水地质体在地表的出露"窗口"，也称为岩溶封闭储水地质体的"天窗"。架桥岭背斜岩溶封闭储水地质体结构与其类似，储水区域位于背斜倾伏端（矮山—会仙镇—山尾一线）及背斜两翼（金鸡水库—罗锦镇及会仙陂头村—寺背村—六塘镇）。会仙镇东南部的九图洞湿地、金鸡水库和马头塘沼泽即是该岩溶封闭储水地质体的地表"天窗"。

岩溶含水地质体：为D_2d、D_3d、D_3g和D_3r强岩溶含水层组。地表出露良好，组成峰丛洼（谷）地。

封闭底板：为中泥盆统信都组碎屑岩（最终底板），或岩溶发育下限面，或区域岩溶基准面（即位于西部相思江凤凰岭峡谷和东部为良丰江河谷的会仙褶皱-断裂复合型岩溶封闭储水地质体东、西总排泄口高程）。

封闭边围：为D_3y^2、D_3y^4、C_1c和Cl等岩溶发育微弱的隔（储）水层组。

需要说明的是，马面背斜和架桥岭背斜储水构造的含水层均为中、上泥盆统中厚层块状纯灰岩，直接出露地表，属开放岩溶水文系统（伏于向斜、构造盆地之下的部分地下水可能具有承压性）；储水边围为下石炭统白云岩、碎屑岩、硅质岩、泥灰岩等，封闭条件良好；最终的储水底板为中泥盆统信都组深灰-紫红色粉砂岩。但由于东、西区域排泄口海拔较高，岩溶发育深度可能有限，即实际的储水底板可能是该区的岩溶发育下限面。岩溶发育下限面以下灰岩中岩溶发育弱，即位于整个会仙褶皱-断陷复合大型封闭岩溶储水构造体底部的连续灰岩含水层深部的水力联系可能比较微弱，因此岩溶地下水向构造盆地、向斜底部深层渗透或越流速度缓慢，从而使背斜倾伏端及相邻两翼的岩溶地下水在较长时间内保持高水位蓄（储）水状态。

由于该区域水文地质上位于地下水向地表水转换带附近，地表、地下水活动频繁，岩溶作用发育强烈，地下溶蚀裂隙、管道发育。已调查发现的几个主要岩溶地下河、大规模溶洞，如狮子岩地下河、西官庄地下河及洞穴系统、全洞洞穴系统等，均分布于该区域内。

（3）第四纪沉积物储水——岩溶边缘低洼地储水地质体。该储水地质体分布于会仙岩溶湿地核部，为河谷区及地形低洼处。构造上位于背斜与向斜过渡地带，岩性上为不纯碳酸盐岩（中-弱岩溶含水层组）与非可溶岩石（隔水岩层）之间，水文地质上位于地下水向地表水转换带附近。

岩溶含水地质体：地表洼地积水、第四纪沉积物含水。

封闭边围与底板：非可溶岩或不纯碳酸盐岩第四纪湖泊、沼泽沉积物、残坡积黏土、硬塑土等透水性差的松散沉积物。

清水江流域湿地位于马面-黄村背斜与四塘-罗锦向斜的过渡地带，中、上泥盆统灰岩与下石炭统白云岩接触带，也是马面-黄村背斜岩溶封闭储水地质体的地表排泄（溢出）带。受地表水、地下水的溶蚀、剥夷，清水江河谷沿线地形低平，下游排出口（西官庄附近）狭窄，从而在谷地内的白云岩分布区中低洼地积水成为湖泊、沼泽，典型蓄水区如寺湖等；而在碳酸盐岩分布区形成沼泽。

由于此类封闭边围的厚度小、岩性软弱，抗（水）击压能力弱，一旦底部基岩因岩溶作用或水位变化引起塌陷，会直接导致上层地表水与地下水直接连通，从而造成地表水的渗漏。此外，此类储水构造体上能储存的水体较薄，以浅湖、沼泽和绿洲为主，并经常处于一种不稳定状态。

2.3 会仙岩溶湿地演化动力机制

2.3.1 会仙岩溶湿地演化过程

1.会仙岩溶湿地古环境演变

涂水源（1987）曾在20世纪80年代对桂林全新统冲积层、湖沼沉积、其他淤积层进行过孢粉分析，结果表明，桂林市全新统堆积层孢粉含量极为丰富，并以蕨类孢子为主；孢粉成分中无论木本植物、草本植物还是蕨类植物均以热带和亚热带植物为主，表明这一时期气候相当温暖湿润。王丽娟（1989）通过对甑皮岩4个剖面的测年与孢粉分析，认为该区由全新世早期到晚期经历了由疏林-阔叶植物为主的针阔叶混交林到针叶植物为主的针阔叶混交林的植被演替，相应的气候经历了凉湿—温湿—凉干的变化。刘金荣和曹建华（2000）曾对甑皮岩03剖面、瓦窑Ⅰ级阶地剖面、南村沼泽剖面、制药厂铁西宿舍剖面的沉积物进行过孢粉分析，拼接多个剖面后，认为桂林地区9000~8000 aBP[①]为气候突变期，气温变幅为12~13 ℃，8000 aBP广泛发育亚热带常绿阔叶、落叶阔叶混交林，气温则在3690 aBP达到最高。

汪良奇等（2014）对会仙湿地狮子潭湖沼沉积物进行了放射性^{210}Pb、^{14}C定年、硅藻和地球化学分析（图2-7），反演了湿地全新世古湖沼的演替。结果显示，会仙

---

① aBP：距今……年。

湿地狮子岩湖在 6400 cal BP 开始有湖积物保存，在 6400～5200 aBP，高比例的浮游型硅藻反映湖泊水位较高，可对应到气候暖湿的全新世大暖期鼎盛阶段；5200～2700 aBP，沉积物内稀酸可溶相 Ca、Mg、Sr 含量降低，Mg/Ca、Sr/Ca 值明显增大，且浮游型硅藻几乎消失，显示当时湖泊水位显著降低，气候逐渐变干。在 2700 cal BP 至 1943 年间出现沉积间断事件。1943 年沉积物再度沉积，可能与战争造成人口迁徙与废耕有关。自 1973 年以来，硅藻壳片大量堆积，反映人类过度活动造成藻华的现象。

李世杰等（2009）利用会仙岩溶湿地寺湖和狮子潭的柱状沉积岩芯分析了近 450 年来会仙岩溶湿地的沉积环境变化，认为在我国南方亚热带地区的岩溶湿地发育主要受气候变化条件的制约和人类活动的影响，其中，冷湿气候有利于湿地的发育，而暖干气候则不利于湿地的发育。

由地下水补给形成的狮子潭沉积环境变化与由地表水河流补给的寺湖的沉积环境变化有很大不同，主要表现在：狮子潭经历了 1810 年以前的沼泽化过程，而后又演化成湖泊沉积环境；寺湖在近 450 年来一直为湖相沉积，但经历了小冰期中的多次冷暖和干湿的气候波动，特别是 1574～1630 年降水较少而气候较干的特征明显。

在狮子潭底部沉积物 33 cm 以下（即 1810 年以前）为沼泽相沉积，其中，33～57 cm 段反映出了一个沼泽化及其逐步变成湖泊相沉积的过程，指示出补给狮子潭的地下水在此阶段可能中断过或者大幅度减少而使其变成沼泽，Mg/Ca 值、Sr/Ca 值的变化也指示出此阶段为较干的环境，之后地下水补给增加形成湖泊，继而开始湖泊沉积。

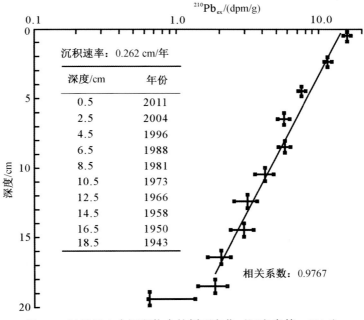

图 2-7　过量 ^{210}Pb 在沉积物内的剖面变化（汪良奇等，2014）

寺湖沉积岩芯记录揭示：1562~1703年，气候较暖而干，不利于湿地的发育；1704~1894年，气候总体表现为冷湿，中间1850~1880年有干的波动，有利于湿地的发育；20世纪后半叶的气候变暖，叠加人类围垦活动的加剧，使得湿地面积不断萎缩，不利于湿地的发育；近年来，湖泊的富营养化过程也不利于湿地的发育与保护。

周建超等（2015）的研究表明，会仙岩溶湿地八仙岩剖面地球化学指标与孢粉、藻类的记录较为一致，共同记录了该区8000年以来的气候、环境变化：ca.8435~4405 cal yr BP，该区的植被为亚热带常绿阔叶林和落叶阔叶林，δ^{13}C值显著偏负，TOC（total organic carbon，总有机碳）值略高，气候温暖湿润（图2-8），该阶段应是该区的全新世气候适宜期。

自ca.4405 cal yr BP至今，植被演替为亚热带常绿阔叶、落叶阔叶林针叶混交林，δ^{13}C值在波动中剧烈偏正，气候较前一阶段相对干凉；其中ca.4405~3590 cal yr BP，常绿阔叶、落叶阔叶林分布范围大幅缩小，δ^{13}C值持续偏正，气候冷湿。ca.3590~580 cal yr BP，亚热带常绿阔叶、落叶阔叶林针叶混交林有所恢复，δ^{13}C值持续偏正，气温有所回升而降水量有所降低，气候偏凉、干。ca.580 cal yr BP至今，常绿阔叶、落叶阔叶林进一步收缩，禾本科花粉含量进一步上升，指示人类活动进一步增强，δ^{13}C值持续偏正，气候继续向凉、干方向发展；同时莎草科花粉的持续降低，表明所在沼泽随着降水量逐渐减少而趋于干涸；而相思埭（古桂柳运河）的修缮、使用改变了沼泽附近原有的水文格局，降低了沼泽的地下水位，对该地沼泽的干涸也有重要影响。因此，八仙岩剖面所在地区ca.3590 cal yr BP以来自然植被的衰退、沼泽的干涸，固然是气候偏向凉、干所致，但人类砍伐森林、修筑水利工程对自然植被的退化及剖面所在沼泽的干涸也有不可忽视的影响。

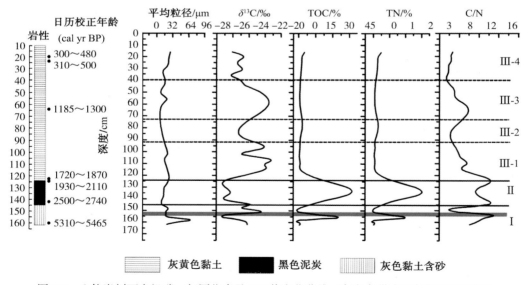

图2-8　八仙岩剖面有机碳、氮同位素及C/N值变化曲线（灰色条带表示气候突变事件）

（周建超等，2015）

2.人类活动对会仙岩溶湿地的影响

桂林会仙岩溶湿地是以沼泽和湖泊为主的多类型综合自然湿地，会仙湿地自晚全新世以来自然植被的退化、沼泽湿地的干涸固然是气候变化所致，但人类活动的影响也无法完全排除。尤其是近40年来湿地萎缩退化迅速，其中有人为活动的明显影响，也有自然环境变化的制约。

人类活动影响会仙岩溶湿地的演化历史可以追溯到晚第四纪。唐朝时期会仙岩溶湿地还存在一个以临桂区会仙镇睦洞湖、督龙湖、分水塘为中心的大型浅水湖泊和沼泽，当时湿地处于相对封闭的原始状态，面积在120 km²以上。古桂柳运河（相思埭）修建以后，湿地地表水文条件发生了重大变化，由于各种自然和人为因素的综合作用，湿地总体上处于一种退化状态。清朝政府先改造古运河、疏通渠道，随后在古运河两侧低洼地带垦荒、耕种，当时古运河渠道两侧均为水域或水草地，其范围包括现临桂区四塘乡大湾村，会仙镇睦洞村、四益村、新民村、山尾村、文全村、马面村及雁山区雁山镇竹园村等，面积在80 km²以上。

蔡德所等（2009）选择1969年、1997年和2006年3个时相多平台高分辨率时序系列遥感图像资料，采用遥感反演分析方法，通过遥感土地利用/土地覆盖分类与空间数据分析，研究了桂林会仙岩溶湿地结构的形成演化（表2-3）。研究认为会仙岩溶湿地是以岩溶沼泽、湖泊为主的综合型湿地，1969~2006年间自然湿地面积从42.11 km²减小到约14.57 km²，表明湿地生态结构逐步从自然湿地向人工湿地转化，督龙塘湖泊和神龙潭沼泽的消失正是会仙湿地逐步退化的象征。GIS空间分析表明，湿地退化是人类经济活动破坏湿地地表水文结构、过度开发湿地土地资源的直接结果。

1969年，在调查统计的130.77 km²范围内，各类自然岩溶湿地（不包括地下河、地下湖泊等地下岩溶湿地，下同）总面积在42.00 km²以上，约占湿地总面积的1/3。湿地在结构组成上以湖泊水域和沼泽湿地等天然湿地为主，人工湿地（水稻田除外）仅分布在陡门—睦洞的古运河附近（鱼塘），面积不足1.00 km²。面积在500亩[①]以上的连片大面积水域与沼泽湿地有睦洞湖、寺湖、神龙塘、督龙塘、分水塘、莲塘及其排水溪、老陡沼等。

1997年，湿地结构发生了根本的变化：天然的湿地结构遭受破坏，人工湿地（主要是鱼塘和养殖场）急剧增加到8.27 km²。自然湿地总面积比1969年减小了23.27 km²，平均每年减小约0.83 km²。截至2006年，各类自然湿地的总面积仅存14.57 km²，比1997年减小了4.27 km²，平均每年减小约0.47 km²；湿地的根本结构遭受更大程度的破坏，大多数面积较大的连片湿地被人工鱼塘、耕地隔离成小块的水塘，天然水域湿地面积不足4 km²，人工湿地（主要是鱼塘和养殖场）增加了3.81 km²，达到12.08 km²，几乎占会仙岩溶湿地总面积的一半，连片面积在1000亩以上的湿地只有睦洞湖湿地、分水塘湿地和清水江沿岸湿地等少数几块湿地。

---

① 1亩≈666.67m²

表 2-3　1969～2006 年会仙岩溶湿地土地利用/土地覆盖调查统计结果

土地利用/土地覆盖类型		面积/km²			土地利用/土地覆盖类型		面积/km²		
		1969年	1997年	2006年			1969年	1997年	2006年
岩溶湿地	岩溶河流（含季节性河流）	0.99	1.47	1.91	耕地	灌溉水田（水浇地）	17.93	43.46	31.44
	岩溶沼泽及水草地（含河漫滩、河间地块、洪泛平原）	35.20	11.46	8.67		旱地（含菜地及其他经济作物）	7.27		5.67
	岩溶湖泊或溶潭、水塘（含水生植物）	5.92	5.91	3.99		粗放型轮耕式垦荒地	—		7.84
人工湿地与水工湿地	蓄水工程（水库）及其他附属设施	0.14	0.15	0.21	林业用地	有林地（平原）	8.22	48.15	3.11
	鱼塘与养殖场	0.85	8.12	11.87		人工林地（花圃、果园）			2.97
	古运河及引排水	0.59	0.14	0.57		石山灌木林地	34.45		34.07
荒坡、草地（灌草地）		0.88	—	2.14		土山灌木林地	0.32		0.26
交通及公共用地		0.34	1.18	2.03		风水保护林地	1.58		2.94
住宅、商服、工矿仓储用地	农村住宅地及工矿用地	2.07	2.36	3.53	特殊用地或其他土地	裸露土地或岩石	0.93	5.36	4.15
	养殖场与林场临时房屋或公棚	—		0.17		采石场、矿渣及垃圾堆积场	—	—	0.54
						未利用荒地或其他	13.09	3.02	2.70
					合计		130.77	130.78	130.78

注："—"代表没有数据。

从退化进程分析，1997 年以来湿地退化（面积减小）速度在减慢，实地调查和遥感分析表明，可开发的湿地减少和开发所需的成本上升等限制了湿地的利用。

1969 年，自然湿地面积为 42.11 km²，人工湿地面积为 0.99 km²。其中，在自然湿地中，沼泽湿地最多，总面积达 35.20 km²，占湿地总面积的 81% 左右；其次是岩溶湖泊，面积为5.92 km²，约占湿地总面积的13.6%；河流湿地最少，面积为0.99 km²，只占湿地总面积的2%左右。但截至1997年，在将近30年的时间内，会仙岩溶湿地的结构发生了重大变化。首先，自然湿地面积减小了23.27 km²，其中岩溶沼泽湿地面积比1969年减小了23.74 km²，占1997年湿地总面积（27.25 km²）的42%；而岩溶湖泊与河流面积变化不大（其中河流面积略有增加，这与图像分辨率提高后对小河溪的识别能力提高有关），但占1997年湿地总面积的比例分别提高到21.7%和5.4%。其次，人工湿地（主要是鱼塘与养殖场）有了明显的增加，从0.85 km²增加到8.12 km²，占湿地总面积的比例从不足2%增加到约30%。2006年，湿地结构发生了进一步的变化，除岩溶沼泽湿地（8.67 km²）显著减少、人工湿地中的鱼塘与养殖场（11.87 km²）进一步增加外，岩溶湖泊湿地明显减少（减少1.92 km²），三者分别约占湿地总面积的31.9%、43.6%和14.7%。从湿地结构演变过程看，1969～1997年主要是岩溶沼泽明显减少和鱼塘、水田急剧增加，二者的消长呈互补关系，而耕地的增长幅度大于鱼塘和养殖场的增长幅度，反映出该阶段湿地研究区的经济活动处在以满足人们温饱为主的发展阶段；1998～2006年，岩溶沼泽和岩溶湖同时消减，而水田、鱼塘和养殖场同时增加，且后者的增长幅度大于前者的减小幅度，反映出该地区经济活动加速、湿地的多样性遭受全面破坏，该地区的经济活动已从解决温饱问题向获取最大经济效益的方向转变，由此加剧了对湿地生态的破坏。

本书在研究过程中通过高精度遥感解译获得了1987～2017年会仙岩溶湿地中天然湿地和人工湿地面积的变化趋势（图2-9）。数据显示，2003年之前，会仙岩溶湿地中天然湿地面积占比高于73.5%，但在2005年天然湿地面积占比急剧减小到40%而人工湿地面积占比急剧增加到60%，说明人类活动在2003年之后对湿地产生强烈影响，主要表现为鱼塘等人工湿地急剧增加。

鱼塘的修建对会仙湿地具有双重影响：①破坏了天然湿地的完整性；②增大了湿地常年保水面积，从而降低了湿地的退化速度，这可以从湿地面积与降雨的关系方面

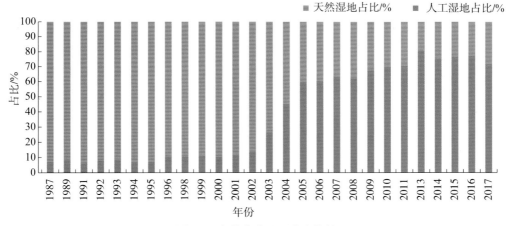

图2-9 会仙岩溶湿地演变趋势

得到验证。1987～2003年，会仙天然湿地面积与前一月降雨量的相关性强（图2-10），但2003年之后，湿地总面积却与当月和前一月的总降雨量具有显著相关性（图2-11），说明人工湿地面积的增加相应地增强了湿地对水资源的调蓄能力，为岩溶湿地的水资源化及水资源调控奠定了基础。

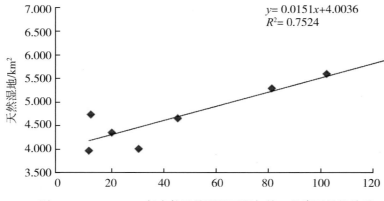

图2-10　1987～2003年会仙天然湿地面积与前一月降雨量的关系

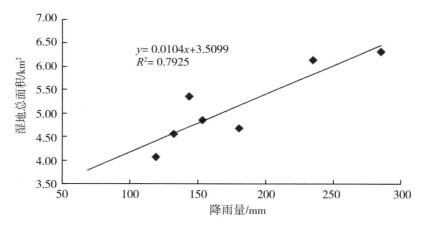

图2-11　2003～2011年会仙湿地总面积与当月及前一月总降雨量的关系

2.3.2　会仙岩溶湿地演化驱动因素

1. 湿地演化自然因素

1）岩溶发育特征影响湿地水文过程

水文过程是湿地退化的主要标志和直观体现。水文退化过程主要影响湿地径流、蒸散和降水截流，改变湿地的水补给方式和水循环动态。会仙湿地属于晚白垩纪桂林内陆湖泊解体、缩小后遗留的湖泊沼泽。中生代以来，受桂林市周边地形、水文地质条件的控制，南北中低部的地表水和地下水向中部北东向复式向斜盆地汇集，受制于岩溶发育得较差，岩性为泥岩、白云岩和砂页岩等相对隔水岩层，低洼地带长期积水形成湖泊和沼泽。湿地周边为上泥盆统融县组（D_3r）纯碳酸盐岩，岩溶较发育，中部为岩溶发育较弱的岩关阶（C_1y）和大塘阶（C_1d）不纯灰岩，起相对隔水作用，底部的隔水底板为泥盆纪信都组碎屑岩（D_2x）。

虽然周围纯灰岩地层有溶洞、岩溶泉、溶井、塌陷等形态发育，但管道状连通性岩溶数量少，且地下岩溶发育深度较浅。区内最大的地下河系统为冯家地下河系统，埋深（全称埋藏深度）5~20 m，以管道流为主，地下河的入口狭窄，呈扁平型。在洪水季节排水不畅，很容易造成补给区和径流区堵塞，淹没上游的农田、旱地生态系统；枯水期退水后，部分旱地又重新出露，周期性的淹水使生态系统遭受破坏，很难恢复。此外研究区下垫面处于平原分水岭上，中部略高于东、西部，导致水沿东、西两个方向分流，雨季地下河入口堵塞，雨水东西分流，不利于水在湿地内汇集，削弱了湿地调蓄洪水的功能（图2-12）。

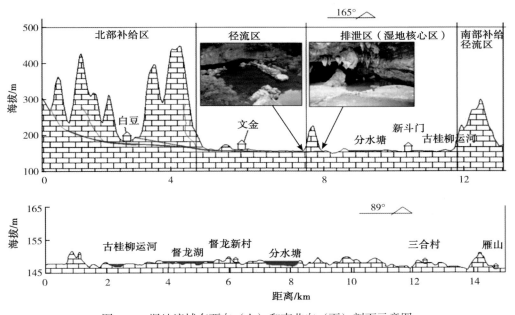

图2-12　湿地流域东西向（上）和南北向（下）剖面示意图

已有研究表明，岩溶管道埋深较浅、岩溶管道下游坡降较陡和岩溶管道分支较多的岩溶地下河系统对降雨输入较敏感，响应较迅速。会仙岩溶湿地地下水主要补给源为大气降水及外源水，总体上由南、北两个方向呈扇形向湿地中部径流，地下水的排泄区主要集中在湿地中部的睦洞湖、分水塘、八仙湖、督龙湖及运河两侧。受降雨和岩溶水文地质结构影响，湿地流域地下和地表水位与降雨量有很好的响应关系（图2-13）。水位变化呈现出多峰多谷的特征，每次较大的降雨会导致出现一个水文峰值，出现水文峰值之后水位迅速回落，水文峰值对降雨量的响应时间较短，一般为1~3 d，反映出岩溶具有快速的水文过程。地下水位的变幅较大，如冯家地下河上游径流区的马面村民井水位变幅达到 1.30 m，文全村民井水位变幅为 1.20 m（赵一等，2021）。地下水位快速变化显示岩溶具有地表-地下快速转换的动力学特征，这种水文地质结构和高强度的降雨，导致地下水容易暴涨暴落，湿地旱涝灾害频发，不利于维持湿地的生态健康，是造成湿地逐渐退化的重要因素之一。

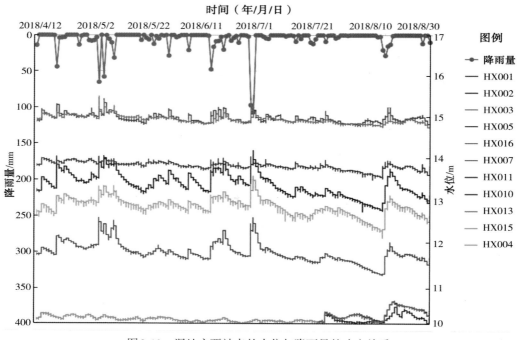

图 2-13　湿地主要站点的水位与降雨量的响应关系

2）土壤贫瘠影响湿地生态系统

土壤营养元素对土壤非常重要，会影响生物群落的分布及生态过程。会仙湿地的土壤主要分布在湿地核心区的沼泽和峰林谷地中，为碳酸盐岩风化形成的红黄色黏性石灰土和湖泊沼泽沉积底泥。野外调查结果表明，石灰土的厚度较薄，一般为 0～2 m，岩溶洼地厚度为 3～7 m。湿地沼泽沉积物主要为石灰土经水流搬运沉积而成，主要集中分布在湿地核心区，厚度一般为 2～7 m，部分地段可达到 10 m。从理化性质看，岩溶区土壤通常富钙偏碱性、土壤黏重、渗水性差、营养元素含量特别是有效态含量低，不利于植被的正常生长，对湿地周边生物群落的演替具有负面影响。

（1）会仙湿地土壤的营养元素贫瘠。湿地土壤元素地球化学分析结果显示，土壤 pH 在 7.0 以上，呈中性偏碱性，土壤有机质含量为 1.23%～2.23%，全氮含量为 0.138%～2.330%，全磷含量为 0.039%～0.048%，速效钾含量为 271～527 mg/kg，这些营养元素的含量不仅明显低于三江平原、松嫩平原和长江中下游平原等的湿地土壤，而且也明显低于桂林市周边的石灰土。

（2）会仙岩溶湿地土壤中营养元素的有效态含量较低。岩溶作用使石灰土具有富钙偏碱性的特点，在碱性条件下，大部分微量元素易形成氢氧化物沉淀，并且大部分微量元素的有效态含量与全Ca含量呈负相关，表明在石灰土富钙偏碱性的地球化学背景下，元素的有效态含量偏低，营养元素不足，将影响植物群落的健康生长。

（3）在高温高湿的桂林地区，土壤中Ca和Mg元素易淋失，造成土壤有机碳稳定性变差。土壤中含量较高的Ca^{2+}和Mg^{2+}与腐殖质中的胡敏酸相结合，能够形成稳定性较好的胡敏酸盐，从而为土壤微生物和植物群落提供可利用的碳源。但是会仙岩溶湿地所在的地区高温、高湿，并且水文波动频繁，沼泽、湿地交替变换，交替性的补水和排水会导致Ca^{2+}、Mg^{2+}等易溶性阳离子流失，从而造成有机碳的稳定性变差，不利于土壤养分的保持。

（4）会仙岩溶湿地的土壤多含铁、锰结核，土壤容积密度较大、孔隙率较低，一般为硬塑土，土壤持水能力差。受湿地水位波动影响，土壤被水淹和暴露反复演替，不能形成稳定的生态系统。

3）岩溶区石漠化影响湿地的调蓄能力

运用Landsat TM影像资料对1973~2018年会仙岩溶湿地流域的石漠化面积进行解译，结果如图2-14所示。1973年会仙岩溶湿地流域的石漠化面积为13.44 km²，其中轻度、中度和重度石漠化面积分别占30%、30%和40%，1973~2004年轻度石漠化面积增加，中度和重度石漠化面积逐渐减小，反映了湿地保护与开垦并重的局面。

改革开放以后，人们逐渐改变原有的以粮食作物种植为主的单一种植结构，开始大规模种植经济作物或经济林地（如柑橘、桉树、葛根等），特别是在坡度较陡的山体上进行了开垦，造成轻度石漠化面积增加。原有的中度和重度石漠化地区（一般坡度大于25°）在国家退耕还林政策下逐渐恢复原貌，石漠化面积减小。2018年的遥感解译数据显示，除轻度石漠化面积有所减小以外，其余类型的石漠化面积均有所增加，中度和重度石漠化面积较2004年分别增加2.4倍和2.7倍，总石漠化面积增加3.32 km²，较2004年增加1.24倍。2018年石漠化面积主要增加在流域西部，主要与2015年以后湿地核心区加大保护力度，将大量的鱼塘外迁至流域西部有关。此外，大规模的鱼塘扩建工程（包括地表剥离、开山采石、道路施工等工程），导致石漠化面积增大。

石漠化的发生与湿地面积呈负相关（表2-4），即石漠化的发生会导致湿地面积减小。从相关系数看，石漠化的发生可能会对湿地长年有水的区域影响较大，特别是轻度石漠化的发生导致这种影响更为明显。这与当地石漠化发生的性质有关，受开垦和保护双重因素的影响，湿地内的轻度石漠化面积增加，而中度和重度石漠化面积减小，湿地面积特别是长年有水的面积也减小。

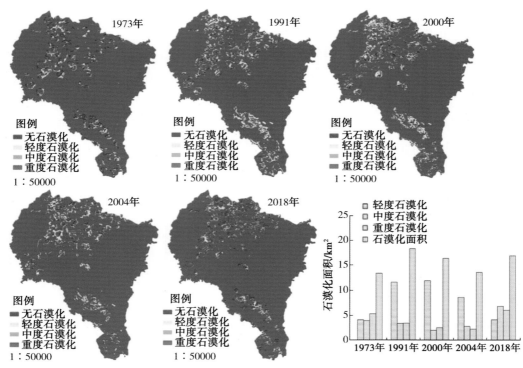

图2-14 会仙岩溶湿地石漠化演化图

表2-4 石漠化程度与湿地面积的关系

	轻度石漠化	中度石漠化	重度石漠化	石漠化总面积	水域面积	沼泽面积	水面总面积
轻度石漠化	1.000						
中度石漠化	−0.767	1.000					
重度石漠化	−0.845	0.884*	1.000				
石漠化总面积	0.460	0.182	0.036	1.000			
水域面积	−0.652	−0.563	−0.336	0.800	1.000		
沼泽面积	−0.215	−0.151	0.304	−0.270	−0.528	1.000	
水面总面积	−0.235	−0.062	0.493	0.024	−0.189	0.934*	1.000

注："*"表示在0.05水平(双侧)上显著相关。

石漠化是岩溶区脆弱性的表现之一，是岩溶区水土流失的结果，同时又是水土流失驱动因素。石漠化会造成水土流失，大量的泥沙进入湿地后，造成湿地淤积，容量减少，调蓄功能下降。前人对湿地岩心的元素分析结果表明，流域侵蚀和径流是湖泊沉积物化学组成主要物源。洪水携带着的大量泥沙进入湿地沉积，造成湿地的底泥逐年加厚，从而导致沼泽退化、湿地沼泽化。沈德福等（2010）根据岩心取样的年代学研究结果认为，1894年之前，湖泊大体是处于自然演化阶段，人类活动干扰不明显，沉积速率较低；1894年以后，人类活动的影响已加剧，人类活动导致的水土流失物质流入湖泊，使沉积物沉积速率明显增加，特别是大规模人类活动影响下，底泥沉积速率明显上升。李世杰等（2009）研究近代会仙岩溶湿地沉积速率的结果显示，1952年以来会仙寺湖底泥的平均沉积速率仅为1.7 mm/a，但在1952～1963年中国开展大规模炼钢炼铁期间，其底泥的平均沉积速率达到3.1 mm/a，说明植被破坏造成的石漠化及水土流失对湿地沉积底泥影响明显。

4）岩溶管道堵塞影响湿地水资源补给量

碳酸盐岩是可溶岩，其主要的化学成分为易溶的CaO、MgO，其成土物质的含量很少。由于水对碳酸盐岩的溶蚀、冲蚀作用，大量的易溶成分淋失，造成岩溶区形成特有的二元水文地质结构（图2-15）。表层岩溶带是连接地表和地下空间的关键环节，在这一空间中，岩石破碎，垂直裂隙发育，可以看作是布满孔隙的筛子，水土很容易漏失。水流携带的泥沙也大量进入地下，并在地下河中沉积，堵塞地下过水通道，带来十分严重的环境问题。

会仙岩溶湿地的岩溶发育较浅，岩溶地下水系统主要以管道、裂隙为主，较少有大型的岩溶地下河系统，地下河系统管道狭窄，大量的泥沙容易在管道聚集堵塞地下水径流，使地下水涌出地表排泄。并且会仙岩溶湿地的地形近似马鞍形，南北高，中部高于东西部，使地下水溢流出地表后并不能向湿地部位汇流，而是分东西两个方向分别流向良丰河和相思江，成为湿地系统的客水，造成湿地水资源补给量减少。例如，湿地主要地下河——冯家地下河管道堵塞后，上游马面村的溶潭会出现

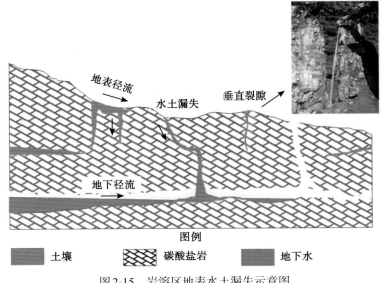

图2-15　岩溶区地表水土漏失示意图

溢流，并通过地表径流进入东部良丰河（图2-16），大量的地下水涌向地表并流失，造成湿地内的补给量减少。与图中未堵塞之前相比，冯家地下河管道堵塞后，地下河上游入口处被淹，上游的地下水上涌成为地表水，在地形影响下进入东部良丰江，最终汇入漓江。而下部的地下河出口水位相对较低，对下游的分水塘水位影响不大。

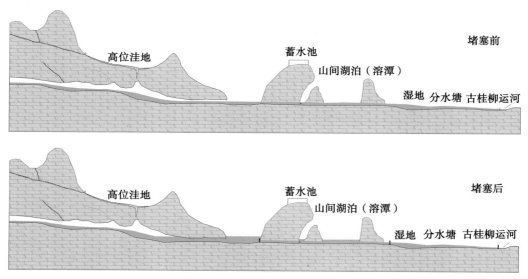

图2-16 会仙湿地地下河堵塞后的水位变化

为了准确计算湿地范围内通过地表排泄到系统外的水量，以冯家地下河系统为例，采用水均衡计算模型，计算系统内的溢流到系统外的排水量。

结合冯家地下河系统岩溶水补给、径流、排泄的基本特征，根据质量守恒原理建立岩溶水均衡数学模型：

$$Q_{补} = Q_{排} + Q_{蒸} + Q_{潜} + Q_{溢} + \Delta Q_{储} \tag{2-1}$$

式中，$Q_{补}$ 为天然补给量；$Q_{排}$ 为地下河系统出口总排泄量；$Q_{蒸}$ 为蒸发量；$Q_{潜}$ 为地下河系统侧向补给和排泄的潜流量；$Q_{溢}$ 为因管道阻水而排入系统外部的水量；$\Delta Q_{储}$ 为水位变动带来的可变储存量。

冯家地下河系统内的内岩溶水大部分水位埋深在 10~15 m，地下河通过包气带蒸发的水量较少，可忽略不计。潜流主要为基岩裂隙水，通过接触带侧向补给岩溶水，另一部分为岩溶水，通过深部岩溶管道径流出系统外。基岩裂隙水本身水量很小，加之流域内岩溶深度不大，且岩溶发育随深度递减，因此岩溶水绝大部分是通过地下河出口、岩溶泉或溢洪天窗排泄，通过岩溶管道径流出系统的水量很小，因此冯家地下河系统的水均衡数学模型可简化为：

$$Q_{补} = Q_{排} + Q_{溢} + \Delta Q_{储} \tag{2-2}$$

流域内的天然水补给量根据流域水文地质特征和水文地质工作程度，采用降水入渗系数法计算，其中降水入渗系数、流量、降雨量等参数见表2-5。

表2-5　冯家地下河系统的天然补给量计算参数

流域面积 /km²	平均流量 /(m³/s)	年平均降雨量 /mm	降水入渗系数	丰枯季地下水水位 平均变幅/m
24.71	0.764	1 884	0.338	0.45

注：降水入渗系数根据桂林市1:20万水文地质报告计算。

据此，计算出天然水补给量为3071万 m³/a，$Q_排$ 为2144万 m³/a，$\Delta Q_储$ 为22.24万 m³/a，因此通过地表的溢流量 $Q_溢$ 为905万 m³/a，占流域总补给量的29%，即每年约有29%的系统水成为客水外泄，对湿地的水资源量产生重要影响。

5）降雨、气温分配不均影响湿地生态健康

气候变化主要影响水体生物地球化学过程（包括碳动态），水生食物网结构、动态，生物多样性，初级、次级生产及水文过程，不同类型湿地对气候变化具有不同的响应。自第四纪以来，会仙岩溶湿地一直处于亚热带季风气候区。湿地湖泊沉积记录、硅藻及地球化学的分析数据显示，会仙岩溶湿地经历了几次冷暖和干湿的气候波动。会仙岩溶湿地从6400 cal BP开始有湖泊沉积物保存，在5200～2700 cal BP，湖泊水位显著降低，气候逐渐变干。近代，湖泊沉积物明显增加，湖泊水域面积大幅减小，其减小幅度明显大于其他历史时期，这一方面反映人类活动影响，另一方面与近代的气候变化关系密切。

根据桂林市气象局1951～2014年的气象资料（图2-17～图2-19），近60多年来，在全球气候日益变暖的背景下，会仙岩溶湿地气候区域干旱化，表现在气温持续升高和降雨不断减少。在其他因素变化不大的条件下，气温的升高必然提高蒸发强度，导致湿地水量减少，面积萎缩。据统计，1951～2013年，桂林市的年平均气温整体上升明显，平均上升0.8 ℃，上升幅度为0.13 ℃/10a。在60多年间，桂林市气温大体上经历了冷暖两个时期，以1985年为界，1985年之前偏冷，气温在小范围内波动并缓慢上升，平均上升幅度为0.08 ℃/10a，平均距平为−0.17 ℃；1985年以后偏暖，气温逐步上升，并且波动明显。1998年、2004年和2007年气温达到最高，分别升高0.82 ℃、0.72 ℃和1.12 ℃；1985～2013年，气温平均上升幅度为0.15 ℃/10a，增幅是1985年之前的两倍，气温平均距平为0.21 ℃，距平变幅是1985年之前的1.23倍。

大气降水是会仙岩溶湿地的主要补给源之一，降水量的变化直接影响湿地面积的消长。从桂林市年平均降水量变化曲线可以看出（图2-18），1951～2014年桂林市年平均降雨量呈减小趋势，气候倾向率为−7.25 mm/10a。20世纪50年代至60年代中期降雨量大幅减少，之后每8～10年出现一个周期性波动，1968～1993年波动不明显，处于低降水量时期，特别是1969年、1984年和1988年为极枯年份，加上经济社会快速发展，湿地的退化加速。1993年以后，降雨量波动幅度明显增大，降雨量最大达到2807 mm（2002年），最小为1254 mm（2011年）。区域降水逐渐减少和年际分布不均是湿地面积减小的主要原因之一。

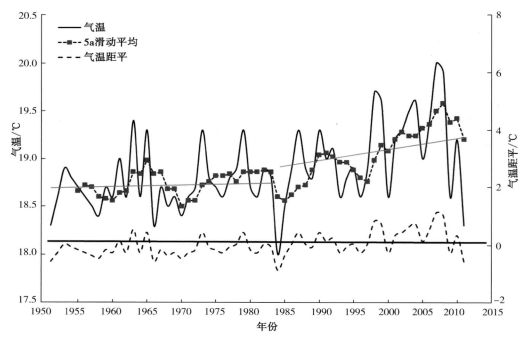

图 2-17 桂林市年平均气温变化曲线

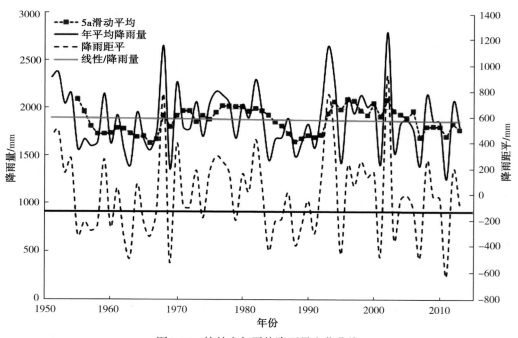

图 2-18 桂林市年平均降雨量变化曲线

会仙岩溶湿地地处亚热带季风气候区，年降雨量相对丰富但年内分布极不均匀（图2-19）。丰水季节（4~7月）的降雨量占全年降雨量的66%，气温也为全年最高，而枯水期（4个月）的降雨量仅占全年降雨量的14.4%。雨水在各季节分布不均，造成旱涝灾害频发，影响了湿地生态系统。每年的8~12月降雨量仅为373 mm，而蒸发量则为795 mm，蒸发量远大于降雨量，且这段时间是农作物的生长期，干旱缺水和大量的农业灌溉用水也加剧了湿地枯水季节的旱情。从长远来看，降水量和温度的不均匀分布会对湿地地表与地下水文过程和湿地演化产生重要影响，湖底暴露后成为大片浅水沼泽和沼泽草甸，湿地又被分割成许多部分，加剧了逆向生态演替和退化。

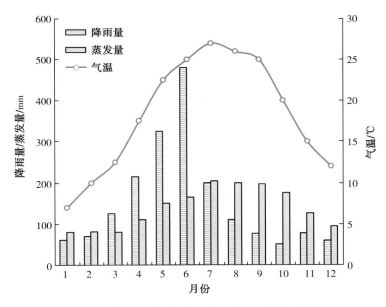

图2-19　桂林市降雨量、蒸发量、气温的月分布情况

2.湿地演化人为因素

　　自有历史记录以来，会仙岩溶湿地的面积不断缩小，目前面积只是宋朝时期的1/6。通过遥感解译，从1973~2018年的演化过程可发现，整个湿地流域的水域面积增加，但是湿地核心区的水域面积在减小，说明湿地仍然在不断萎缩。湿地拥有丰富的动植物资源，并且与人类的生存、生活联系紧密，对于湿地的开发利用也就成为人类活动中一个重要组成部分。人类活动特别是围湖造田、修建鱼塘等对湿地生态环境造成严重影响。首先，近年来会仙人口密度不断增大，对资源的需求也不断增多，大量开发原始湿地，导致湿地面积锐减。其次，湿地周边基本为农田，大量化肥、农药排入湿地，导致湿地水体、土壤污染严重。最后，大面积湿地被开发为水田，自然湿地逐步转变为鱼塘、农田等人工湿地，从而进一步加剧了湿地的退化程度。

2.4 小结

水的来源是湿地成因的重要指示因子，水的赋存方式和水文过程控制湿地生态系统运行机制。湿地的形成主要受降水量、水位变化、蒸发量、入渗量、地表水排泄能力、水网密度等因素影响。岩溶湿地中水的赋存方式和水文过程受岩溶发育程度、岩溶含水层结构特征、岩溶水动力条件等影响；其中，地表、地下双层水文地质结构是岩溶湿地区别于非岩溶湿地的最主要的特征之一。

不同类型的岩溶湿地各具不同的成因，蓄水构造（岩溶封闭储水地质体）是岩溶湿地形成的地质基础，是由岩溶含水地质体、岩溶水封闭界面组成的相对封闭的岩溶水文地质结构体。

岩溶湿地根据水的存储空间可分为地表岩溶湿地和地下岩溶湿地两大类，其中地下岩溶湿地是岩溶湿地所特有的。地表岩溶湿地包括岩溶河流、溶蚀洼地型岩溶湖、构造岩溶湖、岩溶沼泽湿地等不同类型；地下岩溶湿地可划分为地下岩溶储水盆地、岩溶地下河流湿地和其他岩溶地下水文系统。

在岩溶湿地的自然演化过程中，人类活动通过对湿地水量、水质的影响改变岩溶湿地的生态服务功能，尤其是围湖（沼泽）造田、围湖养殖或在沼泽中开挖鱼塘、养殖场等破坏性开发行为导致湿地逐步从自然湿地向人工湿地转化，破坏了湿地的自然结构，造成湿地水资源枯竭、水域面积减小和湿地萎缩退化。

广西会仙岩溶湿地是以岩溶沼泽、湖泊为主的综合型湿地，其形成演化既受到地质过程（如构造运动、岩溶作用等）的影响，也受到人类活动的影响。近40年来，围湖（沼泽）造田、围湖养殖等活动加剧，导致会仙岩溶湿地面积从42.11 km²急剧减小到14.57 km²，而水体富营养化和外来生物（水葫芦）入侵进一步加剧了湿地的退化。

第3章

岩溶湿地水循环过程
及其生态水文效应

　　我国的西南岩溶区是世界上岩溶分布最广泛、类型最复杂的区域之一（潘欢迎，2014）。西南地区的岩溶湿地较多，水文系统具有地表、地下双重空间结构，渗漏性强，降水入渗补给系数大，水文过程变化迅速，旱涝灾害频繁，这造成该地区岩溶湿地生态系统具有特殊性、复杂性和脆弱性，因而受到国内外学者的广泛关注（王月等，2015）。而随着人类活动日益频繁，不少岩溶湿地开始退化，其水面逐渐萎缩，水质状况堪忧。基于上述原因，本章在总结中国岩溶湿地生态水文过程研究进展及岩溶湿地系统水循环转化规律的基础上，开展桂林会仙岩溶湿地和云南普者黑岩溶湿地的水文过程与生态效应研究，其对于岩溶地区的水土资源保护与开发、生态修复及岩溶生态学理论研究等具有重要的意义。

■ 3.1　中国岩溶湿地生态水文过程研究进展

3.1.1　岩溶湿地的水量转化 💧

1.地表水与地下水相互转化

　　岩溶地下水和地表水不是水文系统的孤立组成部分，而是关联十分紧密的水文连续体（Winter，1999）。充分认识地下水与地表水的相互作用是管理和保护岩溶湿地的必要条件。在岩溶湿地特殊的地质环境中，其地下水与地表水的动态变化存在着直接联系，落水洞、岩溶管道、洞穴等岩溶形态的存在使地下水对地表水变化的响应十分迅速，管道流的存在是岩溶地下水最显著的特征。岩溶湿地广泛存在于岩溶地下水的排泄点。由于岩溶水系统结构的特殊性，且土壤层的厚度较薄，地下水具有与地表水相似的水文特征，如多峰多谷、对降水事件的响应时间短等。在中国南方岩溶区，地下水和地表水往往通过落水洞、地下河出口等频繁发生转换而难以区分。例如，在广西桂林会仙岩溶湿地，其丰水期和枯水期分别表现出不同的地表水与地下水转化关系（蔡德所和马祖陆，2012）。在雨季，会仙岩溶湿地接受大气降水和南北两侧岩溶山区的地表水和地下水，盆地储水丰富，湖泊和沼泽广泛分布，此时湿地核心区睦洞湖的水域面积最大；在旱季，会仙岩溶湿地周边的下层岩溶含水系统的地下水位低于上层储水盆地的地表水和地下水水位，上层盆地的水通过边缘的落水洞反向补给周边的地下水。

2. 岩溶湿地的生态需水转化

生态需水研究是近年来国内外广泛关注的热点，生态需水机理本质上是生态系统对不同水文情势的响应规律，主要集中在对水文情势指标与生态指标之间关系的定性或定量描述。广义的湿地生态需水量是指维持湿地系统生态平衡和正常发展、保障湿地系统水文功能及相关环境功能正常发挥所需的水量。狭义的湿地生态需水量是指在一定时空尺度下，湿地用于生态消耗和环境消耗而需要补充的水量。从岩溶湿地生态水文过程的水均衡角度考虑，狭义上湿地生态需水量的刻画对研究岩溶湿地水文循环更具参考价值。目前，湿地生态需水的研究主要聚焦于对水分-生态的耦合作用机理，在此基础上计算湿地生态需水量，强调水资源在整个湿地生态系统中的地位和作用。

3. 水量转化研究的方法

地表水与地下水相互作用受多重因素的影响，地表水与地下水的相互转化过程可通过多方面指标来体现，如水质、水量和水温等。目前研究岩溶地表水和地下水相互作用最主要的途径是，通过地下水水位、流量和水化学组分对季节和降水事件的响应来刻画转化过程，以及利用同位素方法对水循环进行示踪等（郎赟超，2005）。借鉴一般湿地地表水与地下水交互作用的研究方法，结合岩溶湿地的结构特征及岩溶水文地质学的研究方法，用于岩溶湿地地表水与地下水交互作用的研究方法可归纳为以下 5 种：水文学方法、水力学方法、示踪试验法、生物指示法和模型模拟法（表3-1）。

表 3-1　岩溶湿地地表水与地下水转化的研究方法

方法	原理	优点	不足
水文学方法	利用水均衡方程、泉流量曲线等确定地表水-地下水转换量	可操作性强，应用较为广泛	具有较大的不确定性，无法刻画内部转化过程
水力学方法	通过钻孔、抽水试验等测定水文地质参数，以求得地表水-地下水转换量	能提供水位关系、渗透率等	具有较强的非均质性，岩溶区的代表性有限
示踪试验法	利用外源化合物示踪地表水-地下水界面的迁移路径，指示两者之间的水力联系	能查明岩溶地下水的连通性	人工示踪可能会造成污染，对实验场地与条件要求高

方法	原理	优点	不足
生物指示法	建立湿地水文过程与植物、动物和微生物之间的关系，通过生物响应指示水文情势变化	能够详细刻画湿地生态水文过程	难以构建岩溶湿地水文过程与生物之间的对应关系
模型模拟法	在确定湿地水文地质结构与水文模型各要素后，对地表水-地下水之间的交互作用进行反推计算	可定量刻画地表水与地下水间的交换量及动态变化	难以查明岩溶水系统的空间结构特征

水文学方法和水力学方法是量化地表水与地下水相互作用的传统方法，示踪试验法和模型模拟法是目前较为有效的量化地下水-地表水相互作用的方法（马瑞等，2013）。其中，示踪试验法包括热量示踪、同位素示踪及人工化合物示踪试验等。热量示踪法是一种成本低、易于操作、能连续监测的天然示踪方法，能通过水温变化来揭示不同级次岩溶水流系统的补给过程与沿程的水量交换情况。同位素示踪法是目前在进行地表水与地下水相互作用研究时的主要应用方法，在前人多个湿地的地表水-地下水转化关系研究中得到了成功应用（Aguilera et al., 2013）。示踪试验法也被广泛应用于揭示岩溶地表水与地下水的转换关系，其擅长于辨识岩溶水的补排关系和径流途径，还可以用于计算地下水流和溶质运移的相关水文地质参数（Luo et al., 2016a）。在实际工作中，往往将各种方法联合运用，互相补充，从而加深对岩溶湿地地表水-地下水交互作用的认识。

湿地生态需水量的研究方法主要有水文学方法、生态学方法及生态水文学方法（杨薇等，2008）。水文学方法主要从宏观上建立湿地水文模型，其成本低、所需资料较少，但可信度较低；生态学方法主要从微观上分项计算生态需水量，其计算结果精度高，但数据获取难度较大；生态水文学方法则是水文学方法和生态学方法的结合，有较强的实际操作性，但水文过程与生态过程的耦合较难。

3.1.2 岩溶湿地生态水文模型

1.研究现状

水文模型是对自然界水文过程的数学描述，是研究水文循环和各种水文过程中无法替代的工具。现有的水文模型往往被归纳为集总式水文模型、分布式水文模型和半分布式水文模型 3 种类型。目前岩溶区的水文模型也分为集总式、分布式和半分布式 3 种类型，这 3 类模型各具优缺点（Luo et al., 2016b），其中分布式岩溶水文模型构建中最主要的难点在于刻画管道与裂隙的水力交换。由于岩溶系统特殊的含水层结构，一般很难获取含水系统内部的详细信息，适用于孔隙水的建模方法并不适用于岩溶地区，在岩溶区建立分布式水文模型十分困难。岩溶含水系统中裂隙和管道随机分布，模型结构和水文地质参数具有较强的不确定性，这均会引起模型模拟结果的不确定性（常勇和刘玲，2015）。

水生生态学以湿地水文与生态过程及二者之间相互关系的模拟为主要研究内容。湿地生态水文模型是用于描述和模拟湿地生态-水文相互作用关系、过程机理及互馈机制的数学模型，是研究湿地生态水文过程的重要工具（焦阳等，2017）。目前来看，几乎所有的生态水文模型都是水文模型的次级模型或本身即为水文模型，仅将湿地模块耦合至水文模型。用于湿地生态水文模拟研究的水文模型也可以分为集总式、分布式和半分布式3类。集总式水文模型只能从整体上模拟湿地的水循环和水量均衡，无法反映空间上的差异性，主要应用于湿地水量与水循环要素模拟和变化研究及湿地与其他水系统的交互作用研究；分布式水文模型参数复杂，数据难以获取，主要应用于湿地水循环过程及人类活动和环境变化对湿地水文过程的响应模拟研究；半分布式水文模型将湿地作为独特的水文响应单元，重点考虑湿地水循环过程，模拟精度高，适用性强。

2.发展趋势

尽管目前国内外湿地生态水文模拟研究已取得较丰富的成果，但不同模型在应用尺度、应用对象和参数特征等方面存在较大差异，仍缺乏具备普遍适用性的湿地生态水文模型，且基于水文模型和生态模型的耦合而建立的湿地生态水文模型仍存在不足，不能完全满足当前湿地生态水文学研究的现实需求。目前生态水文耦合的发展趋势为"双向耦合"，即考虑有关流域湿地生态格局和生态过程与水文过程双向交互作用和耦合机制（徐宗学和赵捷，2016）。此外，还需综合考虑岩溶湿地系统下垫面变化和湿地特性等多要素进行综合模拟和预测研究（图3-1）。分布式水文模型在岩溶湿地生态水文过程研究中是一种趋势，但鉴于岩溶湿地生态系统的复杂性，建立分布式水文模型十分困难。传统的数理统计法建立生态水文模型需要大量的数

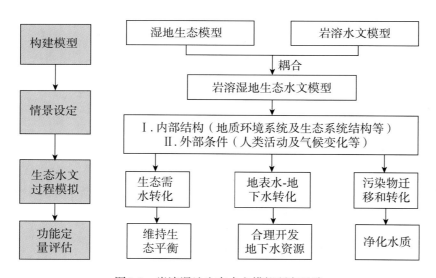

图3-1　岩溶湿地生态水文模拟研究思路

据，这要求一方面必须加强地面数据的采集与管理，另一方面要加强"3S"等技术的应用，以此来解决数据不足的问题。对于分布式水文模型，仍需要通过与实际观测对比分析来验证模型，以及进行参数的敏感性分析，从而在最大程度上减小模型不确定性对模拟结果造成的影响（卢德宝等，2013）。

目前湿地内的人类活动日益剧烈，流域自然地理环境发生变化，导致流域水文情势发生改变。在全球气候变化背景下，由于岩溶水系统具有特殊的地表、地下二元结构，且常缺失土壤层的天然防护作用，使得地表水与地下水交换迅速，岩溶水系统对人类活动的反馈极为敏感。目前定量描述水文模型参数时变的研究中，大多仅考虑气候变化对模型参数的影响，忽略了下垫面条件和流域人类活动的影响。因此，有必要考虑下垫面条件变化和流域内人类活动的影响，据此建立时变参数模型，以改善岩溶湿地生态水文模型模拟能力（熊立华等，2018）。此外，由于不同植被种类的生态需水量及其根系在不同地下水埋深情况下的吸水量有所不同，建立岩溶湿地生态水文模型还应考虑地下水与植被之间的相互作用，这对生态修复和水资源管理具有重要意义。

3.2 岩溶湿地系统水循环转化规律

我国于20世纪70年代引入了"系统"概念，开始注重有关大气水、地表水、地下水"三水"系统的转化研究。例如，李佩成（1973）提出了地面水、地下水和大气降水"三水"统观统管的治水理论及工程措施。进入20世纪90年代之后，"水圈""水系统""区域水资源"等概念被引入水资源转化问题研究之中，层圈间的相互作用问题开始受到关注。刘昌明和牟海省（1993）提出除需考虑"三水"（大气降水、地表水与地下水）转化，还需考虑土壤水，即"四水"。在岩溶山区，由于裸露地貌在长期的风化作用下，地表经过溶蚀产生大量的裂隙、溶沟、漏斗、天窗、竖井和落水洞等，大量断开的岩溶个体组合相连，逐渐形成带状的强岩溶化层——表层岩溶带。表层岩溶带对岩溶水的产流过程发挥着重要的作用，主要表现在调蓄方面：①水量的调蓄，在一定程度上增加大气降水入渗补给量；②岩溶径流过程的调蓄，增强基流补给产生的滞后效应。表层岩溶带水与大气降水、地表水、地下水、土壤水构成"五水"（图3-2）。

大气降水是岩溶湿地生态系统重要的水分来源之一，在水循环中，是地表水、土壤水、表层岩溶带水和地下水不断得到补充的源泉。其强度分布与岩溶湿地的形成发育和产生径流的多少有着密切关系。因此，"五水"转化研究必须建立在充分分析降水与地表水、地下水、表层岩溶带水和土壤水的转化关系及蒸散发的基础上。

具体来说，岩溶湿地的"五水"包括大气降水、地表水、土壤水、表层岩溶带水、地下水，这五种类型的水是可以相互转化的，但在一定的时间尺度上，岩溶湿地系统中总水资源总是保持均衡状态。

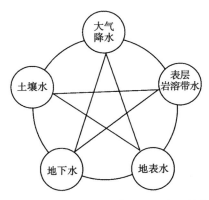

图3-2　基于水循环原理的岩溶区"五水"转化网络图

　　"五水"具体的转化过程如下：首先在岩溶湿地内形成大气降雨，随着降雨的不断延续，土壤层内的水分亏缺不断得到补充，土壤的含水量也逐渐增大，当土壤水分达到饱和时，超过入渗能力的那部分降雨便转化为地表径流。当降雨延续时，表层岩溶带逐渐蓄水达到饱水状态，进而达到了洞穴滴水的状态，这期间表层岩溶带水的来源主要包括两部分：①地表径流通过连通性良好的裂隙优先渗入表层岩溶带；②土壤层内的土壤水以活塞入渗的方式下渗至表层岩溶带中。当表层岩溶带都达到饱水状态时，剩余降雨继续下渗至基岩裂隙或管道中，加上通过落水洞等直接进入岩溶含水层的部分地表径流，形成岩溶地下水，最终岩溶地下水从地下河出口排到地表（图3-3和图3-4）。

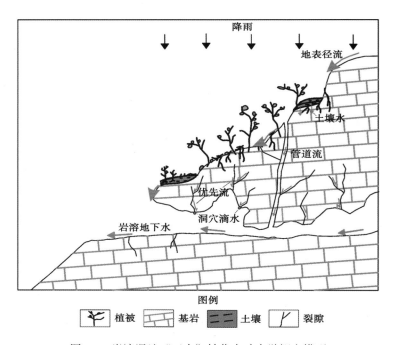

图3-3　岩溶湿地"五水"转化水动力学概念模型

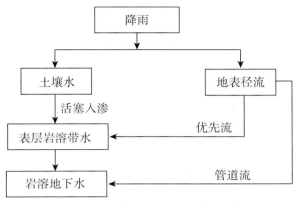

图3-4 岩溶湿地"五水"转化流程图

从上述的"五水"转化过程可以看出，大气降雨直接转化的地表径流在数量上等于降雨总量减去蒸发量（含地表水蒸发量和地下水蒸发量）及土壤水、表层岩溶带水和岩溶地下水三者增量后的差值，由于南方岩溶山区处在温湿气候区，地下水的埋藏深度一般较深，地下水的蒸发量小，基本上可以忽略不计。因此，只需重点研究大气降雨向土壤圈及地下岩石圈层的转化特征及转化量，即可得到大气降雨向地表径流转化的水量部分。

此外，受岩溶山区深切割的地形条件控制，天然条件下，在岩溶湿地的系统中，湿地的河床一般低于其所在岩溶水系统中地下水位，湿地成为岩溶系统中地下水的排泄基准面，地表水与地下水之间的转化一般为岩溶地下水补给岩溶湿地，而湿地水向岩溶地下水的转化很少见。

3.3 会仙岩溶湿地水文过程与生态效应

3.3.1 地下水流场

会仙岩溶湿地核心区北部边界为山区地表分水岭，南部边界为古桂柳运河，东部边界为出露的非碳酸盐岩隔水边界，在湿地核心区中部狮子岩处，受逆断层和地形的影响，形成地表-地下双重分水岭。以此为中心可将湿地核心区划分为两个子系统——睦洞河（湖）分散排泄系统和马面-狮子岩地下河系统（图3-5）。

睦洞河（湖）分散排泄系统内有湿地核心区面积最大的湖泊湿地，北部的岩溶地下水和多股水道是该湖的主要补给源。湖泊水流格局总体上由北向南，在龙山南、北转向西或西北方向，最终通过睦洞河注入相思江。

马面-狮子岩地下河系区发育有一地下河，其发源于马面以北、上村西北的岩溶峰丛山区，经南村、马面，于八仙湖流出地表，形成地表湖泊，后于狮子岩以北山角再次进入地下，形成明暗相间的串（地下廊道式充水洞穴）珠（地表湖泊，包括八仙湖、神潭、出水岩湖泊）地下河。该地下河在狮子山附近已探测的洞穴长度约为1km，地下河出口位于狮子岩南山脚，是分水塘的主要水源。

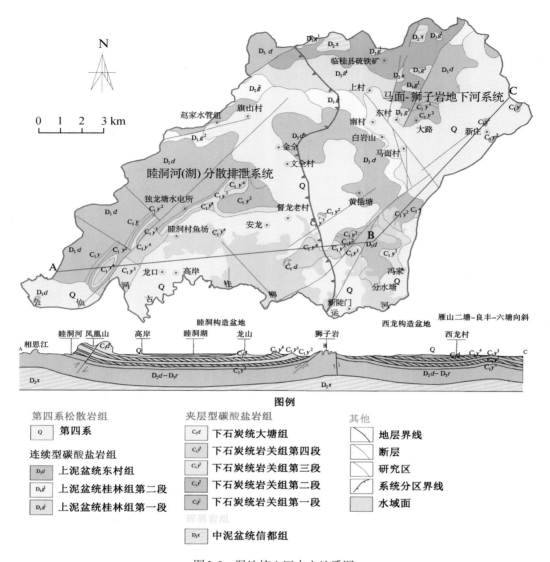

图3-5 湿地核心区水文地质图

地下水位是表征湿地地下水接受补给或向下排泄状况的动态指标。根据监测点高程测量结果和水位监测资料（表3-2），可知在马面-狮子岩地下河系统中水位由高到低依次为HX22＞HX15＞HX18＞HX03＞HX21，在睦洞河（湖）分散排泄系统中水位由高到低依次为HX16＞HX05＞HX06＞HX07＞HX09＞HX19，据此可绘制会仙湿地核心区的地下水流向，如图3-6所示（赵一等，2021）。总体上，研究区大部分地下水受区域地形和构造的影响，由北向南径流，两个系统均为地下水补给南部湿地湖泊区地表水。

表 3-2　监测站水位信息一览表

系统	监测站编号	水位平均值/m	标准偏差	最小值	最大值	水位最大变幅/m	井口高程/m	水位平均埋深/m
马面-狮子岩地下河系统	HX22	154.5297	0.4162	153.6086	155.5007	1.8921	155.5532	1.0235
	HX15	150.6589	0.3547	149.8241	151.5266	1.7025	152.2203	1.5611
	HX18	150.0219	0.3513	149.2160	150.9166	1.7006	151.0599	1.0380
	HX03	148.6909	0.3067	147.8446	150.6476	2.8030	—	—
	HX21	148.5174	0.2922	147.7355	149.9160	2.1805	—	—
睦洞河(湖)分散排泄系统	HX16	152.5183	0.2895	151.6262	153.4335	1.8073	153.6107	1.0924
	HX05	148.9353	0.2970	148.1317	149.8177	1.6860	150.3144	1.3791
	HX06	148.7979	0.2116	148.0864	149.7968	1.7104	149.8258	1.0279
	HX07	148.1820	0.3382	147.4717	149.9323	2.4606	—	—
	HX09	147.9792	0.3312	147.2879	149.8333	2.5454	—	—
	HX19	144.7394	1.0450	143.7033	149.3958	5.6925	—	—

注："—"表示无数据。

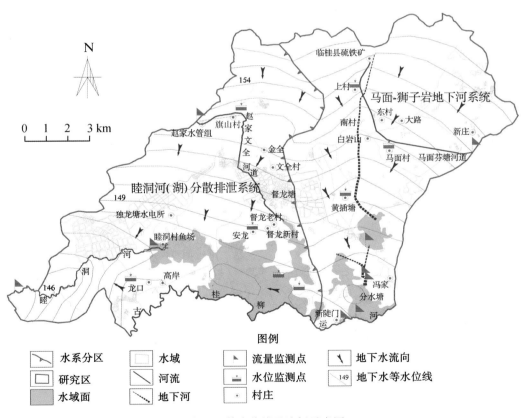

图例

水系分区	水域	流量监测点	地下水流向
研究区	河流	水位监测点	149 地下水等水位线
水域面	地下河	村庄	

图 3-6　等水位线及流场示意图

马面-狮子岩地下河系统发育有一地下河，其发源于马面以北、上村西北的岩溶峰丛山区。大气降雨为主要补给来源，该系统地下水由北向南流动，整体向地下河汇集，从八仙湖流到地表，形成地表湖泊，后于狮子岩以北山角再次进入地下，通过主径流带于地下河出口HX04集中排泄，后汇入分水塘HX05。

睦洞河（湖）分散排泄系统北部的岩溶地下水是南部岩溶湿地的主要补给源，该系统地下水以裂隙流形式自北向南分散排泄至睦洞河（湖），最终通过睦洞河总出口排入相思江。

3.3.2　地下水位动态特征

根据监测结果，绘制两个系统的地下水、地表水水位及降雨的年内与月内动态变化曲线（图3-7～图3-10），可以看出其具有以下几个特征。

1.水位波动受降雨影响明显

研究区内各监测点的水位曲线均随降雨呈现由多个较小的峰、谷组成的复合峰谷形态，表明大气降水为主要的补给源。受降雨影响，不同时期的地下水水位具有一定的差异，平枯季节（9月至次年2月）地下水水位相对较低，而雨季（3～8月）地下水水位相对较高。此外，降雨的频率和强度也对地下水水位有一定的影响，密集的降水对水位的扰动较小，维持着水位稳定，而分散不均的降水对水位扰动较大。强降水过程中湿地水位的波动幅度大于弱降水过程，水位高度决定湿地内部水流形式，高水位时水流较快，水位下降较快。强降水作用下，湿地水位波动剧烈。例如，2019年7月中旬，由于连续降暴雨，会仙湿地排泄不畅，造成排泄区大部分被淹，随后一个月持续干旱，9月上旬所有河道均出现断流，水位波动最为明显，湿地水位的稳定性受到消极影响。

2.水位变幅不均

受下垫面含水介质、补给条件及过水断面等的影响，不同地点的水位年内变幅有较大差异。补给区靠近峰林区，入渗条件较好，无雨时补给有限，地下水位（HX22、HX16）年内变幅和标准偏差均较大；排泄区湖泊水位（HX07、HX21）由于本身具有一定的调蓄作用，并受到地下水的稳定补给，标准偏差较小，稳定性较好，年内变幅较大则是由于7月份最大暴雨时排泄不畅造成水位暴涨所致。最下游排泄河口（HX19）则是由于断面狭窄而排泄不畅，标准偏差达到了1.0450 m，最不稳定，降暴雨时其由于位置最低，淹没最为严重，年内水位变幅达到了5.6925 m，为研究区最大变幅。

3.水位对降雨的响应时间不一致

补给区地下水水位动态曲线上升支较为陡立，水位到达峰值较为迅速，下降支较为平缓，这与峰丛洼地地区反映场雨变化的尖峰型过程曲线形成鲜明对比，如处于马面-狮子岩地下河系统的HX22、HX15和HX18，睦洞河分散排泄系统的HX16和HX05。这表明降雨补给地下水速度快，而地下水径流蒸发速度较慢，体现了峰林平原区地下水系统具有一定的储水调蓄功能。排泄区地表水水位上升较为缓慢，降雨形成地表径流汇入湖泊，湖泊区水位开始上升。随着地下水水位上升至最高点，地下水开始向湖泊区排泄，此时湖泊区水位将继续上涨，其水位峰值出现滞后现象，如马面-狮子岩地下河系统的 HX04、HX05，以及睦洞河（湖）分散排泄系统的 HX07、HX10、HX11。

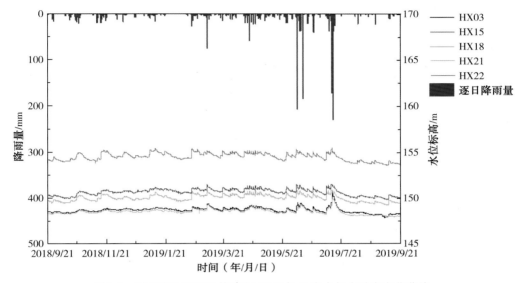

图3-7　狮子岩地下河系统降雨-地下水-地表水年内动态变化曲线

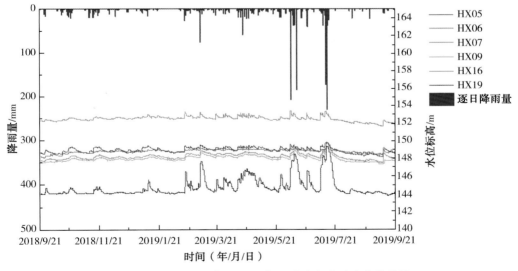

图3-8　睦洞湖系统降雨-地下水-地表水年内动态变化曲线

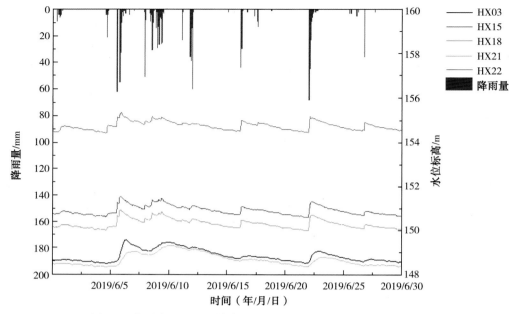

图3-9 狮子岩地下河系统降雨-地下水-地表水月内动态变化曲线

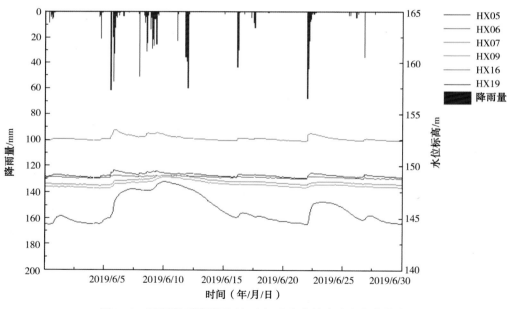

图3-10 睦洞湖系统降雨-地下水-地表水月内动态变化曲线

3.3.3 湿地核心区地下水均衡分析 💧

湿地地下水均衡是地下水水文过程的综合展现，建立水文要素之间的定性、定量关系是分析和了解湿地地下水时空变化规律等的重要方法。开展会仙湿地地下水均衡的研究，对维持湿地生态功能、湿地水资源管理和湿地保护等具有极其重要的意义。

水量平衡是指在任意时段内，水的补给量与排泄量的差值等于区域（或水体）内蓄水的变化量。流域的水量平衡表达如下：

$$\Delta W = Q_{总补} - Q_{总排} \qquad (3-1)$$

式中，$Q_{总补}$ 为流域内水的补给量；$Q_{总排}$ 为流域内水的排泄量；ΔW 为流域蓄水的变化量。如果 ΔW 为正，则表示该时段有一部分径流储存在流域内；反之，则表示该时段消耗掉一部分流域蓄水量，导致流域蓄水量减少。

1. 地下水均衡要素分析

地下水系统补给量包括大气降水入渗量、地表水入渗量、地下径流的流入量、越流补给量和人工补给量等；排泄量包括潜水蒸发量、地下水径流的流出量、人工排泄量、泉水的溢出量和越流流出量等。虽然地下水系统的补给量和排泄量涉及很多方面，但对于特定的水均衡区，并不一定全部包括，在实际使用与计算时，为了简化计算，在分析可靠资料及不影响精度的情况下，可将一些次要因素忽略不计，使问题简化。由于会仙湿地核心区地下水系统较为封闭，故不考虑地下径流流入量、流出量和越流补给量、流出量。计算时段为一个水文年，各水均衡要素分析如下。

1）降雨入渗量

大气降水是会仙湿地生态系统重要的水分来源，其强度和频率与径流的多少密切相关。会仙岩溶湿地地区属中亚热带季风气候，温暖湿润。研究区多年平均降水量为 1835.8 mm，年最大降水量为 2452.7 mm，年最小降水量为 1313.3 mm。会仙湿地的多年平均蒸发量为 1569.7 mm，月蒸发量随季节变化而变化。

本书对 2018 年 9 月 1 日至 2019 年 9 月 20 日的降雨量与蒸发量进行了实时监测。年内分布严重不均，降雨量主要集中在雨季 3~8 月，占全年降雨量的 80% 左右。可见雨季降水量是湿地耗水的重要供给源。蒸发主要集中在 5~10 月，约占总蒸发量的 72.3%。冬季（1~2 月）蒸发量最小，约占全年的 5.2%。

降雨入渗补给量的计算公式为

$$Q_{降补} = 0.1\alpha AP \qquad (3-2)$$

式中，$Q_{降补}$ 为降雨入渗补给量，万 m³/a；α 为降雨入渗系数；A 为补给区面积，km²；P 为降雨量，mm。

研究区大致可分为 3 个含水岩组，即连续型碳酸盐岩含水岩组、夹层型不纯碳酸盐岩含水岩组和第四系松散岩类含水岩组。根据前人的研究成果可知，碳酸盐岩补给区降雨入渗系数为 0.488，不纯碳酸盐岩补给区降雨入渗系数为 0.287，第四系覆盖区降雨入渗系数为 0.163，对研究区两个地下水系统入渗界面岩性面积进行统计（表 3-3）和加权平均，得到马面-狮子岩地下河系统降雨入渗系数为 0.286，睦洞河（湖）分散排泄系统降雨入渗系数为 0.302，均衡期降雨量为 2245.8 mm。根据式（3-2）

计算得到马面-狮子岩地下河降雨入渗补给量为1253.13万m³/a，睡洞河（湖）分散排泄系统降雨入渗补给量为1513.13万m³/a。

表3-3 研究区地下水系统参数统计表

系统	面积/km²			
	第四系覆盖	碳酸盐岩区	不纯碳酸盐岩区	合计
马面-狮子岩地下河系统	9.64	5.88	3.99	19.51
睡洞河(湖)分散排泄系统	10.79	8.31	3.21	22.31

2）河渠渗漏补给量

河渠渗漏补给地下水量大小主要由河渠渗漏系数及渠道过水量决定。河渠渗漏补给量采用下式计算：

$$Q_渠 = Q_过 \cdot M \tag{3-3}$$

式中，$Q_渠$为河渠渗漏补给地下水量，万m³/a；M为河渠渗漏系数；$Q_过$为河渠过水量，万m³/a。

研究区有一青狮潭西干渠，属于管制性补水渠道，农忙季节（4~9月）实际补水天数每月不足15 d，均衡期内过水总量为1794.44万m³，其中马面支渠过水量约为358.89万m³。根据数次对其上段和下段的测流结果，推算马面-狮子岩地下河系统河渠渗漏系数平均值为0.18，睡洞河（湖）分散排泄系统河渠渗漏系数平均值为0.25，计算得到均衡期内马面-狮子岩地下河系统河渠渗漏补给量为64.60万m³/a，睡洞河（湖）分散排泄系统河渠渗漏补给量为358.89万m³/a。

3）灌溉水回渗补给量

农渗灌溉是地下水补给的一项重要来源，根据对会仙湿地的农业遥感土地利用调查，马面-狮子岩地下河系统农灌面积为5.8 km²，睡洞河分散排泄系统农灌面积约为7.2 km²。农作物和果园灌溉用水的月均用水量为40 m³/亩，即约6万m³/km²，均衡期内灌溉时间为4~9月，共6个月，其中地表水灌溉时间为4~7月，8~9月抽取地下水灌溉。农灌水回渗补给量的计算公式：

$$Q_农灌 = \beta \cdot Q_引 \tag{3-4}$$

式中，$Q_农灌$为灌溉水回渗补给量，万m³/a；β为灌溉回渗系数，本书取0.2；$Q_引$为灌溉引水量，万m³/a。由此可计算得到马面-狮子岩地下河系统灌溉用水补给量为208.80万m³/a，入渗补给地下水的量为41.76万m³/a；睡洞河（湖）分散排泄系统灌溉用水补给量为259.20万m³/a，入渗补给地下水的量为51.84万m³/a。

4）蒸发排泄量

影响潜水蒸发的因素主要有：气候、土壤、埋深和植被情况等。目前，国内外计算潜水蒸发量使用最广泛的经验公式是阿维扬诺夫公式，其形式为

$$\varepsilon_b = \varepsilon_0 \cdot (1 - h/l)^n \tag{3-5}$$

式中，h 为潜水埋藏深度，m；l 为极限蒸发深度，m；n 为蒸发指数，多取 1~3，考虑到会仙湿地包气带和气候情况，本书取 2.5；ε_0 为水面蒸发强度，mm；ε_b 为裸地潜水蒸发强度，mm。

有研究认为，植被生长时的潜水蒸发强度与裸地潜水蒸发强度存在一定的规律，因此可根据裸地时的潜水蒸发来确定有植被时的潜水蒸发，即

$$\varepsilon_c = k_c \cdot \varepsilon_b \tag{3-6}$$

式中，ε_c 为有植被时的潜水蒸发强度，mm；k_c 为植被影响系数（无量纲），根据研究区植被覆盖与裸地蒸发对比试验，本书取 1.2。

根据监测统计结果，马面-狮子岩地下河系统和睦洞河（湖）分散排泄系统第四系平原区潜水位埋深均为 1.2 m 左右。根据研究区下垫面性质，极限蒸发深度取 4 m，研究时段内水面蒸发强度为 868.2 mm。根据 MapGIS 统计结果，马面-狮子岩地下河系统平原区面积为 13.5 km²，睦洞河（湖）分散排泄系统平原区面积为 14.4 km²，计算得到马面-狮子岩地下河系统的潜水蒸发量为 574.29 万 m³/a，睦洞河（湖）分散排泄系统潜水蒸发量为 612.58 万 m³/a。

5）径流排泄量

马面-狮子岩地下河系统地下水主要通过地下河出流，研究时段内的平均流量为 203.2 L/s，系统面积为 19.51 km²，计算得到该地下水系统全年总径流量约为 640.81 万 m³。

基流对于揭示地表水和地下水的相互转化关系有着重要的意义，能否从径流时间序列中准确地分割出基流影响到水资源评价的精度，督龙湖分散排泄系统的地下水分散排泄后主要从睦洞河出流，本书采用数字滤波法对其进行基流分割（图 3-11），得到全年地下水排泄量为 1227.27 万 m³，占总出流量的 35.5%。

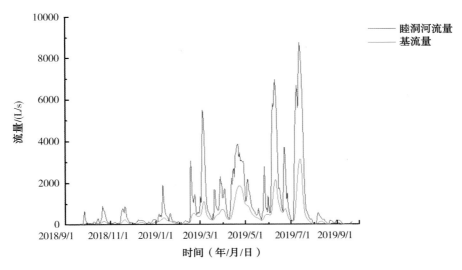

图 3-11　睦洞河出口基流量分割

6）人工开采量

研究区内人工开采地下水主要用于生活饮用和农业灌溉，根据调查统计结果，马面-狮子岩地下河系统共8个村庄，人口约16000人，按每人每年用水量为50 m³计算，每年抽地下水量约为80万 m³，极旱月份（8、9月）需要抽取约69.6万 m³地下水用于灌溉，均衡期抽地下水量约为149.6万 m³；睦洞河（湖）分散排泄系统有5个村庄，人口约18000人，每年抽取地下水量约为90万 m³，极旱月份（8、9月）需要抽取约86.4万 m³地下水用于灌溉，均衡期抽地下水量约为176.4万 m³。

2.地下水均衡计算

地下水均衡是指在任意时段内，地下水系统的总补给量与总排泄量的差值等于该时段系统内蓄水的变化量。地下水均衡表达如下：

$$\Delta W = Q_{总补} - Q_{总排} \tag{3-7}$$

式中，$Q_{总补}$ 为系统的总补给量；$Q_{总排}$ 为系统的总排泄量；ΔW 为系统蓄水的变化量。如果 ΔW 为正，则表示该时段有一部分径流储存在系统内；反之，则表示该时段消耗掉一部分系统蓄水量，使系统蓄水量减少。

对研究区地下水系统一个丰水年（2018年9月21日至2019年9月20日）各均衡要素结果进行统计和计算（表3-4）。计算结果与地下水动态变化基本一致，马面-狮子岩地下河系统的蓄存量为–5.21万 m³，睦洞河（湖）分散排泄系统蓄存量为–92.41万 m³，会仙岩溶湿地核心区地下水系统的蓄存量为–97.62万 m³，表现为负均衡，这与2019年8、9月的长期干旱有关。从地下水补给量的组成分析，降雨入渗补给量占84.25%，河渠渗漏补给量占12.90%，灌溉入渗补给量占2.85%；从地下水排泄量的组成分析，蒸发量占35.10%，径流量占55.25%，人工开采量占9.64%。可见，湿地核心区地下水系统以大气降水入渗补给为主，排泄方式以蒸发和径流排泄为主。

表3-4　研究区地下水均衡统计与计算

均衡项	类别	马面-狮子岩地下河系统/(万 m³/a)	睦洞河（湖）分散排泄系统/(万 m³/a)	会仙湿地核心区地下水系统/(万 m³/a)	比例/%
补给量	降雨入渗量	1253.13	1513.13	2766.26	84.25
	河渠渗漏量	64.60	358.89	423.49	12.90
	灌溉入渗量	41.76	51.84	93.60	2.85
	合计	1359.49	1923.86	3283.35	100.00
排泄量	蒸发排泄量	574.29	612.58	1186.87	35.11
	径流排泄量	640.81	1227.29	1868.10	55.25
	人工开采量	149.60	176.40	326.00	9.64
	合计	1364.70	2016.27	3380.97	100.00
蓄存量	—	–5.21	–92.41	–97.62	—

3.3.4 会仙岩溶湿地水文地球化学变化规律及其与生态环境相互作用机制 💧

1.湿地水化学动态特征

监测结果显示，会仙岩溶湿地水体主要超标因子为总磷和Hg。总磷含量的超标率为55%，超标1.1~2.4倍，且随着地下河径流方向逐渐降低，说明地下河对总磷具有一定消纳截留作用。重金属Hg含量超标率为36%，超标最高达19.1倍；Hg来源于上游硫铁矿渣填埋场的淋溶（李军等，2021a）。

在狮子岩地下河系统内，从补给区到排泄区水体中总磷含量逐渐降低，且下降比幅较大。地下河入口处（HX03）总磷约为0.5 mg/L，至系统总出口（HX01）处其浓度已减小近半，总磷约为0.25 mg/L（图3-12）；到集中排泄区（HX04）总磷浓度已下降一个数量级，稳定在0.03~0.08 mg/L，满足地表水Ⅱ类水质标准，但仍略高于国际上认可的发生水体富营养化的临界浓度0.02 mg/L，表明磷生源要素能够满足水体藻类生长的需求，而一旦温度、光照、水动力等条件适宜，藻类就可以快速生长、繁殖，从而导致湿地水质恶化。

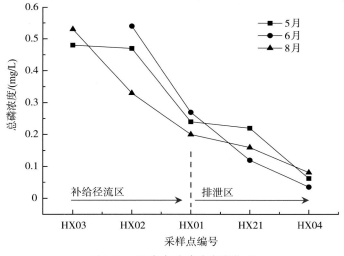

图3-12 地表水总磷浓度变化图

湿地系统中的磷主要来源于农业施肥和养殖业（李军等，2021b）。在狮子岩地下河入口HX03和HX02采样点上游分布大量农田和渔业养殖场，污染物质的汇入导致HX03和HX02均有一个较高的总磷输入点。地下河的径流排泄区，总磷含量的逐渐降低表明湿地对外源磷有消纳截留作用。一方面外源污染物随地表径流进入湿地核心水域，流速减缓时湿地沉积物可通过离子交换、吸附、螯合等作用降低水体磷素含量；另一方面，水体中的藻类利用磷素生长繁殖，导致水体中总磷的消减（朱丹尼等，2021）。

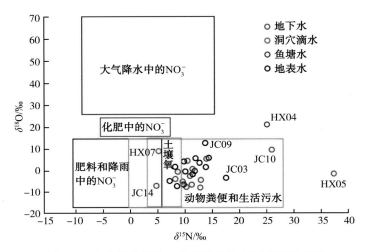

图 3-13　会仙岩溶湿地水体硝酸盐氮-氧同位素分布图

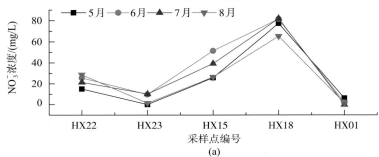

(a)

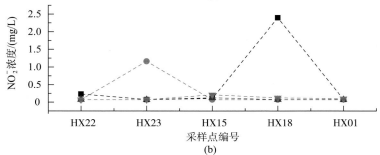

(b)

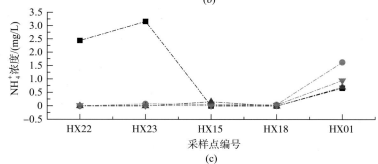

(c)

图 3-14　三氮浓度变化曲线

对湿地水体硝酸盐氮-氧同位素的分析结果显示（图3-13），湿地水体中的硝酸盐氮主要来源于动物粪便（养殖业）和生活污水、土壤氮（农业施肥）。受生活、农业和养殖业影响，地下水中局部地方出现 NH_4^+ 含量和 NO_3^- 含量超标， NH_4^+ 含量超标率为10.2%， NO_3^- 含量超标率为8.16%。5月是该区农业施肥的高峰期，表现为上游水体中（HX22、HX23）氨氮含量显著上升；在硝化作用影响下，下游（HX18）的 NO_2^- 和 NO_3^- 浓度在几天内也急剧升高（图3-14），且在1个月内氨氮就完全转化成了 NO_2-N 和 NO_3-N，表明狮子岩地下河系统具有较强的生物地球化学作用。

2.湿地水电导率变化及其影响因素分析

湿地地表水位与电导率呈显著的负相关关系（朱丹尼等，2020），即随着地表水位的上升（图3-15），电导率下降；并且从整个观测周期来看，丰水期的电导率高于枯水期。

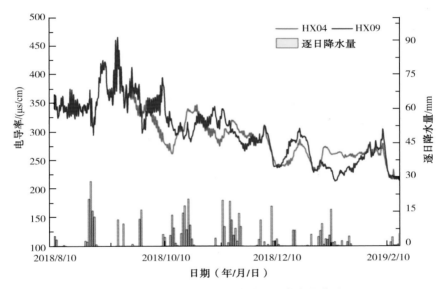

图3-15　会仙岩溶湿地地表水电导率变化曲线

水位下降时，有机物分解旺盛，水体中营养盐增多，离子浓度增大，电导率升高。降水期间，大量的水汇入湿地，水位急剧上升，对原有水体起到稀释作用，加之高水位下有机物分解缓慢，导致电导率降低。湿地水位剧烈波动时，土壤好氧与厌氧环境交替变换，将影响土壤腐殖质降解速度和植被群落结构的演替，从而对沼泽湿地的生态系统产生深远影响。湿地水位与生态系统之间存在耦合作用，二者相互影响、相互制约，共同构成湿地生态系统，起到了十分重要的蓄水调洪作用。

地下水电导率曲线较为杂乱，各点变化特征不同，体现了地下水系统的复杂性（图3-16）。从电导率对降水的响应过程来看，多数点表现出对降水的正响应，即随着降水的增加，电导率升高，并且呈现明显的季节性变化，丰水期的电导率高于枯

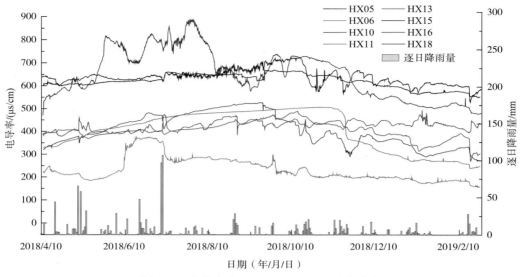

图3-16　会仙岩溶湿地地下水电导率变化曲线

水期。降水对地下水电导率的影响过程复杂，叠加了稀释作用、淋滤作用及溶解作用。首先，降水会稀释水中的离子浓度，降低水的电导率；其次，降水淋滤的地表物质会进入地下，增加水中物质含量，使电导率升高；最后，降水增加地下水动力的强度，可加速碳酸盐岩的溶解，增加水的电导率。总体而言，降水的淋滤作用和溶解作用对电导率的影响较大。

水生植物与电导率及矿化度的关系不明显（图3-17），挺水植物所在的水域与无水生植物的水域一样，中午以后其电导率总体上呈下降趋势；沉水植物所在水域的电导率与水温大致呈反比，水温是否对植物的生物化学活动影响还需进一步观测和试验。

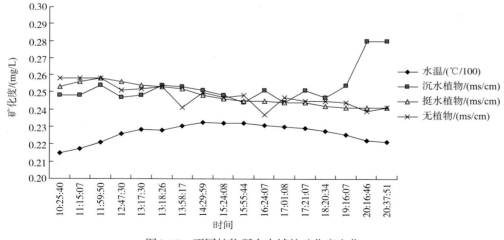

图3-17　不同植物所在水域的矿化度变化

3.岩溶湿地水化学变化与生态环境的相互作用机制

水化学监测结果显示，会仙湿地的水总体上属于 HCO_3-Ca 型岩溶水，Ca^{2+} 浓度为 $60\sim90~\mu g/L$，Mg^{2+} 浓度一般在 $20~\mu g/L$ 以下。其他元素中，Al^{3+}、Mn^{2+} 浓度普遍较高，与碳酸盐岩 Al、Mn 含量偏高的原生环境有关。

受湿地周边水文地质条件及水文过程或水文动态变化的影响，雨季随着流量的增大，除受人类活动影响的地表水采样点（包括静止水体）和地下水采样点（岩溶泉、地下河出口）外，其余采样点呈现出 HCO_3^-、Ca^{2+} 浓度和电导率降低而pH总体升高的趋势。从空间分布看，湿地中央及出水口的 Ca^{2+} 浓度比湿地入水口的浓度低，表明湿地对水质有一定的净化作用。

利用自动在线监测和高密度取样技术，对会仙岩溶湿地水化学的昼夜变化规律及影响因素进行分析。监测结果表明，受气温和水生植物光合作用的影响，白天水温、pH、溶解氧（dissolved oxygen，DO）含量、无机碳同位素值同步上升，而 Ca^{2+}、HCO_3^- 含量及电导率下降。沉水植物群落分布区水化学等指标昼夜变幅大于挺水植物群落分布区，水温、pH、Ca^{2+} 浓度、HCO_3^- 浓度、DO值和无机碳同位素值在挺水植物群落分布区的昼夜变化幅度分别为 $4.42~℃$、0.65、18 mg/L、48.8 mg/L、14.02 mg/L 和 -2.27 ‰ $(\delta^{13}C_{V-PDB})$；在沉水植物群落分布区昼夜变化幅度则分别上升到 $6.32~℃$、1.43、24 mg/L、91.5 mg/L、23.86 mg/L 和 -5.03 ‰ $(\delta^{13}C_{V-PDB})$，说明水生植物的光合作用、呼吸作用、水温及脱气作用共同影响岩溶湿地水文地球化学的昼夜变化和岩溶湿地内部的物质循环过程，且岩溶湿地沉水植物群落分布区的生物地球化学作用更加活跃，有助于湿地水质的恢复。

3.4 普者黑岩溶湿地水文过程与生态效应

3.4.1 普者黑岩溶湿地水文过程

普者黑岩溶湿地是典型的断陷盆地，属覆盖型岩溶区；区内地下水主要赋存在浅部，水资源丰富；碳酸盐岩裂隙溶洞水，占枯水期地下水总资源量的68.29%。由于地形起伏大、高差显著，地下水循环交替强烈（图3-18）。

长期监测显示（官威，2015），普者黑岩溶湿地地表径流量从4月开始逐渐增加，6月开始明显上升，多在7～8月达到峰值；然后10月份开始径流量明显下降，并在次年3～4月达到最低。虽然月径流量在很大程度上与当月降雨量相关联，但径流量峰值并不一定出现在降雨量达到峰值的月份，径流量最低值也并不一定出现在降雨量最小的月份。从图3-19可以看出，研究区径流增加趋势滞后于降雨量增加趋势，径流减少趋势与降雨量减少趋势基本同步（2014年除外）。

2014年降雨量规律性明显，从年初开始降雨量逐月增加，9月后逐月减少，径流量变化曲线平缓（肖羽芯等，2020）。降雨量在6月有较大增幅，6～7月降雨量达到峰值；6月的径流量也有较大增幅，7月径流量增幅较小；8月降雨量减少后，径流量有较大增幅。同时，降雨量在2014年1月达到最小值，而径流量在3月才达到最

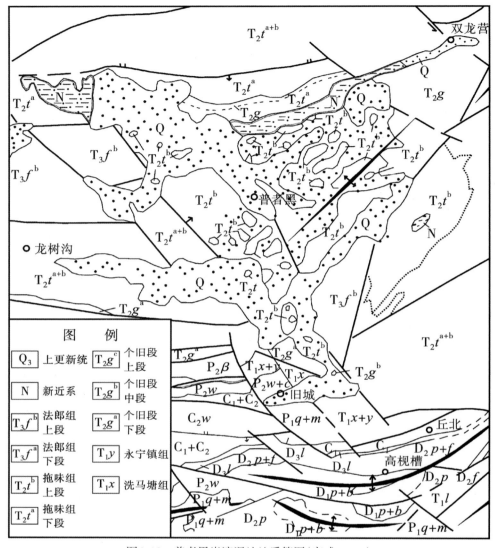

图3-18　普者黑岩溶湿地地质简图(官威，2015)

小值，存在明显的滞后效应。这充分说明地表水主要由地下水补给，而地下水相对于降雨具有显著的滞后效应。

地表径流量除受到降雨量的影响外，还受地表地下容蓄水量的影响，而地表地下容蓄水能力在很大程度上取决于地表土地利用/覆盖状况及地下地质空间结构。

普者黑岩溶湿地地表在雨季受降雨变化影响较大，在旱季受降雨变化影响较小，主要原因在于普者黑峰林湖盆处于西南岩溶高原区，地下孔隙、溶洞发育，并且发育有地下河，地质结构复杂。雨季开始时，降雨首先下渗到地下补给地下水，由于区内为岩溶高原，土壤层较薄，在较强的降雨下，雨水极易转化为地表径流。同时，由于岩溶地质中发育的孔隙裂隙，降雨会通过孔隙裂隙形成裂隙流补给地下

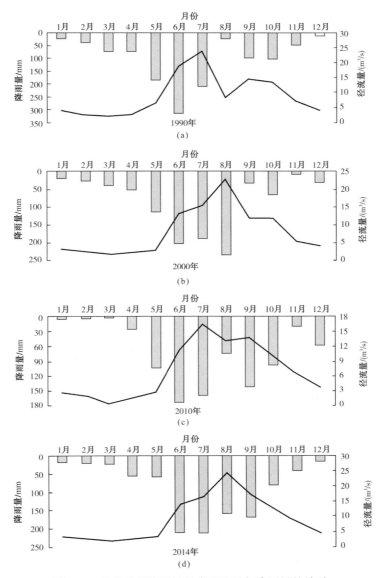

图3-19 普者黑岩溶湿地地表径流量与降雨量的关系

水，当地下水得到充分补给后开始形成饱和产流，包括地表坡面径流、壤中流和地下径流三种。在雨季初期，降雨大多补给地下水，所以径流增加趋势要滞后于降雨增加趋势。同时雨季初期对地下水的补给使得表层岩溶带呈现饱和状态，导致雨季中后期的降雨大多直接形成地表径流，径流变化趋势受降雨变化影响大。旱季，区内降雨强度和降雨量都较小，表层带雨季蓄存的地下水常常补给地表水而形成径流。因此，旱季地表径流多受地下水补给的影响，而受降雨的影响较小。2014年的径流异常，是因为2013年林地面积的显著增加，植被的增加增强了区内水源涵养功能，增加了地下水的蓄存量，在旱季降雨量减少时，地下径流能更好地补给地表径流，减缓地表径流的衰减。

3.4.2　普者黑岩溶湿地生态水循环特征 💧

普者黑岩溶湿地是一个多层岩溶含水层构成的雨养型流域，不同含水层对地表水都有贡献。朱磊（2016）对普者黑岩溶湿地内的降水、土壤水、表层带水、植物水等的氢氧同位素进行了分析，详细研究了生态水循环规律。

普者黑流域的降水中 $\delta^{18}O$ 的变化范围为 $-12.03‰ \sim -1.80‰$，平均值为 $-8.64‰$；δD 的变化范围为 $-80.67‰ \sim -22.35‰$，平均值为 $-64.46‰$。这表明不同降水事件中 $\delta^{18}O$ 和 δD 表现出明显的差异，同时表现出"夏高冬低"的季节差异：旱季降水中 $\delta^{18}O$（$-8.85‰$）和 δD（$-65.32‰$）明显高于雨季 $\delta^{18}O$（$-8.09‰$）和 δD（$-64.76‰$）。

对比普者黑峰林湖盆区流域旱季和雨季的地表水线方程（全年：$\delta D=5.84\delta^{18}O-14.18$；旱季：$\delta D=5.67\delta^{18}O-15.18$；雨季：$\delta D=5.93\delta^{18}O-13.81$），旱季降水同位素值主要位于地表水线方程的下部，雨季同位素值主要位于地表水线的上部，反映出普者黑在旱季和雨季受到不同水汽来源的影响，并与当地相对湿度的变化有关。

流域内各水体的 δD 和 $\delta^{18}O$ 有较大差异（表3-5），且 δD 的变化幅度较 $\delta^{18}O$ 大。土壤水的 δD 标准差较大，说明其 δD 的变化幅度较大，这是因为在峰林湖盆地区，土壤水需要经历一系列转化过程，如需要经历植被截留、表层岩溶泉及地下水等的入渗补给才能到达土壤中。地表水的 δD 和 $\delta^{18}O$ 标准差相对较大，说明除降水补给外，其还获得了地下水的稳定补给。地下水的 δD 和 $\delta^{18}O$ 相对稳定，这与降水入渗补给过程较长，以及获得了表层岩溶带下部包气带深部岩溶水的稳定补给有关（表3-6）；或地势较高的高位表层带系统通过表层泉或其他形式排向地表，再次入渗补给地势相对较低的低位表层带岩溶系统，导致表层带各层岩溶水的 δD 和 $\delta^{18}O$ 处于高值且数值接近。

表3-5　不同水体中 $\delta^{18}O$ 和 δD 的变化

水体类型	非稳定性排序	δD 的变化范围	δD 的平均值	δD 的标准差	$\delta^{18}O$ 的变化范围	$\delta^{18}O$ 的平均值	$\delta^{18}O$ 的标准差
大气降水	5	$103.17 \sim 66.07$	-39.00	7.2976	$-14.36 \sim 7.46$	-6.57	0.6421
地表水	2	$-80.67 \sim -22.35$	-64.46	18.7387	$-12.03 \sim -1.80$	-8.64	2.4919
表层岩溶泉	4	$-82.48 \sim -49.04$	-71.34	15.6926	$-11.56 \sim -6.92$	-10.11	2.7925
孔隙水	6	$-72.61 \sim -52.96$	-64.42	0.2715	$-10.76 \sim -7.62$	-9.24	1.1797
土壤水	1	$-125.80 \sim -27.50$	-83.30	23.8847	$-16.54 \sim -3.66$	-10.46	0.2308
植物水	3	$-124.00 \sim -30.60$	-78.40	16.3228	$-16.65 \sim -2.20$	-9.69	3.1761

表3-6　各类水体中 $\delta^{18}O$ 和 δD 的季节变化

水体类型	旱季平均值		雨季平均值		年平均值	
	$\delta^{18}O$	δD	$\delta^{18}O$	δD	$\delta^{18}O$	δD
大气降水	−5.70	−29.85	−7.95	−51.26	−6.57	−39.00
地表水	−8.85	−65.32	−8.09	−61.76	−8.49	−63.65
表层岩溶泉	−10.32	−71.97	−9.87	−70.64	−10.11	−71.34
地下水	−9.13	−63.30	−9.36	−65.54	−9.24	−64.42
土壤水	−10.98	−86.80	−9.92	−79.50	−10.46	−83.30
植物水	−9.65	−78.30	−9.73	−80.00	−9.69	−79.10

在普者黑不同水体的 δD-$\delta^{18}O$ 关系图（图3-20）中，部分土壤水和植物水样品的同位素值重叠，地下水的 $\delta^{18}O$ 变化范围为−10.0‰ ～ −7.5‰，表层岩溶泉的 $\delta^{18}O$ 为−12.5‰ ～ −8.0‰，植物水全部位于降水线的右侧，与土壤水紧靠，说明大气降水、地下水是植物水和土壤水的主要来源，地下水与深层土壤水之间存在一定的转化关系。表层岩溶泉和土壤水的 δD 和 $\delta^{18}O$ 具有显著的随季节变化的特征，旱季表层岩溶泉的 δD（−71.97‰）和 $\delta^{18}O$（−10.32‰）明显小于雨季的 δD（−70.64‰）和 $\delta^{18}O$（−9.87‰），旱季土壤水中的 δD（−86.80‰）和 $\delta^{18}O$（−10.98‰）明显小于雨季的 δD（−79.50‰）和 $\delta^{18}O$（−9.92‰），说明大气降水、地下水在转化为表层岩溶泉、土壤水的过程中蒸发，进而使表层岩溶泉、土壤水转化过程中的氢氧同位素值在各季节之间有着显著的差异。

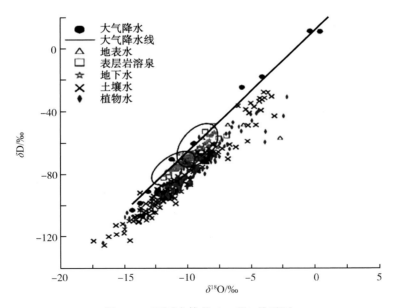

图3-20　不同水体的 δD-$\delta^{18}O$ 关系图

利用IsoSource软件分析普者黑岩溶湿地不同水体对地表水的贡献（表3-7）。雨季源头水主要的补给源是大气降水（31.0%）和地下水（45.9%），旱季源头水主要由地下水（83.4%）补给。旱季，在大气降水很少的情况下，普者黑岩溶湿地较为发育的地下水补给地表水和植物水，能够保证植物顺利度过旱季。但在表层岩溶泉不发育的地方，这无法实现。这突出了普者黑岩溶湿地岩溶动力作用形成的双层结构能够形成多种形式产流的特点，体现了岩溶区垂直含水层能够存储大气降水的优点。

表3-7   不同水体对地表水的贡献%

区域	雨季			旱季		
	大气降水	表层岩溶泉	孔隙水	大气降水	表层岩溶泉	孔隙水
源头	31.0	23.2	45.8	3.0	13.6	83.4
上游	44.2	27.5	28.3	6.3	41.4	52.3
中游	52.8	28.4	18.8	10.6	37.8	51.6
下游	41.0	42.1	16.9	21.5	58.5	20.0

3.4.3 普者黑岩溶湿地生态水文效应

官威（2015）通过建立半分布式水文模型，对普者黑峰林湖盆区水文过程与土地利用变化的关系进行了深入研究。模型评价采用区内1957~1979年共23年的逐月降雨量、蒸发及气温数据，1980~2012年共33年及2014年的逐日降雨量、蒸发及气温数据，以及北门桥水文站1970~1990年共21年的逐月径流数据及20世纪60年代的月平均流量数据。模型利用1981年研究区各子单元流域的降雨量平均值及蒸散发能力，采用试错法来率定水文模型的参数初始值；采用1990年的气象水文数据和土地利用数据对模型进行验证（图3-21和图3-22），并以雨季和旱季作为时间尺度进行分析；基于2014年土地利用现状，在假设水体不变的情况下，将其他土地的利用类型设定为林地和裸地，即通过设定极端林地情景（$S1$）和极端裸地情景（$S2$）来进行预测。

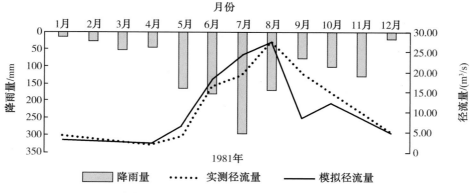

图3-21 普者黑岩溶湿地率定期模拟径流量与实测径流量对比图

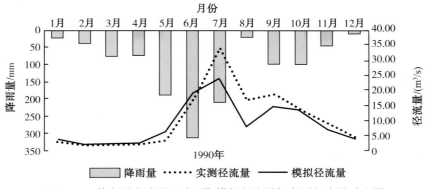

图3-22　普者黑岩溶湿地验证期模拟径流量与实测径流量对比图

官威（2015）的研究结果（表3-8和表3-9）显示，在降雨条件相同时，极端裸地的产流量总体上高于极端林地，两种土地利用情景下的产流量均高于2014年土地利用/覆盖情景下的产流量。唯一例外的是，在降雨较少的枯水年（$P = 75\%$）极端林地旱季的产流量高于极端裸地，说明降雨稀少时，植被涵养的水源可以补给地表径流，而在丰水年（$P = 25\%$）和平水年（$P = 50\%$）的降雨条件下表现地不明显。两种不同的土地利用情景下，雨季径流变化率高于旱季径流变化率，即雨季的水文响应程度强于旱季，但极端林地的响应程度低于极端裸地。

在不同的降雨条件下，极端裸地旱季的径流变化明显大于雨季。由于雨季降雨量相对较大，地下水得到充分补给，裂隙水和土壤水易达到饱和，当降雨量进一步增加时，极端裸地会失去对水文过程的调控能力，降雨落到地表后直接形成径流，这也是1996年研究区进行植被恢复前多洪涝灾害的根本原因。研究区为一自养型岩溶区，也是旅游开发区，为保持岩溶景观的稳定性，水作为重要的景观类型，其在时空上的分布应尽量均匀，极端裸地的土地利用方式不但会降低研究区的美感，而且不利于水资源在时空上的均匀分布，也不利于旅游开发。因此，在研究区尤其是在裸地、荒地进行植被恢复十分必要。

表3-8　$S1$、$S2$情景下普者黑峰林湖盆区旱季和雨季的径流变化量　（单位：万 m^3）

降雨条件	$P = 25\%$	$P = 50\%$	$P = 75\%$
Q_d（$S1$）	1498.21	669.05	537.18
Q_d（$S2$）	2167.25	983.72	452.92
Q_r（$S1$）	3701.85	2830.95	1893.41
Q_r（$S2$）	8073.46	6216.33	4189.24

注：Q_d为旱季径流变化量；Q_r为雨季径流变化量；$S1$为极端林地情景；$S2$为极端裸地情景。

表 3-9　$S1$、$S2$ 情景下普者黑岩溶湿地旱季和雨季的径流变化率%

降雨条件	$P = 25\%$	$P = 50\%$	$P = 75\%$
Q_d ($S1$)	11.87	9.29	6.11
Q_d ($S2$)	17.17	13.67	5.15
Q_r ($S1$)	15.31	13.35	10.26
Q_r ($S2$)	33.48	29.34	22.70

在以旱、雨季或以年为时间尺度时，极端林地的径流量呈增加趋势，而且在不同降雨条件下径流变化率随降雨量的增加而增大，但这并没有否定森林植被的水源涵养功能，由前面的分析可知，植被恢复能使得径流峰值减小。两个结论看似矛盾，对径流的影响相反，但这两个结论均是合理的，其原因在于研究区地形地质的复杂性，在长时间里，森林植被更多发挥的是对水资源"削峰补枯"的调节功能，另外充沛的降雨会在一定程度上弱化森林植被的水源涵养功能。区内是以山、水为主要景观类型的旅游区，进行植被恢复和增加森林植被，不仅能改善当地生态环境，还能保障并增加水资源的持有量，促进旅游产业的发展。

3.4.4　普者黑岩溶湿地面积变化及原因分析

王妍等（2016）的研究表明，在自然因素和人为因素的共同影响下，普者黑湖面积变化显著，且自然因素（降雨量）和人为因素（围垦）是影响普者黑湖面积变化的主要因素。

普者黑湖面积与 GDP（$n = 11$，$r = -0.833$，$P < 0.01$）和农业生产总值（$n = 11$，$r = -0.835$，$P < 0.01$）呈显著负相关，与当地年降水量不相关（$n = 11$，$r = 0.050$，$P = 0.885$）。这在一定程度上说明湖面积的变化主要由人为因素引起，湖面积减小与当地发展农业有直接关系。

1977~2014 年，普者黑湖面积减小了 3.34 km^2。遥感解译结果和研究人员的现场调查结果显示，2014 年普者黑湖水体萎缩部分的土地利用方式有水田（30%）、明水面（17%）、旱地（14%）、灌木林地（11%）、裸地（9%）、林地（9%）、村庄（5%）和坑塘（5%），即普者黑湖水体萎缩部分的土地的最主要利用方式为农田，占总面积的 44%。其中，2002 年普者黑湖面积增加，这与连续三年降水量偏多有关。而 2002 年前后没有建设大型的水利工程，也没有推进湖泊恢复项目。

相关性分析结果也表明，普者黑湖面积与当地 GDP 和农业生产总值呈显著负相关，且因湖泊水体消失而有 44% 出露的土地转变为农田，故可以认为普者黑湖萎缩主要由人类活动干扰所致（毛转梅等，2021）。近年来，随着丘北县产业结构的调整，越来越多的经济作物（如烤烟、辣椒、三七、玫瑰、莲藕和葡萄等）被大规模种植，它们侵占了普者黑湖的涨落带和裸地带，加上旅游业的兴起，大面积的湖滨带成为居民建设用地，土地利用性质改变，导致湖面积缩减加剧。

3.5 小结

桂林会仙湿地的"五水"包括大气降水、地表径流、土壤水、表层岩溶带水和岩溶地下水。"五水"循环过程具体为首先大气降水弥补土壤层内的水分亏缺，部分大气降水转化为地表径流，然后剩余的大气降水入渗，使表层岩溶带水逐渐饱和，最后下渗至裂隙和管道中，加上部分地表径流，形成岩溶地下水。

会仙湿地内地下水主要受区域地形和构造的控制，由北向南径流，两个系统的地下水均会补给南部湿地湖泊区的地表水。地下水位动态特征为：①水位波动受降雨影响明显；②水位变幅不均；③水位对降雨的响应时间不一致。

在一个丰水年（2018年9月21日~2019年9月20日）内，会仙岩溶湿地核心区地下水系统的蓄存量为-97.62万 m^3，表现为负均衡，这与2019年8月、9月的长期干旱有关。从地下水补给量和排泄量组成分析，湿地核心区地下水系统以大气降水入渗补给为主，排泄方式以蒸发和径流排泄为主。

将2014年普者黑岩溶湿地土地利用状况设为参照标准，在降雨条件相同时，极端裸地的产流量总体上要高于极端林地，并都高于2014年产流量。两种不同的土地利用情景下，雨季径流变化率要高于旱季径流变化率，即水文响应在雨季要强于旱季，但极端林地的响应程度低于极端裸地。在长时间范围里，森林植被更多是表现出对水资源削峰补枯的调节功能，充沛的降雨在一定程度上也能够弱化森林植被的水源涵养功能。

第4章

岩溶湿地地下水功能评价
与区划理论方法及应用

■ 4.1 岩溶湿地地下水功能理念

地下水功能是指地下水的质和量及其在空间和时间上的变化，对人类社会和环境所产生的作用或效应，主要包括地下水的资源供给功能（简称资源功能）、生态环境维持功能（简称生态功能）和地质环境稳定功能（简称地质环境功能）（中国地质调查局，2006）。具体而言，地下水的资源功能是指具备一定的补给、储存和更新条件的地下水资源供给保障作用或效应，具有相对独立、稳定的补给源和地下水资源供给保障能力；地下水的生态功能是指地下水系统在维持陆表植被或湖泊、湿地或土地良好质量方面起到的作用，如果地下水系统发生变化，则生态环境出现相应改变；地下水的地质环境功能是指地下水系统对其所赋存的地质环境的稳定具有支撑或保护的作用或效应，如果地下水系统发生变化，则地质环境出现响应式改变。相比"地下水功能"概念，岩溶湿地地下水功能可概括为：岩溶湿地地下水的质和量及其在空间和时间上的变化，对人类社会和岩溶湿地环境所产生的作用或效应，主要包括岩溶湿地地下水的资源供给功能、岩溶湿地生态环境维持功能和岩溶湿地地质环境稳定功能。

目前，区域地下水功能研究成果应用于中国经济社会发展中，主要集中在两个方面（王金哲等，2020）：①基于2005年8月水利部印发的《地下水功能区划分技术大纲》开展的全国地下水功能区划；②基于2006年6月中国地质调查局印发的《地下水功能区评价与区划技术要求》开展的华北平原、东北地区、山西六大盆地和西北地区地下水功能评价与区划。二者都把区域地下水的自然资源属性、生态环境属性和经济社会属性作为基础条件加以充分考虑，但都未考虑新时代生态文明建设提出的"尊重自然、顺应自然和保护自然"的目标，难以有效满足生态保护方面水位-水量双控管理的基本要求。

■ 4.2 岩溶湿地地下水功能退化成因机制

4.2.1 岩溶湿地调蓄机制与地下水功能退化 ◊

由岩溶湿地地下水功能的概念可知，岩溶湿地地下水功能退化就是在自然、人为等多种因素的影响下，岩溶湿地地下水资源供给功能、生态环境维持功能、地质环境稳定功能中的一方面或多方面发生损伤，从而引起岩溶湿地调蓄能力（水量调蓄、水质调蓄、水生态调蓄）降低的一种现象。如污染物排放超过岩溶湿地地下水自然净化能力，导致岩溶湿地水质调蓄能力降低或破坏；水土径流过程中淤积岩溶湿地地下水储蓄空间，导致岩溶湿地水量调蓄能力降低或破坏；外来物种入侵改变水生态结构，导致岩溶湿地生态调蓄能力降低或破坏。因此，需要从岩溶湿地调蓄机制的角度来认识岩溶湿地地下水功能退化。

岩溶湿地地下水蓄水空间介质形式各异，涉及孔隙、裂隙、溶缝、管道和溶洞等多种类型。一般而言，由于岩溶湿地地下水系统含水介质存在多重性和不均匀性，不同岩溶湿地地下水系统中不同含水介质所占的比例是不同的，同一岩溶湿地地下水系统不同区域含水介质特征也是不一样的。已有研究表明，地下水在不同介质中运移过程及运移速度不尽相同，大的岩溶管道、洞穴、溶缝连通性好，地下水流速快（快速流）；小的孔隙、裂隙连通性差，地下水流速慢（慢速流）。快速流在降雨结束后较为迅速地到达系统出口，流量曲线往往陡升陡降；慢速流则在降雨前后比较分散地由近及远到达出口，流量曲线往往平缓。岩溶湿地地下水快速流、慢速流的分配程度，决定了岩溶湿地地下水系统调蓄能力大小。然而，随着水土流失引发岩溶湿地地下水储蓄空间被充填，给水能力被削弱，进而导致岩溶湿地地下水水量调蓄能力降低。另外，岩溶湿地往往是山水林田湖草城的综合体，其或多或少地受到人类活动的影响，当居民生活、农业种植、工业生产带到湿地中的污染物排放超过岩溶湿地地下水和地表水自然净化能力时，地下水和地表水受到污染，进而导致岩溶湿地地下水水质调蓄能力降低。而外来物种的入侵改变了岩溶湿地水生态结构，挤占了本土植物的生存空间，降低了生物多样性，进而降低了岩溶湿地水生态调蓄能力。

4.2.2 会仙岩溶湿地地下水功能退化成因 ◊

近50年来，在自然和人为双重作用的影响下，会仙岩溶湿地退化，主要表现为湿地面积减小、湖库蓄水能力降低、湿地土壤肥力下降、湖床基底抬升、水域生物多样性降低、水体污染加剧。

从自然环境的角度看，导致会仙岩溶湿地水生态功能退化的原因有：①湿地核心区处于分水岭地带，马鞍形地形不利于大量地表水长时间汇集，从而降低了湿地调蓄洪水的能力；②岩溶湿地内土层薄，土壤富钙偏碱性，营养元素含量低，特别是有效态含量低，在高温、高湿及岩溶作用下 Ca^{2+}、Mg^{2+} 等易溶性阳离子大量流失，降低了湿地土壤养分；③地下水位波动大，有机质分解迅速，导致水体中的溶解氧短时期内急剧降低，加剧了湿地逆向生态演替和退化速度；④水土漏失导致地下河管道堵塞，地下水上涌，接近30%的地下水流出系统外，降低了湿地、湖泊调蓄能力；⑤淤泥沉积物沉积，致使会仙狮子岩地下河系统内湿地、湖泊基底逐年抬升，河流、湖泊水深变浅，水域面积减小，间接导致湿地不断萎缩和水生植物分布面积不断减小。

从人类活动的角度看，导致会仙岩溶湿地水生态功能退化的原因有：①湿地、湖泊等水域周围人口密度不断增大，间接导致水域面积缩减、环境质量下降。1950年至今，会仙岩溶湿地周边人口已由7000人增加到22000人（表4-1）。由于湿地周边仍然以农业生产为主，养殖业和种植业是农民的主要经济来源，人口的增多必然导致养殖业和种植业规模的扩大，这一方面导致天然湿地向鱼塘和农田转变（表4-1），致使湿地萎缩和破碎化，降低了水体自净能力；另一方面，农药、化肥、饲料的使用及污水的直接排放，导致水体、土壤、大气环境受到不同程度的污染，降低了湿地、湖泊等水域的环境质量。②养殖污水和生活污水的排放为外来物种（凤眼莲、福寿螺等）的生长提供了大量营养元素，导致外来物种大量滋生，不仅堵塞了河渠，而且限制了原生物种的正常生长，一定程度上降低了湿地、湖泊生物多样性。已有研究表明，研究区福寿螺的危害级别为Ⅰ级（最高级），其对水生态系统的危害不容忽视。另外，湿地原生的芦苇和苔草等沼生植物现已所剩不多，分水塘一带芦苇沼泽湿地已基本消失，部分动物（如野狗、野猫、豹子等）已经灭绝。③湿地、湖泊水资源不合理利用加剧了水生态系统的退化，而一个健康的水生态系统是要有足够的水量来维持的。近年来，会仙狮子岩地下河系统下游水生态系统退化，其涵养水源和蓄洪滞洪的能力大大降低，往往下雨就被淹、无雨即变干。在枯水季节，水域蒸发量远大于降雨量，上游农作物灌溉用水激增，造成下游来水量减少，湿地水面干涸、地面龟裂、泉水停涌。④生物资源的过度利用降低了生物多样性。人类对湿地动物的大肆捕杀及过度放牧等，使狮子岩地下河水生态系统失去平衡，生物资源几近枯竭。2010年以前，狮子岩地下河水生态系统的酷渔滥捕现象十分严重，造成水生态系统的野生鱼类大量灭绝。

表4-1　会仙岩溶湿地人口和耕地变化情况

时间	人口		耕地	
	数量/万人	较上一时期增加比例/%	面积/hm²	较上一时期增加比例/%
1950年	0.7	—	425	—
1970年	1.3	85.70	1030	142.35
1990年	2.0	53.80	1908	85.24
2010年	2.2	10.00	2100	10.06

注："—"表示无比较数据。

4.3 岩溶湿地退化评价指标体系与预警模型构建

4.3.1 会仙岩溶湿地退化评价指标体系的构建

1.指标体系的构建原则与初步构建

1）评价指标的选择原则

基于会仙湿地退化的原因和驱动因子，从众多驱动因子中找到关键的指标，并对不同的指标进行分类，从而构建具体的评价指标体系。具体的筛选原则如下。

（1）整体性。会仙岩溶湿地生态系统是一个复杂且脆弱的复合生态系统，评价其退化程度不仅要从物理、生物、化学、社会经济、人类活动等方面综合考虑，还要抓住其岩溶特色，把握其岩溶特色与湿地退化之间的具体关系，选择更加具有代表性的指标，客观地反映会仙湿地退化的现状。

（2）代表性。选择指标时要结合会仙岩溶湿地退化的现状和实际情况，既要少而精、突出重点，又要能综合、客观地反映会仙湿地退化的状况。

（3）可操作性与可行性。选择的指标要简单明了、易于操作，同时要具有可测定性，指标含义要明确，具有较强的应用性。

（4）定性与定量相结合。湿地退化表现在很多方面，有些评价指标难以进行定量描述，需要结合定性与定量指标进行分析，得出综合评价。

2）评价指标体系初步构建

为保障会仙岩溶湿地退化评价工作的科学性与可操作性，基于会仙湿地退化的主要影响因素及驱动因子，对指标进行了初步的筛选，同时对已经筛选出的指标进行了分类。一般指标体系的层次结构分为目标层、准则层与指标层3个层次（余绍文等，2011），本次会仙湿地退化评价的指标体系也采用这3个层次（图4-1），其中准则层的指标主要包括岩溶指标、气象指标、水质指标、生物指标、物理指标和感官指标。

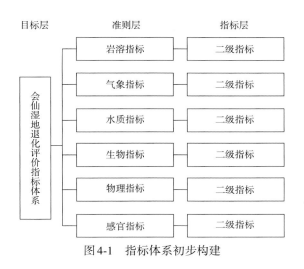

图4-1 指标体系初步构建

2.指标体系的构建

　　岩溶湿地生态系统是一个脆弱而复杂的复合生态系统，其不同于其他湿地系统，湿地具有的岩溶特征对湿地的退化也具有一定的影响作用。在筛选指标时，既要注重水文、水质、生态等常见湿地退化评价指标，还要把握会仙岩溶湿地的岩溶特征指标。基于上述湿地退化的原因及驱动因子和评价指标体系的层次与分类，进一步地筛选出更具有代表性、操作性、客观性的关键指标，并归入分类。具体见表4-2。

表4-2　会仙湿地退化分级分类指标体系

目标层	准则层	指标层
会仙岩溶湿地退化分级分类评价指标体系	岩溶特征	水土流失程度
		石漠化程度
		垂直裂隙发育率
		地下河管道发育情况
		岩溶地球化学(土壤营养元素)
		水位(地表河与地下河)
		径流量(地表河与地下河)
	气象指标	降雨量
		气温
	水质指标	水质综合指数(COD$_{Cr}$、氨氮、总磷、总氮)
		水功能区水质达标率
	生物特征	浮游植物多样性(种类数目、密度、优势种)
		水生植被覆盖度(种类数目、密度、优势种)
		鱼类多样性(种类数目、密度、优势种)
		底栖动物多样性(种类数目、密度、优势种)
	物理指标	水域面积
		湿地周围植被覆盖度
		农业利用土地面积
	感官指标	透明度
		垃圾量
		满意度

3.评价指标筛选原则

基于上述导致会仙岩溶湿地退化的主要原因，筛选出其主要的岩溶特征指标。首先，水土流失、石漠化程度、垂直间隙发育率、地下河管道发育情况相互之间都有一定的影响，对会仙湿地的退化都具有明显的影响关系。会仙湿地的可溶性碳酸盐岩会发生溶蚀作用，形成大小不一的"筛孔"，筛孔可以导致水分、土壤向地下渗漏，一般来说垂直裂隙发育率越高，水土越容易流失，越容易导致地下河道堵塞，补给径流区的地下水涌出地表，水资源补给减少。而地下河管道一般分为圆筒型管道、瓶颈型管道、扁平型管道等，其中瓶颈型管道最容易出现堵塞，进而导致排水不畅，上游洪涝灾害频繁，下游干旱缺水；扁平型管道次之，在洪水季节容易出现堵塞，进而导致洪水淹没农田、旱地生态系统，但枯水期退水后部分旱地会重新出露，周期性的淹水导致生态系统遭受破坏，很难恢复。其次，岩溶土壤营养元素含量低，尤其是有效态含量低，不利于湿地植被的生长。而不合理地使用化肥和农药又会加剧土壤富营养化程度，破坏水生态环境，因此岩溶土壤营养元素同样可以作为评价指标。

经过对水质指标的筛选，最终将 COD_{Cr}、氨氮、总磷、总氮作为评价指标，原因如下。底质磷酸酶、底质脲酶、硝酸盐氮、叶绿素a、磷酸盐等指标虽然能够在很大程度上表征湿地健康状况，但这些指标的数据较难获取，而现存数据量不够且数据的代表性不足。水体富营养化程度能够反映湿地水资源健康状况，氨氮、总磷和总氮都可以指示水体富营养化程度，它们的现存数据较全且容易获得，能很好地表征湿地健康状况。而 COD_{Cr} 可以很好地表征水体受有机物污染的程度，所以选择 COD_{Cr} 作为指标之一。

针对生物指标，需要将湿地的浮游植物多样性（种类数目、密度、优势种）、底栖动物多样性（种类数目、密度、优势种）、水生植被覆盖度（种类数目、密度、优势种）都考虑进去。其原因在于，当湿地受到影响时，湿地中的浮游植物、底栖动物、鱼类、水生植被的生存和分布都会受到影响，进而导致湿地发生一系列变化。例如，水体受到重金属或者其他污染物污染时，对环境变化较敏感的水生植物、鱼类、浮游动物等会死亡，进而导致湿地生态系统的结构、功能发生改变。所以，浮游植物、底栖动物、鱼类、鸟类等生物种类与数量的变化可以很好地表征湿地的退化状况。

水资源是湿地的关键资源，水域面积减小是湿地退化的首要体现。随着社会经济的发展及人口的不断增长，农业、工业需要开垦、利用大量湿地，导致大量湿地转化为农田、建筑物等，湿地原有植被被破坏，生态系统受到严重影响。所以，将水域面积、湿地周围植被覆盖度和农业利用土地面积纳入指标体系，它们可以最直接地表征湿地的退化状况。

此外，在评价指标体系中还加入了感官指标，感官指标包括透明度、垃圾量和满意度。会仙岩溶湿地水草丰沛、景观优美，是旅游胜地，其不仅具有重要的生态功能，还具有一定的社会经济价值。而无论是湿地的保护还是修复，其目的都是更好地保护生态环境，给人类一个更加安全、舒适的生存环境，所以增加了居民的满意度这一指标，其贴近民生，可以较好地表征湿地的退化状况。

4.评价等级和标准的确定

评价标准直接影响评价结果的准确性。目前，湿地退化评价尚无统一的标准。综合来看，湿地退化评价具有相对性，不同区域、不同类型、不同规模的湿地，以及湿地生态功能和社会经济价值的不同，都会导致评价标准不同。会仙岩溶湿地是特殊的岩溶湿地，应综合考虑其岩溶特征，并结合其他湿地的退化评价方式，确定其评价标准（高士武等，2008；刘峰，2015）。

评价标准一般可以通过以下方法确定：历史资料法、现场考核法、参考相关研究成果和国家标准、公众参与、专家评估、参照对比法等。结合会仙岩溶湿地的实际情况，可以将湿地退化等级分为无退化、轻度退化、中度退化、严重退化和重度退化5个级别，分别对应4分、3分、2分、1分、0分（黄健等，2017；李发文等，2017；肖谋艳，2019）。

在参考国内外相关研究和专家意见的基础上，本书制定了会仙岩溶湿地退化评价标准（表4-3）。

参照《岩溶地区水土流失综合治理技术标准》，并根据岩溶区的土壤侵蚀模数和平均侵蚀厚度将水土流失危害等级分为五级，分别为微度、轻度、中度、强度、极

表 4-3 会仙岩溶湿地退化评价标准

准则层 B	指标层 C	分值				
		4（无退化）	3（轻度退化）	2（中度退化）	1（严重退化）	0（重度退化）
岩溶指标	水土流失程度（t/km²·a）	微度（<50）	轻度（50~2500）	中度（2500~5000）	强度（5000~8000）	极强（>8000）
	石漠化程度	石漠化面积减小	石漠化面积轻度增大（<1%）	石漠化面积中度增大（1%~5%）	石漠化面积大幅增大（5%~10%）	石漠化面积重度增大（>10%）
	垂直裂隙发育率	非常低	低	中	高	非常高
	地下河管道发育情况	圆筒型管道发育，体积较大，不易堵塞	管道体积轻度减小，不易堵塞	扁平型管道增多，体积中度减小，洪水季节容易堵塞	瓶颈型管道增多，体积严重减小，容易堵塞	基本为瓶颈型管道，体积非常小，很容易堵塞
	岩溶地球化学（土壤营养元素含量）	总量高，有效态含量高	总量轻度降低，有效态含量降低	总量、有效态含量中度降低	总量、有效态含量大幅降低	总量严重降低，有效态含量基本为零
	水位（地表河与地下河）	水位稳定或升高	水位下降（<1 m）	水位下降（1~2 m）	水位下降（2~4 m）	水位下降（4~6 m）
	径流量（地表河与地下河）	径流量增大或稳定	径流量轻度减小（<300 m³/s）	径流量中度减少（300~500 m³/s）	径流量大幅减少（500~800 m³/s）	径流量重度减少（800~1200 m³/s）

准则层 B	指标层 C	分值				
		4（无退化）	3（轻度退化）	2（中度退化）	1（严重退化）	0（重度退化）
气象指标	降雨量	年平均降雨量增大或稳定	年平均降雨量轻度减小	年平均降雨量中度减小	年平均降雨量大幅减小	年平均降雨量重度减小
	气温	气温稳定或低于年平均气温	气温稍高于年平均气温（<0.5 ℃）	气温中度高于年平均气温（0.5~1.0 ℃）	气温大幅高于年平均气温（1.0~1.5 ℃）	气温重度高于年平均气温（1.5~2.0 ℃）
水质指标	水质综合指数（包括 COD$_{Cr}$、DO、TP、TN）	<0.8	0.8~1.0	1.0~1.5	1.5~2.0	>2.0
	水功能区水质达标率	>0.9	0.8~0.9	0.6~0.8	0.3~0.6	<0.3
生物指标	浮游植物多样性	>3.0	2.5~3.0	2.0~2.5	1.0~2.0	<1.0
	底栖动物多样性	>3.5	2.5~3.5	1.5~2.5	1.0~1.5	<1.0
	鱼类多样性	鱼类数目较多且种类繁多	鱼类数目和种类数目中等	少量鱼类生存，种类数目为10~20种	偶见零星小鱼	无鱼类生存
	水生植被覆盖度	>30%	20%~30%	10%~20%	5%~10%	<5%
物理指标	水域面积	水域面积不变或增大	水域面积轻度减小	水域面积中度减小	水域面积大幅减小，露出部分地面	水域面积严重减小，露出大量地面
	湿地周围植被覆盖度	>90%	70%~90%	50%~70%	30%~50%	<30%
	农业利用土地面积	减小或不变	轻度增加（<3%）	中度增加（3%~10%）	大量增加（10%~20%）	严重增加（>20%）
感官指标	垃圾量	无垃圾	零星垃圾	少量垃圾	垃圾较多	垃圾很多，阻塞河道
	透明度	>40 cm	30~40 cm	25~30 cm	10~25 cm	<10 cm
	满意度	>80%	60%~80%	40%~60%	20%~40%	<20%

强，这五个等级可以表征岩溶区的水土流失强度。参照标准，选择50 t/(km²·a)作为岩溶区允许的水土流失强度，即50 t/(km²·a)以内的水土流失强度不会对生态环境造成太大影响，而流失量大于50 t/(km²·a)会对生态环境造成影响（类延忠等，2013）。

石漠化程度基于石漠化面积的增减来确定，指标体系选择石漠化面积的变化情况作为评价湿地退化状况的标准（李挺宇，2019）。据调查，我国土地石漠化面积5年减小了1/6，同2011年相比，2016年石漠化面积减小了13.4万 hm²，岩溶区的水土流失面积减小了8.2%，土壤侵蚀模数减小了4.2%，针对石漠化的相关措施和政策取得了一定的成效。桂林的漓江、灵渠、桃花江及其他各种水体水量丰富，但不同水体的水位和径流量有一定的差异，强降雨季节一般为每年的3~8月，尤其是5、6月，暴雨集中区多年的年平均降雨量达到2600 mm，最大流量大于6000 m³/s，最高水位大于140 m。因此，基于桂林水文站相关数据资料，建立水位和径流量的评价标准。

在标准中垂直裂隙发育率分为5个等级，分别为非常低、低、中、高、非常高。地下河管道发育得较好时，圆筒型管道较多，体积较大，管道不容易堵塞；地下河管道发育得不好时，瓶颈型管道占多数，体积很小，管道容易堵塞。岩溶区土壤通常富钙偏碱性、黏重、渗水性差、营养元素含量特别是有效态含量低，而缺乏营养元素不利于植物（包括农作物）的生长，会加速会仙岩溶湿地退化进程。反之，土壤营养元素含量越高，通过溶蚀等作用释放到环境中的有效态营养元素含量就越高，植物生长得就越好。

气象指标中的降雨量和气温在一定程度上可以表征会仙岩溶湿地的降雨补给情况和蒸发情况，在很大程度上可以表征会仙岩溶湿地水域面积的变化情况，因此将年平均降雨量和年平均气温纳为评价标准。

水质指标评价标准以《地表水环境质量标准》（GB 3838—2002）为基础，等级评分以国家地表水分类标准为基础（伍晨和李洪兴，2014）；满意度、垃圾量和透明度指标评价标准结合公众调查结果自拟；基于《桂林会仙岩溶湿地近40年演变的遥感监测》（蔡德所等，2009），并结合会仙岩溶湿地近40年的遥感监测和解译结果，制定物理指标的评价标准，其中水域面积指标以面积变化作为评价标准，湿地周围植被覆盖度指标和农业利用土地面积指标的评价标准基于遥感信息进行制定。

5.评价指标权重的设定

采用层次分析法（analytic hierarchy process，AHP）进行指标权重的计算，层次模型构建如图4-2所示。

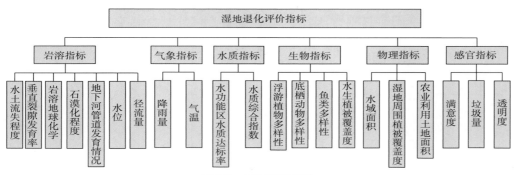

图4-2　层次模型构建

判断矩阵的构建，是AHP的关键一步。判断矩阵的元素值反映了各因素的相对重要性，下层因素对于上层因素的相对重要性即为权重。一般采用标度法进行重要性的确定（张晓龙等，2014），判断矩阵的标度及其含义，见表4-4。

表 4-4　判断矩阵的标度及其含义

标度	含义
1	两个因素相比，具有相同的重要性
3	两个因素相比，前者比后者稍重要
5	两个因素相比，前者比后者明显重要
7	两个因素相比，前者比后者强烈重要
9	两个因素相比，前者比后者极端重要
2、4、6、8	表示上述相邻判断的中间值
倒数	两个因素相比，后者比前者重要，取上述标度的倒数值

采用方根法对判断矩阵的特征向量和最大特征根进行计算，并进行判断矩阵的一致性检验。做判断矩阵的一致性检验是推求权重的前提，做一致性检验时需确定一致性指标 CI 和平均随机一致性指标 RI，并通过 CI 与 RI 的比值求出随机一致性比率，其计算公式为（王元云等，2019）：

$$CR = CI/RI \tag{4-1}$$

式中，CR 为判断矩阵的随机一致性比率；RI 为判断矩阵的平均随机一致性指标；CI 为判断矩阵的一致性指标，可通过式（4-2）计算：

$$CI = \frac{\lambda_{max} - n}{n - 1} \tag{4-2}$$

式中，n 为判断矩阵的阶数，λ_{max} 为最大特征根。RI 通过大量试验确定，对于低阶判断矩阵，RI 取值见表 4-5。

表 4-5　随机一致性指标 RI 取值

	n										
	1	2	3	4	5	6	7	8	9	10	11
RI	0	0	0.58	0.90	1.12	1.24	1.32	1.41	1.45	1.49	1.51

对于高于 12 阶的判断矩阵，需要进一步查阅有关资料或采用近似方法检验。令

$$CR = \frac{\lambda_{max} - m}{m - 1} \tag{4-3}$$

当 CR<0.10 时，判断矩阵具有较好的一致性。否则，应对判断矩阵予以调整。CR<0.10，代表判断矩阵符合一致性要求，层次单排序结果有效可靠，通过层次分析法得出的指标层各指标的权重准确。检验通过后确定准则层和指标层的层次单排序权重，然后计算出指标层相对于目标层的层次总排序权重。

会仙岩溶湿地退化评价指标体系中各指标权重的确定主要分为两步：①专家评分，确定权重；②利用 AHP 进行权重计算。本书邀请了 7 位从事湿地退化和岩溶环境研究的知名专家对各指标的相对重要程度进行赋值，并利用 AHP 对指标的权重进行了计算（表 4-6）。

表 4-6　各指标的权重

目标层	准则层	指标层	分权重	总权重	总权重排序
会仙岩溶湿地退化评价	岩溶特征(0.2867)	水土流失程度	0.2327	0.0667	5
		石漠化程度	0.2478	0.0710	4
		垂直裂隙发育率	0.1197	0.0343	12
		地下河管道发育情况	0.1314	0.0377	10
		岩溶地球化学(土壤营养元素)	0.0626	0.0180	19
		水位(地表河与地下河)	0.0981	0.0281	16
		径流量(地表河与地下河)	0.1076	0.0309	15
	气象指标(0.0814)	降雨量	0.6667	0.0543	9
		气温	0.3333	0.0271	17
	水质指标(0.1724)	水质综合指数(COD$_{Cr}$、氨氮、总磷、总氮)	0.5000	0.0862	2
		水功能区水质达标率	0.5000	0.0862	3
	生物特征(0.1710)	浮游植物多样性(种类数目、密度、优势种)	0.1418	0.0242	18
		水生植被覆盖度(种类数目、密度、优势种)	0.2002	0.0342	13
		鱼类多样性(种类数目、密度、优势种)	0.3290	0.0563	8
		底栖动物(种类数目、密度、优势种)	0.3290	0.0563	7
	物理指标(0.2295)	水域面积	0.5889	0.1351	1
		湿地周围植被覆盖度	0.1593	0.0365	11
		农业利用土地面积	0.2519	0.0578	6
	感官指标(0.0590)	透明度	0.1390	0.0082	21
		垃圾量	0.2853	0.0168	20
		满意度	0.5758	0.0340	14

6. 小结

　　会仙岩溶湿地退化主导因子的分析结果表明,岩溶水文地质条件、气候环境、石漠化和岩溶裂隙发育等自然因子及湿地污染、人为破坏等人为因子是导致会仙岩溶湿地退化的主导因子。在综合分析各个因子影响程度的基础上,利用专家评分和

AHP对各个因子赋权重。准则层的岩溶特征、气象指标、水质指标、生物特征、物理指标及感官指标的权重分别为0.2867、0.0814、0.1724、0.1710、0.2295和0.0590，岩溶特征及物理指标所占权重大，可见岩溶特征及物理指标是评价岩溶湿地退化的主要指标。

综合会仙岩溶湿地退化主导因子的权重与评价标准，结合会仙岩溶湿地独特的岩溶特点建立会仙岩溶湿地退化评价指标体系。该指标体系包括3个层次和21个评价指标，充分结合了会仙岩溶湿地的现实状况，突出了会仙岩溶湿地的岩溶特征，为保护和修复会仙岩溶湿地提供了方向。

4.3.2 会仙岩溶湿地预警模型

1.预警指标的选取

基于前面构建的会仙岩溶湿地退化分级分类评价指标体系，结合指标的可行性、简便性和可操作性等原则，从岩溶指标、水质指标和物理指标等准则层中选取水位、DO、总磷3个指标。其中水位是岩溶湿地退化评价中非常重要的一个指标，水位分为地表河水位与地下河水位。地表河水位与地下河水位在一定程度上可以反映岩溶湿地的水资源补给状况，其中地表河水位可以反映降雨补给量，而地下河水位与岩溶塌陷等地质灾害有密切关系。DO在一定程度上可以反映水体受到有机物污染的程度，总磷可以反映水体的富营养化程度。

2.预警模型的构建

基于《岩溶湿地退化评价指标体系构建初探》（宋涛等，2020）筛选出的水位、DO、总磷（TP）3个指标，一方面可以较好地反映湿地当前的健康状况，另一方面具有可操作性和可行性。基于此，利用会仙岩溶湿地自2018年以来的水位、DO、TP监测数据，利用SPSS进行多元回归分析，建立预警模型（表4-7~表4-9）。

水位、DO、TP存在一定的相互影响关系（表4-9），基于此，根据监测数据建立回归方程：

$$H = -0.065X + 0.089Y - 0.870Z + 9.303 \qquad (4-4)$$

式中，H为湿地健康指数；X为水位，m；Y为DO，mg/L；Z为TP，mg/L。

建立回归方程后，可以根据实时监测到的水位、DO、TP数据得到湿地健康指数，然后对目前湿地的健康状况进行评价与预警（表4-7）。

模型所用的数据为不同时间、不同采样点的监测数据，见表4-8（仅展示部分数据）。

表4-7 湿地健康状况分级

湿地健康状况	差	中等	较好	很好
湿地健康系数	≤0.2	0.2~0.5	0.5~0.7	≥0.7

表4-8　模型所用的数据

健康系数	水位/m	DO/(mg/L)	TP/(mg/L)
0.221888	148.1579	9.32	0.240
0.268518	148.1806	9.47	0.200
0.269397	148.1654	9.86	0.240
0.240696	148.1528	9.43	0.230
0.276747	148.1830	9.76	0.220
−0.020230	148.4617	9.07	0.470
0.123696	148.4623	9.32	0.330
0.071148	148.4621	9.12	0.370
0.051005	148.4634	9.09	0.390
0.528531	148.4640	10.98	0.034
0.515827	148.5078	10.84	0.031
0.481206	148.5074	10.46	0.032
0.470396	148.5090	10.32	0.030
0.444554	148.5091	10.00	0.027
0.483717	148.5089	10.46	0.029
0.255478	148.1655	9.41	0.210
0.286775	148.1656	9.86	0.220
0.208644	148.1654	9.47	0.270
0.255311	148.1651	9.31	0.200
0.159180	148.1665	9.11	0.290
0.465200	148.7120	10.46	0.035

表4-9　相关性

	健康系数	水位	DO	TP
健康系数	1	−0.442	0.444	−0.63
水位	−0.442	1	0.5	−0.387
DO	0.444	0.5	1	−0.753
TP	−0.63	−0.387	−0.753	1

在表4-10中，R表示拟合优度（goodness of fit），用来衡量模型对观测值的拟合程度，其值越接近1说明模型越好，调整后的R^2比调整前的R^2更准确。表中最终调整后的R^2为1，代表回归方程中所能解释的因变量的比例为100%，即能够解释全部变量，线性方程拟合程度较高。

表4-10   回归模型摘要

R	R^2	调整后的R^2	标准估算的错误
1.000[a]	1	1	2.76136E−06

表4-11表示方差分析结果，主要看F和Sig值，F值为方差分析的结果，是一个对整个回归方程的总体检验，指的是整个回归方程有没有使用价值（与随机相比），其F值对应的Sig值小于0.05就可以认为回归方程是有用的。另外，从F值的角度来讲：F值是回归方程的显著性检验，表示的是对模型中被解释变量与所有解释变量之间的线性关系在总体上是否显著作出推断。若$F > F_a(k，n-k-1)$，则拒绝原假设，即认为列入模型的各个解释变量联合起来对被解释变量有显著影响；反之，则无显著影响。

表4-11   Anova

模型	平方和	自由度	均方	显著性
回归	1.110	3	0.370	0.000[b]
残差	0.000	52	0.000	
总计	1.110	55		

3. 模型检验

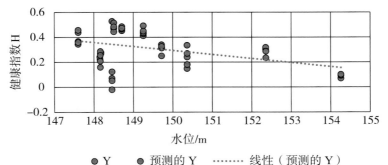

图4-3   水位-健康指数

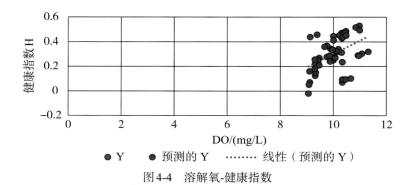

图4-4　溶解氧-健康指数

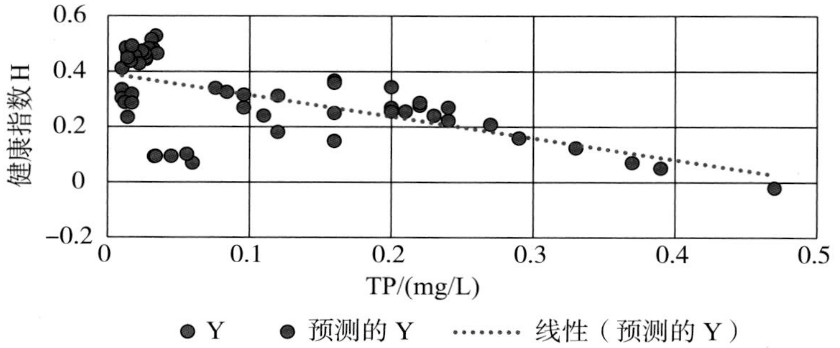

图4-5　总磷-健康指数

检验：2018年4月10日23号水质监测点的水位为150.2616 m、DO为9.32 mg/L、TP为0.32 mg/L；从图4-3～图4-5可以简要地判断此时间点的健康指数低于0.1，需要预警。

预警检验：

$$H = -0.065X + 0.089Y - 0.870Z + 9.303 \tag{4-5}$$

经过计算，此时间点的湿地健康指数为0.087076（<0.1），需要预警，继而采取一定的管理保护措施。

4.预警系统构建（图4-6）

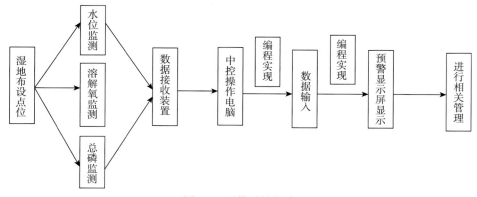

图4-6　预警系统构建

（1）根据会仙岩溶湿地水资源分布设定合理的监测点。

（2）设定监测点后，选择适宜的监测设备对监测点的水位、DO、TP进行监测。

（3）监测得到的实时数据通过无线传输设备传输到中控电脑。

（4）数据输入中控电脑后用于模型计算。

（5）计算结果传输到预警显示屏，根据计算结果决定是否预警。

预警显示屏可以显示两方面内容：①通过模型计算出来的湿地健康指数；②水位、DO、TP 3个指标的预警值（表4-12）。水位、DO、TP之间存在一定的相互影响关系，而湿地健康指数反映的是3个指标的整体情况，用来表示湿地的健康程度。因此，给出3个指标的预警值，并进行单个指标的监测很有必要，其可以帮助湿地管理机构更准确地定位问题，进而实施相关的保护措施。

表4-12   单指标报警

水位/m	DO/(mg/L)	TP/(mg/L)
＜147或＞149（148 m为最佳）	＜7.5	＞0.1

5.预警系统与设备

（1）水位监测方面：水位传感器（雷达传感器、投入式传感器、液体传感器等）。

（2）DO监测方面：在线溶解氧传感器或在线水质分析仪。

（3）TP监测方面：TP快速测定仪或定期取样。

（4）预警系统：编程实现。

6.小结

根据会仙岩溶湿地退化评价指标体系中各个影响因子的权重及各个指标实现在线监测的难易性，结合湿地目前退化及污染的情况，选择水位、DO、TP作为会仙岩溶湿地预警模型的指标。水位在一定程度上可以反映岩溶湿地的水资源补给状况，且与岩溶塌陷等地质灾害有密切关系。DO在一定程度上可以反映水体受到有机物污染的程度及水体中浮游生物的情况。TP可以反映湿地水体的富营养化程度。

水位、DO、TP之间存在一定的相互影响关系，利用这三个指标构建的会仙岩溶湿地退化预警模型拟合程度较高，利用模型构建的预警系统可以帮助湿地管理机构更准确地定位问题，进而实施相关的保护措施。

4.4   会仙岩溶湿地生态系统健康评价

湿地生态系统健康是指系统内的物质循环和能量流动未受到损害，关键生态组分和有机组织保存完整，对长期或突发的自然或人为扰动能保持弹性和稳定性，整体功能表现出多样性和复杂性。

会仙岩溶湿地位于全球三大岩溶集中分布区之一的东亚岩溶区的核心地带，具有典型的岩溶峰林平原地貌，是我国最大的岩溶湿地，被誉为"漓江之肾"。但近半个世纪以来，由于受到自然因素和人类活动的影响，以及缺乏对水资源和湿地的管理，会仙岩溶湿地核心区出现水面萎缩、环境恶化、生物多样性锐减等一系列生态环境问题。对湿地生态系统健康进行评价，不仅有助于评估湿地资源所面临的各种压力，分析其现在所处的状态，还有助于预测湿地的演变规律，制定保护与修复措施，确保湿地及其资源可持续利用，为流域生态环境保护、工农业生产及协调区域经济发展提供科学依据。

4.4.1 湿地生态系统健康评价模型的选择

根据已有的研究，湿地生态系统健康评价模型可以分为两大类（刘德良等，2009；张永利等，2015），即成因-状态-结果（cause-state-result，CSR）模型和压力-状态-响应（pressure-state-response，PSR）模型。其中，CSR模型是从系统演化的角度出发，将生态环境的演化视为外界输入-系统结构改变-系统功能改变过程，可监测生态环境演化的原因、过程、规律，演化过程中的状态变化，以及演化造成的后果。PSR模型则以人类活动为核心，并紧密围绕生态环境的演化与人类活动的关系进行构建，模型的监测指标包括压力指标、状态指标和响应指标。由此可以看出，CSR框架模型是一个正演模型，从自然因素的角度研究湿地退化的原因、规律及其所造成的危害；而PSR框架模型是一个反演模型，重点考虑的是人类活动对湿地健康状况的影响。

考虑到会仙岩溶湿地面积缩小、生态系统恶化，更多的是人类活动影响的结果，本节选择PSR框架模型来构建会仙岩溶湿地生态系统健康评价指标体系。

4.4.2 湿地生态系统健康评价指标体系的构建

根据指标选取的整体性、代表性、可行性和可操作性原则，同时考虑会仙岩溶湿地的实际情况，以PSR模型为框架构建由目标层、准则层和指标层组成的会仙岩溶湿地生态系统健康评价指标体系，见表4-13。

表4-13 会仙岩溶湿地生态系统健康评价指标体系

目标层A	准则层B	指标层C	数据来源
会仙岩溶湿地生态系统健康评价	压力指标B1	降水量C11	实测数据和收集的资料
		人口密度C12	调查数据和收集的资料
		土地利用率C13	遥感解译
	状态指标B2	地表水水质C21	水文过程研究
		地下水水质C22	水文过程研究
		石漠化程度C23	遥感解译
		湿地水域破碎化指数C24	遥感解译
	响应指标B3	湿地退化指数C31	遥感解译

1.压力指标

一般情况下可依据人类对自然的干扰程度将天然湿地分为 4 种类型，即完全自然型、受扰自然型、退化自然型和人工修复型。会仙湿地作为岩溶湿地，受自然条件尤其是降水量的影响非常大，同时也受人类活动的影响。因此，本书选取降水量、人口密度和土地利用率这 3 个指标作为会仙岩溶湿地生态系统健康评价指标体系的压力指标。

1）降水量

降水量指会仙岩溶湿地的年降水量，单位为 mm。

2）人口密度

人口密度指单位面积的土地居住的人口，表征的是研究区的人口密集程度，通常单位为人/km²。人口密度＝研究区人口数量/湿地总面积。

3）土地利用率

土地利用率指湿地内城镇建设用地面积、工矿用地面积或交通用地面积占湿地总面积的比例。

2.状态指标

状态指标不仅能反映环境要素的变化，还能体现环境政策的终极目标，其主要涉及自然环境现状和生态系统状况等，选择指标时主要考虑环境或生态系统的生物、物理、化学特征及生态功能。本书选择地表水水质、地下水水质、石漠化程度、湿地水域破碎化指数作为状态指标，具体如下。

1）地表水水质

地表水水质指会仙岩溶湿地核心区睦洞湖地表水的水质，参考《地表水环境质量标准》进行分级。

2）地下水水质

地下水水质指会仙岩溶湿地核心区睦洞湖周边与睦洞湖有补给关系的地下水的水质，参考《地下水质量标准》进行分级。

3）石漠化程度

石漠化程度指会仙岩溶湿地内石漠化的面积，包括轻度、中度和重度石漠化的面积。

4）湿地水域破碎化指数

湿地水域破碎化指数用湿地景观的斑块密度来表示，以单位面积内斑块的数量来表征。其值越大，说明一定面积内斑块规模小，破碎化程度高；反之，说明景观保存完好。

3.响应指标

在人类活动的不断干扰下，湿地生态系统的内部结构和功能将会发生改变，造成景观严重破碎化，进而逐步丧失生物多样性。当人类意识到环境被破坏会造成严重后果时，会采取相应的保护措施即人类对湿地生态系统变化的响应，响应指标选取湿地退化指数来表示。湿地退化指数＝湿地减小的面积/原始湿地总面积。

4.4.3 湿地生态系统评价指标等级及权重划分 🌢

1.等级划分标准

一般将湿地生态系统健康等级划分为Ⅰ级（很健康）、Ⅱ级（健康）、Ⅲ级（亚健康）、Ⅳ级（一般病态）、Ⅴ级（病态）（汪海伦等，2022）。结合相关的标准及专家的意见，并根据会仙岩溶湿地的实际情况和研究成果，确定各指标的等级划分标准，见表4-14。

表4-14 会仙岩溶湿地生态系统健康评价指标等级划分标准

指标层	健康等级					数据来源
	Ⅰ级	Ⅱ级	Ⅲ级	Ⅳ级	Ⅴ级	
降水量C11/mm	>2200	1800~2200	1500~1800	1300~1500	<1300	实测数据和收集的资料
人口密度C12	0~400	400~600	600~800	800~1000	>1000	调查数据和收集的资料
土地利用率C13/%	0~5	5~10	10~15	15~20	>20	遥感解译
地表水水质C21	Ⅰ类	Ⅱ类	Ⅲ类	Ⅳ类	Ⅴ类	水文过程研究
地下水水质C22	Ⅰ类	Ⅱ类	Ⅲ类	Ⅳ类	Ⅴ类	水文过程研究
石漠化程度C23/km²	<5	5~10	10~15	15~20	>20	遥感解译
湿地水域破碎化指数C24	<2	2~4	4~6	6~8	>8	遥感解译
湿地退化指数C31/%	0~10	10~20	20~40	40~60	>60	遥感解译

2.构建各指标的权重

根据二元对比权重分析法，结合会仙岩溶湿地的特点和各指标对湿地生态系统健康的贡献，计算得到各指标的权重（表4-15）。

表4-15 会仙岩溶湿地生态系统健康评价指标的权重

目标层A	准则层B	指标层C	指标属性	权重
会仙岩溶湿地生态系统健康评价	压力指标B1	降水量C11	正向	0.12
		人口密度C12	负向	0.11
		土地利用率C13	负向	0.08
	状态指标B2	地表水水质C21	负向	0.15
		地下水水质C22	负向	0.08
		石漠化程度C23	负向	0.03
		湿地水域破碎化指数C24	负向	0.21
	响应指标B3	湿地退化指数C31	负向	0.22

4.4.4　湿地生态系统健康评价 ◊

1.评价方法

根据各个单项指标的评价值，采用表4-15中各个指标的权重，用加权平均法求取湿地生态系统健康的综合评价指数（CEI），计算公式如下：

$$CEI = \sum_{i=1}^{n} W_i \times P_i \qquad (4\text{-}6)$$

式中，W_i为第i个单项指标的权重；P_i为第i个单项指标的评价级别。

2.评价标准

将湿地生态系统健康状况等级分为五级，即很健康、健康、亚健康、一般病态、病态，对应的级别为Ⅰ级、Ⅱ级、Ⅲ级、Ⅳ级、Ⅴ级，Ⅰ级代表湿地生态系统健康状况最佳，Ⅴ级代表湿地生态系统健康状况最差。结合大量参考文献及会仙湿地的实际情况，确定湿地生态系统健康等级划分标准，见表4-16。

表4-16　湿地生态系统健康等级划分标准

等级	综合评价指数	湿地生态系统健康状况
Ⅰ级（很健康）	0～1	湿地生态系统保持良好的状态，活力极强，结构十分合理，生态功能极其完善，外界压力很小，湿地变化很小，无生态异常，系统极稳定，处于可维持状态
Ⅱ级（健康）	1～2	湿地生态系统状态较好，活力较强，结构较合理，生态功能较完善，湿地格局较好，弹性较强，外界压力小，湿地变化很小，无生态异常，系统尚稳定，处于可维持状态
Ⅲ级（亚健康）	2～3	湿地生态系统状态受到一定的影响，结构发生一定程度的变化，受人类活动影响较大，系统尚稳定，但敏感性强，已有少量的生态异常出现，可发挥基本的生态功能，处于可维持状态
Ⅳ级（一般病态）	3～4	湿地生态系统受到相当程度的破坏，活力较低，结构出现缺陷，生态功能及弹性较弱，人类活动影响较大，生态异常较多，生态功能已不能满足维持湿地生态系统的需要，湿地生态系统已开始退化
Ⅴ级（病态）	4～5	湿地生态系统受到严重破坏，活力极低，结构极不合理，人类活动影响很大，斑块破碎化严重，生态异常大面积出现，湿地生态系统已经严重退化

3.评价结果

开展会仙岩溶湿地生态系统健康评价，2018年各指标的值如下。

1）降水量

采用桂林气象站2018年的年降水量数据，即1814.8 mm，该指标的级别为Ⅲ级。

2）人口密度

会仙岩溶湿地核心区睦洞河子系统和马面-狮子岩子系统的总面积为41.8 km²，两个子系统2018年的总人口为30000人，人口密度约为718人/km²，该指标的级别为Ⅲ级。

3）土地利用率

会仙岩溶湿地的总面积为199.9 km²，城镇、工矿和交通用地的总面积为17.18 km²，土地利用率约为9%，该指标的级别为Ⅱ级。

4）地表水水质

采用会仙岩溶湿地核心区睦洞湖地表水的水质评价结果，该指标的级别为Ⅲ级。

5）地下水水质

采用会仙岩溶湿地核心区向睦洞湖地表水排泄的周边地下水的水质评价结果，该指标的级别为Ⅱ级。

6）石漠化程度

通过遥感解译，得到2018年会仙岩溶湿地的石漠化面积为16.93 km²，该指标的级别为Ⅳ级。

7）湿地水域破碎化指数

通过遥感解译，得到会仙岩溶湿地核心区睦洞湖和八仙湖2018年的总面积为5.35 km²，湿地的斑块数目为36个，湿地水域破碎化指数为6.73，该指标的级别为Ⅳ级。

8）湿地退化指数

根据已有的资料，1969年湿地面积为42 km²，2018年湿地面积为27.74 km²，湿地退化指数约为34%，该指标的级别为Ⅲ级。

基于PSR框架模型构建的指标体系及等级划分标准，采用二元对比权重分析法计算各指标的权重（表4-15），并根据式（4-6）计算得到会仙岩溶湿地生态系统2018年的健康综合评价指数（CEI）（表4-17）。

表4-17　会仙岩溶湿地生态系统健康评价

指标层	健康等级					2018年的值	权重	评价指数
	Ⅰ级	Ⅱ级	Ⅲ级	Ⅳ级	Ⅴ级			
降水量C11/mm	>2200	1800~2200	1500~1800	1300~1500	<1300	1814.8	0.12	0.36
人口密度C12/(人/km²)	0~400	400~600	600~800	800~1000	>1000	717	0.11	0.33
土地利用率C13/%	0~5	5~10	10~15	15~20	>20	9	0.08	0.16
地表水水质C21	Ⅰ类	Ⅱ类	Ⅲ类	Ⅳ类	Ⅴ类	Ⅲ类	0.15	0.45
地下水水质C22	Ⅰ类	Ⅱ类	Ⅲ类	Ⅳ类	Ⅴ类	Ⅱ类	0.08	0.16
石漠化程度C23/km²	<5	5~10	10~15	15~20	>20	16.93	0.03	0.12
湿地水域破碎化指数C24	<2	2~4	4~6	6~8	>8	6.72	0.21	0.84
湿地退化指数C31/%	0~10	10~20	20~40	40~60	>60	34	0.22	0.66
会仙岩溶湿地2018年的CEI								3.08

根据评价结果，2018年会仙岩溶湿地的健康综合评价指数为3.08，生态系统健康等级为Ⅳ级，为一般病态，表明会仙岩溶湿地的生态系统已经受到相当程度的破坏，湿地生态系统活力较低，人类活动影响较大，主要表现为湿地内水资源的开发不合理，导致生态系统退化，湿地核心区的面积缩小，湿地生态功能已不能满足维持湿地生态系统的需要，亟需开展湿地生态保护工作，以维持湿地生态系统的功能。

4.5 小结

（1）本章介绍了岩溶湿地地下水功能的概念，并总结了岩溶湿地地下水功能退化成因与机制。

（2）本章结合会仙岩溶湿地独特的岩溶特点建立了会仙岩溶湿地退化评价指标体系，包括3个层次和21个评价指标；结合会仙岩溶湿地的退化及污染情况，选择水位、DO、TP作为会仙岩溶湿地预警模型的指标，构建了会仙岩溶湿地预警模型，其有助于会仙岩溶湿地管理机构更准确地定位问题，进而制定相关的保护措施。

（3）本章基于PSR框架模型构建了会仙岩溶湿地生态系统健康评价指标体系，采用二元对比权重分析法确定了各指标的权重，并采用加权平均法计算得到了2018年会仙岩溶湿地生态系统的健康综合评价指数，评价结果显示2018年会仙岩溶湿地的生态系统为一般病态。

第5章

岩溶湿地生态功能保护
与调控技术体系

■ 5.1　岩溶水资源探测技术

5.1.1　地球物理探测技术　💧

1.地球物理勘探技术

地球物理勘探（简称物探）是水文地质工作重要手段之一，以被探测的地质体与围岩的物性（电性、磁性、弹性波、放射性、重力等）差异为基础，探测和识别地质体，达到解决地质问题的目的。

岩溶区相隔数米的两个钻孔，其基岩深度、孔隙度和水质都存在极大差异，这种差异使得岩溶区比其他区域更需要开展物探工作。岩溶地下水一般赋存于裂隙和溶洞中，岩溶的空间分布极不规则，具有明显的定向性，岩溶孔隙度在横向和垂向上的分布并不一致，具有各向异性。虽然水文地质学家经常尝试或被要求根据已有的两个钻孔的资料来推断二者之间的地质情况，但这种推断在岩溶区往往会造成误判或严重错误，尤其是当相邻钻孔的地质特征差异极大时，根本无法进行推断，这推动了物探方法的研究和应用。

物探无法提供直接、详细的地下信息，也不能代替钻孔和其他直接观测手段，但物探是提供水文地质模型最为经济的方式。物探方法用于确定最佳的钻孔位置，并能验证水文地质模型的预测效果。因此，将物探方法与直接观测相结合是降低成本、提高精度和时效性的最佳选择。例如，岩溶孔隙度分布具有高度的各向异性特征，根据物探结果确定潜在孔隙度分区，随后通过布置最佳间距的钻孔进行详细查验，将大大降低为确定高孔隙度区所需的前期钻探工作量。对于受植被或地形限制，钻机难以到达的地区，可采用便携物探设备开展工作。

物探在水文地质工作中可以提供如下信息：地下含水体信息，包括含水体的埋深、厚度及地下水溶解性总固体、孔隙率等参数；地质体的要素特征，包括地层结构、地层岩性、地质构造等；地质体的地球物理场的变化特征，包括电场、电磁场、温度场、射气场、弹性波场等。通过地球物理场的变化特征分析，结合地质、水文条件，判断地下水的补、径、排关系。

目前比较成熟的水文物探方法，包括直流电法、电磁法、重力法、人工地震及放射性法等以下几种（表5-1）。

表5-1　常用的地球物理勘查方法

类别	具体的物探方法
直流电法	电测深法
	电剖面法
	高密度电率法
	自然电位法
	充电法
	激发极化法
电磁法	音频大地电场法
	频率大地电磁测深法
	瞬变电磁测深法
	核磁共振法
重力法	微动法
地震法	反射波法
	折射波法
放射性法	测氡法

2.地球物理勘探方法的选择

1）物探的应用条件

应用物探的前提是目标与背景之间存在某种物性差异，无论采取何种物探方法，探测目标或地下形态必须具备以下特征。

（1）目标与背景之间具有明显的物性差异，如使用重力法探测时需要有密度差异。

（2）探测目标有足够的深度与体积。

（3）探测目标与信号之间所处方位或距离合适，确保探测目标与信号相互作用，并能产生可测异常。

2）噪声问题

物探测量的是地下某种能量的强度、方位或速度，这类理想的能量就是有效信号，而噪声作为一种能量无时无刻、无处不在地与有效信号混杂在一起，极大地干扰了探测效果。例如，使用地震法探测覆盖物厚度时，声波会在岩石顶面反射并依次到达排列好的地震检波器，但如果附近有铁路通过，检波器会检测到与岩石深度无关的震动。在某些情况下，噪声能被识别并被剔除。然而，针对地下某类目标，最好选择对噪声不敏感的物探方法。

3）分辨率与探测深度

所有物探方法都需要在分辨率与探测深度之间取得平衡，部分原因在于信号具有几何传播特征，即将电筒照向路标后远离，光场会逐渐变宽，集中在目标上的照度会逐渐减弱，路标会越来越难以看清。另外，还因为存在频率相关效应，无论信号频率随时间（如地震波形）还是随距离（如剖面重力测量）发生改变，信号源距离探测目标越远，信号的高频部分损失就越多。也就是说，不论应用何种物探方法，信号频率越高，探测的有效深度越浅，而低频信号穿透深度大，但要求地下探测目标的体积也大。因此，需要在分辨率与探测深度之间取得平衡。高频信号可由小型发射机产生，其能探测较小的目标，分辨率高，但探测深度有限。

4）方法选择

目前已有大量成熟的物探方法可供选择，而采用的物探方法必须对目标和背景之间的物性差异敏感且能探测目标所在的深度，同时必须对目标的特定信号敏感，目标产生的信号异常不能被噪声淹没。如果设备对目标物性不敏感，无法获得预期的探测深度或对局部噪声过于敏感，那么，即使有最好的物探设备和最称职的操作员也难以发挥作用。

5）定位测量

所有物探都设计定位测量，根据物探方法和探测目标，预先确定水平定位测量精度：对低分辨率的物探方法（如 VLF-EM）或大型目标，要求水平定位测量精度不超过数米；对高分辨率的物探方法（CCPR）或小型目标，定位测量精度通常要求达到亚米级以下。对垂向精度也有类似要求，仅有一个例外，即使用微重力法探测时垂向高程精度需控制在 1.5 cm 以内。长期以来，定位测量的通常做法是沿剖面布置站点，或由经纬仪、罗盘与卷尺测定的二维网格布置站点。目前更多的做法是将全球定位系统与物探仪器集成，优点在于物探测试数据可快速导入地理信息系统（GIS），当定位测量精度要求更高时，需采用实时动态（real-time kinematic，RTK）GPS 或自动化全站仪（automated total station，ATS）。

6）非唯一性

物探方法的局限主要在于非唯一性，也就是说，多数物探异常并不能生成唯一的地下模型。上述问题可从以下几个方面加以克服。

（1）建立模型应以可靠的物探数据为依据，同时密切结合实际地质条件。

（2）通过钻孔或其他直接观测手段验证模型。

（3）采用其他物探方法和参数验证模型。

7）地球物理勘探方法选择流程

针对地下河系统，一般从地质问题出发，分析场地地形地貌、岩溶水文地质、干扰源类型及强度和物性差异等条件，初步筛选物探方法。在现场试验的基础上，综合考虑物探方法的有效性、适应性、经济性，结合定位、定深和定性等来选择方法。针对不同地质问题或同一地质问题，可以采用不同的物探方法来解决，但从经济性角度考虑，总会存在最佳的物探方法组合。另外，需要布置一定数量的验证钻孔和触探查证孔，一方面对物探参数进行标定和查验异常特征，另一方面直接获取场地覆盖层、基岩的结构及其属性。物探方法选择流程如图5-1所示。

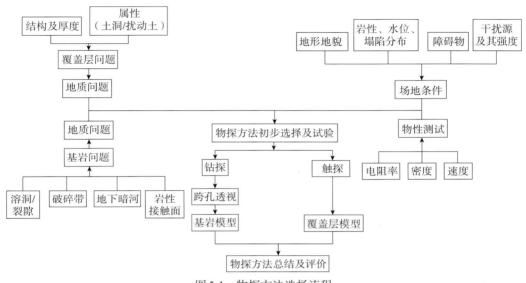

图5-1　物探方法选择流程

对于地下暗河的追踪、定位，首先应判断暗河是否存在地下水，其次应追踪管道的延伸性及其与地质构造的关系。可从定性、定位和定深几个方面来确定地下暗河的特征（表5-2）。

（1）定位：确定异常平面的位置，可选择大功率充电法、微动法、高密度联合剖面法、高精度重力法。

（2）定深：确定异常埋深，可选择高密度对称四极电测深法和可控源音频大地电磁法。

（3）定性：主要验证异常的充填与含水性，可选择放射性法、充电法、自然电位法、微动法。

实际中物探方法的选择应重点考虑以下方面。

（1）地质模型条件：场地条件、岩土层结构和构造、地下水位、岩溶特征等。

（2）物理模型条件：物性差异、物探方法本身具有的有利条件及特征等。

（3）干扰因素：电磁干扰、振动干扰、埋藏物干扰和岩土电性干扰等。

（4）方法组合：物性差异互补的物探方法组合，以及定位、定深和定性方法组合等。

表 5-2   地球物理勘探"三定"方法

定位方法	定深方法	定性方法
高密度联合剖面法	对称四极/三极电测深法	放射性法
音频大地电场法	音频大地电磁法	充电法
甚低频法	激发极化法	微动法
大功率充电法	瞬变电磁法	自然电位法
瞬变电磁法	地质雷达法	激发极化法
高精度测温法	地震法(折、反、面)	高精度测温法
地震法(折、反、面)		地质雷达法
地质雷达法		

注：高密度电法包括剖面法和测深法；地质雷达法虽然探测精度高，但一般穿透深度浅，在实际找水过程中并不适用。

3.常用的地球物理勘探方法

1）直流电法

（1）电阻率测深法。电阻率测深法（简称电测深法）以不同岩（矿）体电阻率的差异为基础，建立人工电流场，并以不同极距观测同一测点不同深度岩（矿）体的视电阻率。通过研究地电断面，判定地质构造或与深度有关的地质问题。

视电阻率（ρ_s）的计算公式为

$$\rho_s = K\frac{\Delta V_{MN}}{I}\tag{5-1}$$

式中，K 为装置系数；ΔV_{MN} 为测量电极 M、N 间的电位差；I 为电极 B 的供电电流。

电阻率测深法一般称为垂向电测深法（VES），测量时排列中心固定两侧电极，同时向外移动进行测量。电阻率测深法的有效探测深度受地质条件影响，一般约为电极排列总长度的 1/3，通过增加排列长度并进行重复测量，可生成 ρ_a-排列长度曲线，即电测深曲线。通过数学反演，可将其转换为估算真电阻率（ρ）-深度（z）变化曲线。在横向上相对均匀的介质中，电测深法适合用于探测相对平缓的电性界面，如黏土弱透水层、基岩顶面或地下水位等，在岩溶水文地质方面应用价值较低。

（2）电阻率剖面法。电阻率剖面法是以地下岩（矿）层电阻率的差异为基础，通过人工建立地下稳定直流或脉动电场，并利用某种电极装置（保持电极距不变），沿测线逐点进行观测，获得某一深度范围内岩（矿）层的电阻率变化信息，以分析、研究、查明有关矿产或水文地质问题的一组直流电勘探方法。电阻率剖面法的视电阻率计算公式与电阻率测深法相同。

电阻率剖面法在探测过程中固定电极间距，在相对固定的探测深度下获取 ρ_a-距离（x）剖面。电阻率剖面法可有效探测横向不均匀体（如黏土夹层、岩溶裂隙）并判定其属性（高电阻体或良导体），但通常不能利用数学反演获取地下真电阻率。

（3）高密度电阻率法。高密度电阻率法的基本原理与传统的电阻率法完全相同，是一种阵列勘探方法。它采用密集和变化的电极距，在密集的测点上做观测，能获得大量的观测数据。它既具有剖面法的性质，又具有电测深法的性质或优点。由于其实测信息丰富，因而可建立适当的反演方法，以获得在横向和纵向上都具有较高分辨率的反演结果。

（4）自然电位法。自然电位法是通过观测和研究天然电场的分布特征解决地质问题的一种方法。地质体通常存在天然电场。在天然条件下，无须向地下供电，在地面两点间即可观测到一定大小的电位差，这种电场称为天然电场。其成因主要为岩石、矿物的扩散作用、吸附作用、氧化还原作用、过滤作用等。不同成因的天然电场，其分布范围、强度及随时间变化的规律等均有各自的特点，并与地质结构及地球物理条件有关。

（5）充电法。充电法以不同岩性的电性差异为基础，通过观测和研究相对于围岩为良导体的充电电场的分布特征，查明充电体的空间分布形态、产状、延伸性等，以解决地下水流速与流向、渗漏通道、滑坡位移等地质问题。

2）电磁法

电磁法是以地壳中岩石和矿物的导电性与导磁性差异为基础，根据电磁感应原理观测和研究电磁场空间与时间分布规律，进而寻找地下良导体或解决地质问题的一组分支电法勘探方法。目前用于水文地质工作的电磁法主要有音频大地电场法、频率电磁测深法、时间域电磁测深法（瞬变电磁测深法）、核磁共振法等。下面着重介绍两种常用的电磁法。

（1）音频大地电场法。音频大地电场法是我国近年来用于山区找水的一种物探方法。它利用频率为 20 Hz~20 kHz（即音频）的天然大地电场作为场源，在地面沿一定的剖面线测量电场强度 E_x，通过研究地电断面的电场变化，达到了解地质构造、寻找地下水的目的。这一方法用于普查阶段快速发现地质目标。

（2）频率电磁测深法。频率电磁测深法以地壳中岩石和矿石的导电性与导磁性差异为基础，研究不同频段的电磁波在地下不同介质中传播时在地面呈现的不同特征，从而达到了解不同深度地下介质的电性变化情况的目的。频率电磁测深法包括大地电磁测深法（magnetotelluric sounding，MT）、音频大地电磁测深法（audio magnetotelluric sounding，AMT）、可控源音频大地电磁测深法（controlled source audio magnetotelluric method，CSAMT）等，目前在水文地质领域主要使用 AMT 和 CSAMT 两种方法。

3）高精度重力法

高精度重力法的探测目标与围岩存在密度差。使用高精度重力法时，要求探测目标的形状、大小、埋深及密度差应能引起可分辨的重力异常，一般要求最小异常值大于布格重力异常总精度的 2~3 倍；探测场区地形平缓，无大的沟谷被切割，被探测的地质体埋深较浅，且有一定规模。

4）地震法

地震法的勘探基础为不同岩（矿）体对弹性波的传播性能存在差异。地震法勘探原理：人为激发地震波，并沿测线用地震勘探仪检测、记录地震波，然后分析、研究记录的资料，从而获得勘探地区（段）地下地质信息。在水文地质勘查领域地震法主要包括反射波法和折射波法。

（1）反射波法。反射波法通过利用弹性波在岩（矿）体介质中传播时遇到物性分界面（即波阻抗界面）或物性突变点会发生反射或绕射的特性，记录各种波的旅行时间和动力学特征，以及物性分界面或物性突变点的双程旅行时间和埋深，其可根据波的运动学和动力学特征，反演介质的物性参数，从而解决地质问题。

（2）折射波法。当界面下部介质的波速大于上覆介质的波速且弹性波的入射角等于临界角时，透射波就会变成沿界面下部介质传播的滑行波，引起新的效应：在上覆介质中激发新的波动，即地震折射波。折射波法即利用此效应勘定不同岩（矿）层的界面。

（3）主动源面波法。当地震波传播到地层介质分界面时，会产生反射波、透射波和折射波，且它们会在介质中传播，这类波称为体波。在一定条件下，各种体波会相互作用，并产生一种频率低、能量强的次声波，次声波在地表附近传播，其振幅随距离的增大缓慢减小，这称为瑞利面波。以瑞利面波进行勘探时，主要利用其两种特性：①频散特性；②传播特性。在地下介质中，相同波长的瑞利面波的传播特性反映了同一深度的地质条件，而不同波长的瑞利面波的传播特性则反映了不同深度的地质条件。主动源面波法通过锤击、落重等产生一定频率的瑞利面波，其会沿介质表面传播。在地表沿波的传播方向上，以一定的间距设置检波器，可检测其在一定距离内的传播信号。

5）放射性法

通过研究天然放射性元素变化规律解释和判定地质问题的方法称为放射性法。在水文地质领域，较有效的放射性法为各种以测氡（$^{222}_{86}\mathrm{Rn}$）为基础的放射性测量方法。

所谓放射性测量，主要指测量放射性核素在核衰变过程中释放的α、β、γ射线及其作用于周围介质时引起的电离或激发所留下的痕迹。氡是α衰变的辐射体，经过α衰变后变为$^{218}_{84}\mathrm{Po}$，再衰变则会连续生成几个短寿命的放射性子体核素。通过测量这些核素的α射线（粒子）或γ射线强度，可以确定土壤中氡浓度分布情况，进而确定地质构造特征。

自由氡在岩石和土壤中主要通过扩散和对流作用迁移，断裂和破碎带使地层由封闭状态变为开放状态，这有利于氡的迁移和聚集，同时氡的子体也在这些部位沉积，导致氡及其子体的分布出现异常，据此可判断断裂、滑坡等。

5.1.2 高精度在线示踪技术

示踪技术的应用领域非常广泛，同时在水文地质工作中的作用也很大。采用示踪剂可以直接进行原位测试，选择物理或化学性质适宜的示踪剂，可以研究某些非常特殊的作用过程。示踪技术不仅可以用于确定大范围内的地下水特征，而且可以用于研究小范围内的地下水溶质运移规律。

2. 人工示踪剂选择要求

（1）在天然水体中缺失或背景浓度极低，或者背景浓度较高但性质稳定。

（2）不产生可见色，或产生后易消失。

（3）检出限较低，易溶于水，无毒，经济可行且易检测。

2. 特殊示踪剂检测要求

（1）采用对光照敏感或易被生物降解的示踪剂时，应尽量采用现场分析或自动监测。

（2）不具备现场分析和自动监测条件时，应使用棕色玻璃瓶（瓶盖内垫材料为聚四氟乙烯）盛装水样，在阴凉避光的环境下保存和运输样品，并尽快送实验室分析。

3. 试验操作规程

1）踏勘与设计

开展前期调查，初步判断水流通道和流速等，确定示踪剂的投放点和取样点或监测点，开展水流观测，设计取样或检测方案。

2）示踪剂的选择

示踪剂的选择以无毒、对当地的生态环境无影响、自然本底值低、受围岩的干扰小、化学性质稳定、易检测、灵敏度高及成本低等为原则，同时需要考虑区域水文地质情况，以往的示踪试验经验，以及当地的饮用水安全及经济、技术条件等因素。一般地下水示踪试验选用氯化钠（Cl^-）、四水七钼酸铵（Mo^{6+}）和荧光素钠作为示踪剂。其中氯化钠价格低廉，使用方便，检测简单易行，适合野外现场操作，而后两者具有背景值低、检测灵敏度高、易溶解、野外操作方便等特点，它们均满足示踪剂选择原则，应根据调查目标选择适宜的示踪剂。

（1）地下水运移或污染物运移：选用荧光素钠或曙红。

（2）岩溶管道：选择荧光染料、盐类。

（3）孔隙介质、富含有机质的土壤或连通试验耗时较长：选择性质稳定的示踪剂。

（4）地下连通试验或模拟特殊污染物运移：选择活性示踪剂。

（5）确定多个地下连通的多示踪剂试验：在运移轨迹较长、稀释作用最强或水流系统的关键部位应用性质稳定的示踪剂。

（6）在作为供水水源的井、泉、地下河等位置开展连通试验：尽可能选择无毒和不产生可见色的示踪剂，并及时与当地居民沟通。

3）确定示踪剂背景特征

（1）连通试验开始前，应在取样点和投放点上游取样，分析确定背景荧光模式或本底浓度的空间分布特征。

（2）试验期间，须在投放点上游连续取样，了解背景浓度随时间的变化特征。

4）确定示踪剂投放量

（1）要求：取样点或观测点能检出示踪剂，不产生额外费用，不增加环境负荷及实验室工作量。

（2）根据经验公式计算示踪剂的投放量。

经验公式①：

$$W = 1.9 \times 10^{-5} \times (L \times Q \times C) \times 0.95 \qquad (5-2)$$

式中，W 为示踪剂元素投放量，kg；L 为距离，km；Q 为流量，L/s；C 为预期峰值浓度，μg/L。

经验公式②：

$$W = K \times Q \times 10 C_{本} \times 10^{-6} \qquad (5-3)$$

式中，K 为岩溶率系数（与岩溶发育程度、孔隙度有关，一般为 1.5～2.5）；Q 为示踪段地下水估算总量，L；$C_{本}$ 为示踪段地下水示踪元素本底值，mg/L。

5）投放点

应根据野外实际条件、调查目标和需求确定示踪剂投放点。

（1）调查岩溶管道网络时，应在伏流或洞穴水流中直接投放示踪剂。

（2）缺乏合适的投放点时，可选择溶蚀裂隙、漏斗或岩溶竖井作为投放点，示踪剂投放前后应持续冲洗。

（3）覆盖型岩溶区缺乏合适的投放点时，应开挖覆盖层揭露基岩，选择可接收注水的岩溶裂隙，持续冲洗并投放示踪剂。

（4）选择地表或沟渠作为投放点时，应采用人工或降雨冲洗。

（5）选择井孔作为投放点时，应了解井孔的水文条件，包括水位埋深、井管滤网位置、揭露地层和水力响应等。

6）投放要求

（1）进行污染源示踪时，应将示踪剂和污染物同时投放。

（2）示踪剂投放与水样采集分析应分开进行，以避免水样被污染。

（3）难溶于冷水的粉末状示踪剂应在投放前制成糊状，以免形成结块。

（4）对于易溶于酒精、温水或碱性溶液的示踪剂，在不降低示踪剂功效的前提下，可使用少量清洁剂帮助示踪剂扩散。

（5）示踪剂的投放及其他操作应注意安全性。

7）投放方式

（1）分析地下水通道的水力特征或模拟短期污染对地下水的影响且需生成峰值明显的示踪剂穿透曲线（break through curve，BTC）时，应瞬时投放示踪剂。

（2）模拟长期污染时，应持续注入示踪剂，使取样点的示踪剂浓度升高至稳定水平。

8）取样点的选择

（1）一般选择岩溶泉、洞穴水流或抽水井、观测井等位置。

（2）泉口位于河床或湖床底部时，应采用软管抽水取样。

（3）洞穴或隧道内的滴水和渗漏部位可作为包气带水流取样点。

9）取样和测试方法

应根据不同的调查需求采取分散取样或定时取样、整体取样或连续测试。

（1）需建立示踪剂浓度对应时间的穿透曲线或无法开展现场测试时，应进行分散取样或定时取样，并根据示踪剂的传输时间和试验阶段确定取样频率。

（2）重要取样点应采用连续测试，将野外用荧光计、离子选择电极或电导电极插入水流，并将数据传输至记录仪，同时做好设备防护。

（3）定性确定地下连通，或对多个采样点同时监测，或在难以到达的取样点，可采用整体取样，同时应用活性炭或大孔隙树脂材料吸附荧光染料，然后用碱性酒精溶液冲洗后送检。

示踪剂的检测主要使用自动监测仪，包括极谱仪、荧光光度仪、电化学仪、电导仪和便携式水质自动监测仪等，检测方式为现场检测；用于实验室检测的仪器有原子吸收分光光度仪、分光光度计、等离子光谱仪和等离子质谱仪等。常用的检测仪器及示踪离子的最低检测浓度见表5-3。

表5-3　示踪离子的最低检测浓度

序号	示踪剂	示踪元素	最低检测浓度/(mg/L)	野外检测仪器	室内检测仪器
1	钼酸铵	Mo^{6+}	0.0010	极谱仪	ICP-MS
2	荧光素钠	荧光素	0.0002	自动荧光监测仪	高灵敏度荧光光度计
3	罗丹明B	罗丹明	0.0001	自动荧光监测仪	高灵敏度荧光光度计

10）实验室分析

通过分散取样或整体取样获得的样品须送实验室分析，宜采用如下分析方法。

（1）盐类。离子色谱法（ion chromatography，IC）、离子选择电极法、分光光度法、原子吸收分光光度法（atomic absorption spectrophotometry，AAS）、原子发射光谱法（atomic emission spectrometry，AES）或电感耦合等离子体质谱法（ICP-MS）。

（2）荧光染料。一般应用过滤荧光计、激光荧光粒子检测器、荧光显微镜、扫描荧光光谱仪。对于以下情况，应谨慎分析处理并注意校正数据。

①不同荧光染料或者与背景或其他有机物的荧光光谱发生重叠。

②超高浓度示踪剂可能会掩盖其他低浓度示踪剂。

③活性炭或树脂吸附的荧光染料解吸时，活性炭可能会产生轻微荧光。

④荧光染料的浓度或水样的pH影响荧光强度（应进行稀释）。

11）野外测试注意事项

（1）盐类示踪剂。投放量足够大且背景浓度变化较小或流速较快的短时连通试验，宜采用便携式电导率仪检测。

（2）荧光染料示踪剂。宜采用便携式过滤器荧光计、发射光谱荧光计或光纤荧光计进行连续测试，同时须监测水的浊度、有机碳和pH的变化，以及进行荧光校正。

4.数据处理与结果分析

（1）仅需定性确定地下连通状况时，可根据取样点示踪剂检测结果进行分析。

（2）评价地下河管道网络空间分布情况和水流特征时，应建立示踪剂浓度-时间穿透曲线，并根据地下水传输途径做如下分析计算：

应根据首次检出时间、峰值时间、穿透曲线的形心对应的平均传输时间和示踪剂回收50%的时间，分别计算最大传输速度、优势流速、有效流速和平均流速。

示踪剂回收量采用以下公式计算：

$$W_{回} = \sum_{i=1}^{n} \frac{(C_i - C_0) + (C_{i+1} - C_0)}{2} \times \frac{Q_i + Q_{i+1}}{2} \times \Delta t \tag{5-4}$$

式中，$W_{回}$为示踪剂回收量；C_i、C_{i+1}分别为浓度-时间穿透曲线相邻两个取样点的浓度；C_0为投放示踪剂前的本底值；Q_i、Q_{i+1}分别为C_i、C_{i+1}两个取样点取样期间的地下水流量；Δt为取样间隔时间。

最大流速：

$$v_e = \frac{x_s}{T_e} \tag{5-5}$$

平均流速：

$$\bar{v} = \frac{\int_0^\infty x_s |t C(t) Q(t) \mathrm{d}t}{\int_0^\infty C(t) Q(t) \mathrm{d}t} \tag{5-6}$$

式中，v_e为最大流速；$\bar{v}$为平均流速；x_s为投放点至接收点的距离；T_e为示踪剂初现时间；t为时间；C为示踪剂浓度；Q为流量。

计算示踪剂回收率时，若回收率极低，则应结合流量特征，分析管道内水流的分支与汇合情况及含水层截留示踪剂的情况等；根据平均传输时间与流量观测数据，估算管道网络的体积；根据穿透曲线的形状，分析地下网络空间的分布情况。

5.高精度示踪试验识别地下含水层空间结构

1）示踪试验根据浓度穿透曲线识别管道空间形态

在岩溶地下水系统中，各种岩溶形态的含水介质——洞穴、管道、裂隙等构成地下水储存和运移空间，其内部结构复杂、空间分布极不均匀，导致岩溶地下水水动力特征与孔隙介质、裂隙介质的水动力特征存在较大差别。通过一种方法或多种方法的组合尽可能地揭露埋藏于地下的含水介质的几何特征、空间分布特征、水流特征等，是水文地质工作者进行岩溶水文地质研究的重要目的。

随着高分辨率示踪技术的发展，根据示踪剂穿透曲线（BTC）分析含水介质的空间形态，已经逐渐应用于岩溶水文地质研究中（张人权等，2005）。假定地下水是稳定的一维流，示踪剂沿一特定方向运移，则其运动方程可用以下公式表示：

$$\frac{\partial c}{\partial t} = D\frac{\partial^2 c}{\partial^2 x} - v\frac{\partial c}{\partial x}$$

$$c(x, 0) = 0 \qquad\qquad\qquad x \geqslant 0$$

$$\int_0^\infty \lim_{x \to \infty} c(x, t)\mathrm{d}x = M \qquad\qquad t \geqslant 0 \tag{5-7}$$

$$\lim_{x \to \infty} c(x, t) = 0 \qquad\qquad t > 0$$

在此初始值和边界条件下，公式的解呈正态分布：

$$c(x, t) = \frac{M}{\sqrt{4\pi Dt}} \times \exp\left[-\frac{(x - vt)^2}{4DT}\right] \tag{5-8}$$

式中，D 为弥散系数；v 为水流速度；x 为示踪剂运移距离；c 为示踪剂浓度；t 为示踪剂运移时间；M 为示踪剂投放量。

在流向一定的稳定流中，由于弥散作用，示踪剂逐渐分散并占据一定范围，其在水中的分布形状理论上为一顺水流方向拉长的椭圆形。椭圆中心浓度最高，前后逐渐降低。因而，BTC 应为两翼略对称的单峰曲线，呈正态分布。但在野外环境下，影响地下水系统的因素众多，示踪剂 BTC 的形态主要受地下河管道特征的影响。

通过地下水连通试验可获得浓度曲线，而通过分析浓度曲线的形态可了解投放点与接收点之间的地下水连通情况或地下河管道的平面走向，一般有下列几种情形。

（1）单峰浓度曲线。

①单通道结构：投放点和接收点之间通道单一，无岔道；曲线呈单尖峰形态，并具有一定的对称性，上升段与衰减段基本上对称于浓度最大值轴。

②单通道及溶潭组合结构：地下水通过一个或多个溶潭或者大型持水洞穴，浓度曲线的上升段、衰减段有一个或数个依次下降的台阶（即一个或几个波动），每一个台阶对应一个溶潭或洞穴。

（2）双峰浓度曲线。

一般认为双峰浓度曲线可表示投放点与接收点之间有两条通道，根据峰的尖钝和前后关系可知其间有无溶潭或洞穴，一般分为以下两种类型。

①两尖峰无台阶曲线：说明其间无地下溶潭或洞穴。常见的是高峰在前、低峰在后，说明主流的浓度峰值在前，为高峰；支流的浓度峰值滞后（遭主流稀释），为低峰。也存在低峰在前、高峰在后的情形，说明支流水力坡度较大，先于主流到达。还存在另一特殊情形，即两个波峰的大小基本一致，说明投放点到接收点的两条通道规模大小、径流距离、水力坡度等基本相同。

②两尖峰有台阶曲线：说明通道仍为两条，可通过分析台阶所在的波峰判断干道或支道上是否发育溶潭或大型洞穴。

（3）三峰以上浓度曲线。曲线为三峰以上，说明投放点和接收点之间过水通道错综复杂，通道的长度、宽度及地下水的流量、水力坡度均有很大差别，各通道的峰值浓度时间不一。以岩溶裂隙为主的含水介质有可能出现这种曲线。

2）根据浓度穿透曲线求取水文地质参数

由于岩溶水系具有较高的非均质性和各向异性，岩溶区水文地质参数难以直接获取。可利用美国国家环境保护局（United States Environmental Protection Agency，USEPA）开发的 QTRACER2 软件（Field，2002）对数据进行解译，得到投放点到接收点地下岩溶空间的几何参数及水力学参数。相关参数的水文地质学意义及表达式如下。

（1）弥散系数（纵向弥散系数）。弥散系数即流动水体中污染物沿水流方向（或纵向）弥散的速率系数，它在宏观上反映了多孔介质中溶质运移过程受地下水流动状况及岩溶孔隙结构的影响程度，单位通常为 m^2/s，物理学上表示单位时间（s）内污染物纵向弥散的面积。如果示踪剂持续投放时间短于平均滞留时间，则可用时间矩方法并结合一维对流弥散方程进行计算，其表达式为

$$D_L = (\sigma_t - \frac{t_0}{12})\frac{\bar{v}^3}{2x_s} \tag{5-9}$$

$$\sigma_t = \frac{\int_0^\infty (t - \bar{t})^2 C(t)Q(t)\mathrm{d}t}{\int_0^\infty C(t)Q(t)\mathrm{d}t} \tag{5-10}$$

式中，D_L 为纵向弥散系数；σ_t 为穿透曲线二阶标准化矩，即穿透曲线方差；t_0 为持续投放时间（T）；$\bar{v}$ 为水的平均流速；x_s 为投放点至接收点的距离；t 为示踪剂到达出口的时间；$\bar{t}$ 为示踪剂平均运移时间；C 为示踪剂浓度；Q 为接收点流量。

（2）过水断面面积、管道直径和水深。进一步地，估算过水断面面积、管道直径和水深。

$$A = \frac{V}{x_s} \tag{5-11}$$

$$D_C = 2\sqrt{\frac{A}{\pi}} \tag{5-12}$$

$$D_H = \frac{A}{D_C} \tag{5-13}$$

式中，A 为示踪剂扫描的过水断面面积；D_C 为对应于面积 A 的等效直径；D_H 为水深；其他变量的含义同前。

（3）流道储水体积。地下岩溶空间是地下水对碳酸盐岩介质长期改造的结果。地下径流越强烈的部位，岩溶作用越强，形成的碳酸盐岩孔隙体积越大。不同流量条件下计算得到的体积不同，估测的管道体积是示踪剂扫描的最大体积，其表达式为

$$V = \int_0^{\bar{t}} Q\mathrm{d}t \tag{5-14}$$

式中，V 为示踪剂扫描的管道体积，积分上限为穿透曲线峰值时间；其他变量的含义同前。

（4）纵向弥散度。弥散可分为机械弥散和分子扩散，纵向弥散度指溶质在水里的扩散能力，其计算公式为

$$\alpha_L = \frac{D_L}{\bar{v}} \tag{5-15}$$

式中，α_L 为纵向弥散度；$\bar{v}$ 为水的平均流速；D_L 为纵向弥散系数。

（5）摩擦系数。摩擦系数反映了含水介质与地下水的相互作用程度，其值与管

道形态不规则程度和管道直径有关。其计算公式可由纵向弥散度计算公式推导而得：

$$\frac{1}{\sqrt{f_f}} = 2\log\frac{D_C}{\varepsilon} + 1.14 \tag{5-16}$$

式中，f_f 为摩擦系数；D_C 为储水管道平均直径；ε 为管道壁凸起平均高度。

（6）雷诺数（Reynolds number）。雷诺数是表征流体流动情况的无量纲数，可用于确定物体在流体中流动时所受到的阻力。雷诺数也是判别流动特性的依据，如在管流方面，雷诺数小于2300的为层流，介于2300～4000时为过渡状态，雷诺数大于4000的是紊（湍）流。

$$N_R = \frac{\rho \bar{v} D_C}{\mu} \tag{5-17}$$

式中，N_R 为雷诺数；ρ 为水的密度；$\bar{v}$ 为水的平均流速；D_C 为储水管道平均直径；μ 为地下水黏度。

（7）舍伍德数。舍伍德数反映了包含待定传质系数的无因次数群，它表征的是对流传质与扩散传质的比值。它与雷诺数密切相关，表达式为

$$N_{sh} = 0.023 N_R^{0.83} N_{sc}^{1/3} \tag{5-18}$$

式中，N_{sh} 为舍伍德数；N_R 为雷诺数；N_{sc} 为斯密特数。

（8）分子扩散边界层厚度。当水流在大雷诺数条件下绕流时，在固体壁面附近的薄层中黏性力较大，且沿壁面法线方向存在巨大的速度梯度，这一薄层称为边界层。边界层厚度与流体的雷诺数呈负相关。从边界层内的流动过渡到外部流动是渐进的，边界层的厚度通常定义为从物面到约99%的外部流动速度处的垂直距离，它随着离物体前缘的距离增加而增大。基于雷诺数，边界层的流态可分为层流与湍流。通常上游为层流边界层，下游逐渐转变为湍流，同时边界层厚度急剧增大。层流和湍流之间有一过渡区。地下河管道表面所形成的边界层厚度除与流体的黏性有关外，还与主流区的速度有关，并与其呈负相关。

$$\delta_m = \frac{D_C}{N_{sh}} \tag{5-19}$$

式中，δ_m 为分子扩散边界层厚度；D_C 为储水管道平均直径；N_{sh} 为舍伍德数。

（9）利用主峰浓度分析径流集中度。水流进入地下含水空间后，受岩溶含水介质不均质性、空间大小及结构、导水能力等影响，分为多股并通过不同路径在不同时刻到达排泄口。目前，未见描述水流在径流过程中的分散或集中程度的参数。本书利用示踪试验中的最大相对浓度系数 μ 来探讨水流在岩溶含水管道介质结构条件下的集中径流程度。

$$\mu = \frac{C_{\max} - C_0}{m - m'} \tag{5-20}$$

式中，m、m' 分别表示投放点的投放量、径流过程中的消耗量，kg；$C_{\max}$、C_0 分别表示监测点最大实测浓度、监测平均背景值，µg/L。

可见，最大相对浓度系数 μ 等于有效最大浓度与有效投放量的比值，单位为µg/(L·kg)，其

表示在相同条件下，不管投放量是多少，最大相对浓度系数 μ 是一个常数。由于示踪剂在含水介质中的消耗量 m' 受母岩、介质空间（含淤积物、水中植物）、径流距离等众多因素影响，且没有计算公式和经验值可参考，因此实际采用式（5-21）计算：

$$\mu = \frac{C_{\max} - C_0}{m} \tag{5-21}$$

（10）地下河管道积水空间及其库容评价。地下河管道的结构及分布非常复杂，管道空间体积 U 及对应的等效直径 d 一般难以确定。目前的文献资料均采用通过一次试验所计算出的上述数据直接表示地下河管道的空间体积及对应的管道直径。但实际上，通过在不同水位条件下开展的连通试验计算出的 U 和 d 数值差别极大，因此，通过一次试验计算出的数据不能完全反映地下河管道实际的空间特征。基于此，本书把通过某次试验计算出的 U 称为管道的积水体积，而不称为管道的空间体积。

对于单连通管道，即单峰浓度曲线，通过一次连通试验，并利用下列公式可以计算出管道的积水体积、等效直径及平均流速等：

$$U = \int_{t_0}^{t_1} q(t)\mathrm{d}t \tag{5-22}$$

$$d = 2\sqrt{\frac{Q}{\pi L}} \tag{5-23}$$

$$v = \frac{L}{t_1 - t_0} \tag{5-24}$$

式中，U 为投放点到出口段的管道积水体积，m^3（管道的积水体积等于从投放开始到检测出最大浓度为止地下河出口排泄量之和）；$q(t)$ 为开展连通试验期间地下河出口在 t 时刻的流量，m^3/s；t_0、t_1 分别表示连通试验中投放时间、峰值出现时间；L 为投放点至监测点的地下河管道长度，m；d 为根据积水体积计算出的管道等效直径，m（即假设岩溶管道为等直径的水平圆管，则通过圆柱体体积公式 $Q = \pi d^2 L/4$ 可推导出等效直径计算公式）；v 为浓度曲线峰值对应的平均流速，m/s。

把连通试验的思路进行扩展，对某段地下河管道分别开展枯水期及丰水期多个水位条件下的连通试验，并利用式（5-22）~式（5-24）计算出对应的积水体积。通过比较，可以获得最小积水体积 $U_{\min}$、最大积水体积 $U_{\max}$，$U_{\min}$ 可以理解为天然条件下地下河管道的最小库容，$U_{\max}$ 可以理解为地下河管道的最大库容或地下河管道空间体积，而根据 $U_{\max}$ 计算出的 d 是地下河管道的实际等效直径。获得地下河管道的最小积水体积 $U_{\min}$、最大积水体积 $U_{\max}$ 后，计算地下河管道的调蓄能力 $U_{调}$ 则显得相对简单，可通过下列公式计算：

$$U_{调} = U_{\max} - U_{\min} \tag{5-25}$$

5.1.3 高精度地下水动态监测技术

1.监测系统布设原则

1）区域性监测点布设原则

（1）监测点的布设应根据地下河系统监测目的、自然地理条件、水文地质条件、环境地质条件、岩溶发育特征、社会经济发展规划及工程建设需要确定。

（2）监测线应沿着地下水动力条件、水化学条件、污染途径及环境地质作用变化最大的方向布置；监测点应按规定的密度设置。

（3）应重点监测地下河管道（如地下河出口、入口、天窗、竖井和溶潭等）的地下水动态，必要时监测地下河系统中的岩溶裂隙水及表层岩溶水系统。

（4）应充分利用地下河系统内已有的勘探孔、供水井、矿井、地下水排水点及取水构筑物等选取所需的监测点，尽可能利用天然水点建设监测站，必要时增设人工钻孔监测站。

2）地下水流量和水位监测点布设原则

（1）地下河系统总出口为首选监测站点。当总出口不宜建站时，应尽量在靠近总出口的地下河主管道的露头天窗进行监测，必要时开展钻孔监测。

（2）充分利用地下河子系统出口、地下河天窗、溶潭等天然水点。监测线宜平行或垂直于地下河管道发育方向、垂直构造线及地表水体的岸边线。

（3）鉴于地下河管道发育的不均匀性，不建议采用几何空间的均匀分布原则，但需考虑让监测站覆盖整个地下河系统，包括补给区、径流区、排泄区，并应监测不同类型区域的地下水动态。

（4）充分考虑农业灌溉、蒸发、河流及其他地表水对地下河系统的影响。在条件允许的情况下，在河流、湖泊、水库等处设计一对监测孔进行上下游断面流量监测，以计算地表水与地下水的交换量。

（5）在具有多层地下河管道结构的条件下，应布设分层监测站，以监测不同层位地下河管道的地下水动态。

（6）若地下河系统内存在较大范围的非岩溶区补给，则应对碎屑岩、玄武岩及变质岩等不同类型非岩溶区的外源水适当布设1~2个监测点，以计算外源水补给强度。

3）地下水水质监测点布设原则

地下河系统水污染监测点主要对水位（在特定情况下可与水量换算）、pH、水温、电导率、浊度和DO等持续进行自动监测。

（1）重点监测地下水严重污染区、重要农业区等，特殊地下水污染组分监测点的部署根据需要确定。

（2）地下河系统总出口应布设监测点。

（3）以地下河系统主管道和支管道为基础，充分利用天然岩溶水点（地下河入口、出口、落水洞、天窗、溶潭、泉口），按地下河系统补给区 → 径流区 → 排泄区的顺序进行监测站布设，原则上应对每条地下河支流进行监测。

2. 地下河监测管理系统

地下河监测管理系统采用模块化设计，各个功能模块相互独立，每个功能模块由一组功能组件实现，主要包括以下6个部分。

1）系统管理模块

该模块为整个系统的核心模块，管理人员通过该模块实现软件系统功能设置、监测数据的监控、野外监测仪器远程调试及维护等，以及对不同级别用户的监测数据的访问和权限的管理等。该模块仅对管理人员开放。

2）水文地质点管理模块

该模块主要对各类监测点的信息进行管理，这些信息包括岩溶天然水点调查记录表、钻孔调查记录表、机民井调查记录表、地表水文点调查记录表、气象监测点基础信息记录表。监测点的基本信息表为水文地质点基础信息简表，主要包括监测点的编号、类型、位置、地理坐标、开始监测时间、监测指标等内容。

3）仪器信息管理模块

该模块主要对监测仪器进行管理，包括仪器型号及参数信息，传输线缆类型及长度，信号转接线类型及相关信息，SIM卡号及其各月的费用、余额等信息，以及无线数据传输模块的信息等。

4）监测站信息管理模块

该模块主要对监测站基本信息进行管理，包括自动监测站安装时间、自动监测站调试与维护记录、仪器更换记录。

5）监测数据管理模块

该模块为地下河动态数据管理模块，包括气压、气温数据，降雨量数据，水位、水温数据，以及水质仪监测数据等，可实现对不同类型监测数据的整合等。

6）数据安全控制模块

该模块具有系统安全认证、数据信息加密等功能，采用用户口令认证、口令加密的方式来保障用户信息的安全性。该模块仅对管理人员开放。

综上，系统管理和数据安全控制两个模块仅对管理人员开放；水文地质点管理、仪器信息管理、监测站管理、监测数据管理4个模块具有录入、修改、查询、导入、导出等功能。地下河监测管理系统模块化结构图如图5-2所示。

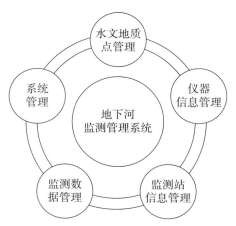

图5-2　地下河监测管理系统模块化结构图

3.监测系统结构与功能

地下河系统是一个完整的岩溶地下水单元，地下水边界清晰，具有补给、径流、排泄功能，含水介质包括孔隙、裂隙和岩溶管道。一般地下河监测系统具有以下7个方面的监测功能：①降水量监测；②表层岩溶水监测；③边界水动力监测；④补给条件监测；⑤排泄特征监测；⑥不同介质条件下的水文监测；⑦地下河径流条件监测。

4.通过泉流量衰减分析识别含水层介质结构

1）泉衰减过程与水流要素的数学描述

Boussinesq（1877）率先提出含水层排泄量和泉流量随时间衰减的理论，并用下述方程描述了多孔介质中水流的扩散过程。

$$\frac{\partial h}{\partial t} = \frac{K}{\varphi}\frac{\partial}{\partial x}\left(h\frac{\partial h}{\partial x}\right) \tag{5-26}$$

式中，K 为渗透系数；φ 为含水层有效孔隙度（给水度/储水系数）；h 为水头；t 为时间。

简化假设：非承压孔隙含水层、均质、各向同性、矩形、底板凹陷；H 为出口水位以下的深度，h 的变化相对于含水层深度 H 可以忽略不计；忽略地下水位以上的毛细效应。Boussinesq（1877）采用指数方程作为近似解析解：

$$Q_t = Q_0 e^{-at} \tag{5-27}$$

式中，Q_0 为初始流量；Q_t 为 t 时刻的泉流量；α 为衰减系数，是含水层的内在特征参数，采用时间单位的倒数表示（L/d 或 L/s）。

许多学者提出了泉流量衰减拟合方程，见表5-4。

表5-4 泉流量衰减拟合方程

方程名称	公式	提出者
Maillet公式	$Q_t = Q_0 e^{-at}$	Boussinesq（1877）
非指数模型	$Q_t = \dfrac{Q_0}{(1+\alpha t)^2}$	Boussinesq（1903）
泉流量累积模型	$Q_t = Q_0 \sum\limits_{i=1}^{n} b_i e^{-at}$	Werner 和 Sundquist（1951）
双曲线模型	$Q_t = at^{-1} - Q_0$	Otnes（1953）
指数衰减模型	$Q_t = at^{-r} + b$	Toebes 和 Strang（1964）
岩溶系统流量方程	$Q_t = \varphi(t) + \theta(t)$	Samani 和 Ebrahimi（1996）
地表开放明渠的流量衰减模型	$Q_t = \left[\dfrac{1}{2} + \dfrac{\lvert 1-\beta t \rvert}{2(1-\beta t)}\right]Q_0(1-\beta t)$	Kullman（1990）
岩溶泉流量衰减的双曲线模型	$Q_t = \dfrac{Q_0}{(1+\alpha t)^n}$	Kovács（2003）

由于很难获得能完全描述衰减水文曲线的简单方程，因此研究流量衰减过程时需要考虑各种子动态（水流要素）。一般来说，泉流量水文曲线均拥有两种以上的水

流要素。为解译衰减水文曲线，岩溶泉水文曲线的衰减段可采用多个指数分段的累加函数和多个描述流量线性衰减的 Kullman 方程表示。

$$Q_t = \sum_{i=1}^{n} Q_{0i} \mathrm{e}^{-\alpha_i t} \tag{5-28}$$

$$Q_t = \sum_{i=1}^{n} Q_{0i} \mathrm{e}^{-\alpha_i t} + \sum_{j=1}^{m} \left(\frac{1}{2} + \frac{|1 - \beta_j t|}{2(1 - \beta_j t)} \right) Q_{0j}(1 - \beta_j t) \tag{5-29}$$

式中，i 和 j 代表各水流要素，如图 5-3 和图 5-4 所示。

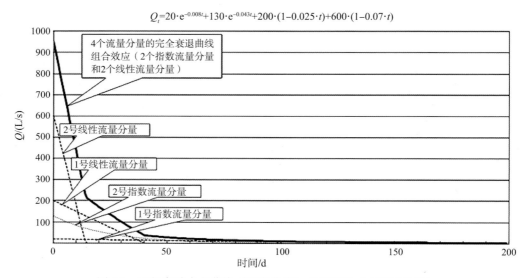

图 5-3　理想衰减水文曲线（正态曲线）水流要素（主衰减曲线）

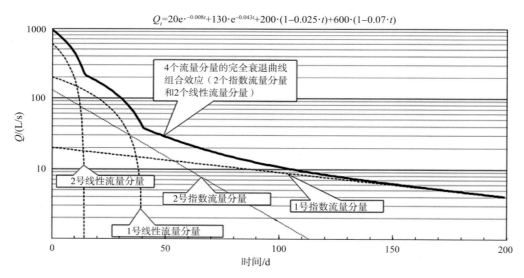

图 5-4　理想衰减水文曲线（半对数曲线）水流要素（主衰减曲线）

2）在衰减曲线上识别水流要素

目前各种衰减曲线分析方法中，我们应选择能反映整个衰减过程的水文曲线部分或该部分的某一段来评价流量开始衰减的阈值（并不一定是最大值），衰减过程的评价通常存在主观性，不同的作者有各自的解释标准。特别是在整个水文循环过程中都存在地下水补给的地区，衰减曲线也因补给影响而发生改变。为避免此类问题，目前已有多个方法从一系列较短衰减过程中建立主衰减曲线（MRC）。我们应仅集中分析已选择的水文曲线衰减部分，无须考虑其是单个衰减过程，还是多个短尺度衰减过程的组合。在水文曲线分析中，应更多依赖肉眼可见的线性元素，并采用对数或半对数形式表达流量时间序列。在半对数曲线上，指数形式的水流要素显示更为明显；正态更适合描述线性衰减模型（快速流要素）。

在水文曲线分解过程中，通常从慢速流（基流）要素开始。慢速流具有指数特征，在半对数曲线上更易显示，该水流要素是整个衰减过程最后保留的部分，因此，应从最小流量开始采用"自右向左"的分析方法。水流要素的衰减系数可采用曲线的斜率来表示，以曲线的延长线（灰线）在y轴上的截距表示初始流量，需要解决的首要问题是慢速基流要素的持续时间，该时间受右侧的最终和最小流量控制，但其左侧的起始时间需通过视觉估测或计算确定，如指数衰减过程相关系数最佳的时间。第一段解译获取了首对参数：第一个水流要素的起始流量Q_{01}和衰减系数α_1（或β_1）。下一阶段的分析，最好从测试数据中减去已解译的水流要素，以突出显示其他水流要素。

有多种方法在水文曲线上设置解译曲线，利用计算机，可对选择的解译部分生成线性回归线，或采用手动输入线段，输入参数的改变可能会影响其所处位置。

图5-5给出了主衰减的水文过程线分割原则。图5-6中左侧的典型主衰减曲线（紫线）由三个水流要素叠加而成，涉及两条指数衰减曲线和一条线性衰减曲线，各水流要素以不同的颜色显示。右侧是同一泉流量的实际观测水文曲线，起始于实际流量过程线上的Q_a和Q_b的两条水平线与主衰减曲线相交，得到对应的主衰减曲线上的流量Q_A和Q_B，它们由各水流要素按不同的比例组成，从相交点向下绘制垂线，可得到各水流要素所占的比例。Q_A由3个水流要素组成，Q_B由其中的2个水流要素组成。图5-6中，对于右侧曲线的每个流量值，都能在衰减曲线上找到对应值。图5-5也表明每个观测流量下都可以划分出多个子动态过程，这取决于该流量的值在主衰减曲线上的对应位置；同样，每个流量都可以用代表性时间t_R表示，即从理论上来说，最大流量Q_{max}对应起始时间，流量Q_A对应时间t_a，流量Q_B对应时间t_b。

每个岩溶泉都有主衰减曲线，换句话说，可通过其各自的系列参数表示各起始流量（$Q_{01},...,Q_{0n}$和$Q_{01},...,Q_{0m}$）及衰减系数（$\alpha_1,...,\alpha_n$及$\beta_1,...,\beta_m$），通过各水流要素的子动态过程可确定上述参数。理论上，前述的系列衰减方程和其他衰减方程均可应用，此处采用指数衰减方程和线性衰减方程。

将水文曲线分割为各水流要素的过程中，可认为每个观测流量均由单个水流要素组成或者由两个及以上的水流要素叠加而成。考虑有多个呈指数衰减的水流要素

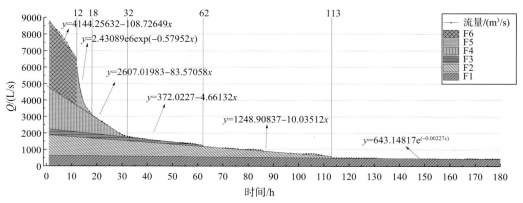

图5-5 利用主衰减曲线参数将水文过程线分为各水流要素的原理

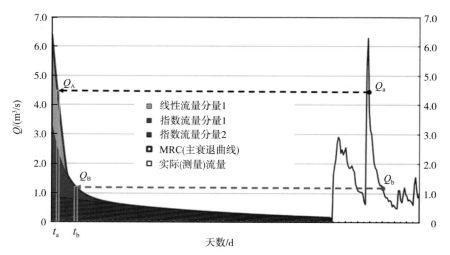

图5-6 地下河出口流量衰减六次分解过程

和最终呈线性衰减的快速流要素，根据Kullman方程，仅采用代表性时间t_R（即理论上最大流量Q_{max}对应的时间）即可确定观测流量Q_t。因此，将代表性时间t_R代入各水流要素的方程中，可计算出各水流要素的流量值。对于符合指数衰减模型的水流要素，根据下述方程可计算出代表性时间t_R：

$$t_R = \frac{\ln Q_t - \ln Q_0}{-\alpha} \tag{5-30}$$

时间t满足条件$t < 1/\beta$时，对于按线性模型衰减的快速流，根据下面的方程可计算出代表性时间：

$$t_R = \frac{1}{\beta}\left(1 - \frac{Q_t}{Q_0}\right) \tag{5-31}$$

注意：岩溶泉的衰减曲线由多条指数曲线和多条线性曲线组成，通过迭代过程，可方便地计算出各水流要素的代表性时间t_R。对于泉流量而言，最终计算值与观测流量的精度有关。实际上，10次迭代计算的结果足以达到流量的精度要求。

采用主衰减曲线参数进行水文过程线分割的优势在于能解决各种流量问题，然而该方法只能粗略简单地描述水文地质系统的功能，即假设相同的流量代表含水层内的饱水程度或测压水位相同。但是实际上，饱水程度常会出现不均一的现象。岩溶含水层内部，每个饱水系统（小型裂隙、中等裂隙和岩溶管道）都应进行多个测压水位的观测，这些测压水位的观测值随时间变化。Kovács等（2005）指出，衰减系数是受岩溶含水层形态和规模等影响的集总参数，不建议将其用于计算含水层水力特征。

3）水文过程线分割区分各水流要素

将水文过程线分割为各水流要素，并计算各水流要素的比例，可以为解译水流要素提供参考。例如，可以据此估算快速流的持续时间，确定岩溶地下水的可开采量，确定各水流要素的衰减时间，以及确定各水流要素在排泄阶段所占的比例。

5.1.4 洞穴探测技术 💧

洞穴是地球自然景观的一个重要组成部分，也是一种独特的自然资源，与人类的生产活动有着密切的联系，而研究其形成与发展演化过程、形态特征及开发利用方式的学科就是洞穴学。1949年，国际洞穴联合会（International Union of Speleology，IUS）成立，标志着洞穴学正式成为一门学科。洞穴学发展到现阶段，已经包含相当丰富的研究内容，概括起来有洞穴水文地质、洞穴形成与演化、洞穴次生化学沉积形态、洞穴矿物、洞穴气候、洞穴古环境、洞穴考古、洞穴生物、洞穴古生物、洞穴开发与资源保护、洞穴探测技术装备与制图技术等。而综合反映全球洞穴探测成果的《世界大洞穴》《世界洞穴矿物》《洞穴与岩溶百科全书》《桂林岩溶地貌与洞穴研究》等重要著作的出版，是洞穴研究取得重要进展的标志之一。

洞穴从不同的角度可以分为不同的类型。从形成的围岩的性质来看，可分为岩溶洞穴、石膏洞、砾岩洞、熔岩洞、砂岩洞、花岗岩洞和冰川洞等；按洞穴与围岩的形成顺序，可分为原生洞穴和次生洞穴；按洞穴的形态，可分为横向洞穴、竖向洞穴、复合洞穴等；按洞穴规模，可分为单一洞穴和洞穴系统；按垂向分布，可分为渗流带洞穴、地下水位洞穴、潜流带洞穴和深潜流带洞穴；按洞穴的形成原因，可分为雨水溶蚀型洞穴、地下热水溶蚀型洞穴、混合水溶蚀型洞穴。

我国碳酸盐岩分布面积为340万 km²，总沉积厚度在10000 m以上，多种多样的气候条件使得我国洞穴资源十分丰富。近20年来，来自英国、法国、美国、比利时、意大利、澳大利亚、日本、前南斯拉夫和波兰等国的探险队在云南、贵州、四川、重庆、广西、广东、湖南和湖北等地开展了数十次联合探险活动，测绘的洞穴总长度约为1200 km。按照裸露碳酸盐岩区洞穴密度为0.8个/km²进行计算，我国洞穴超过50万个，其中长、大洞穴最为发育的地区为西南热带和亚热带气候区，集中发育在黔、滇、桂、川、渝、陕、湘、鄂、粤等省（区、市）（陈伟海，2006）。

洞穴调查是岩溶地区水文地质调查的重要内容之一，也是直接获得地下河与深部岩溶水情况的一种重要手段。应在地面调查的基础上，选择具有代表性和重要意义的大型岩溶洞穴开展洞穴调查工作。其目的在于查明岩溶的发育和分布规律及岩溶地下水的水文与水质特征，掌握有关岩溶地下水资源的原始数据，取得与开发利用岩溶水有关的水文地质工程资料。为安全起见，洞穴调查应在旱季或降雨前进行。

洞穴探测即对能进入其内部的岩溶洞穴进行探索、测量、记录，并对探测数据进行整理，分析洞穴的展布特点、形态特点及其形成原因。通过探测可以获得洞穴的几何参数，如长度、宽度、高度、体积、面积等。而根据测量数据可以绘制洞穴图件，包括洞穴平面图、纵剖面图和横断面图等。

洞穴通道多由大型裂隙发育而成，为了分析岩溶洞穴的发育方向及空间展布，需对岩溶洞穴通道进行测量，并对测量数据进行整理，绘制洞穴的平剖面图，而洞穴主要通道的断面形态和洞穴平面展布特点往往体现在洞穴平剖面图中。大型洞穴往往具有多层结构，是多期构造运动的结果，洞穴纵剖面图可体现洞穴的高低起伏及多层结构，为洞穴的成因探究提供依据。通常能进入洞穴内部进行探测的为渗流带洞穴，少量洞穴可见地下暗河，洞穴通道内往往存在大量堆积物（如次生化学沉积物、河流堆积物、崩塌堆积物等），通过对洞穴通道内不同地段的堆积物进行取样分析，以及后期利用石笋测年等手段，可追溯洞穴的成因及演化过程。

（1）对大、中型岩溶洞穴进行专门探测，为溶洞或暗河测制大比例尺（1:500）洞穴底板展示图、纵剖面图及控制性横断面图；为落水洞或竖井测制方向相互垂直的大比例尺（1:500）剖面图及控制性水平横断面图。

（2）洞穴探测内容包括：洞口位置、朝向、标高，以及洞穴形态规模及延伸方向、成层性、形状、大小；洞穴所在地层的层位、岩性与产状，以及地貌与地质构造特征；洞内化学沉积物与堆积物的性状；洞穴水流特性（洞内地下水洪枯水位、水深、流速、流量）；洞内气候（温度、湿度、风向）及生物活动；洞穴发育的岩溶地质条件及洞穴开发利用现状等；洞穴的成因及与区域岩溶水的关系。

（3）对于洞穴竖井、天坑和有潜水的洞穴，要尽可能组织力量利用专门的洞穴探测设备进行探测，查明洞穴系统的连通性和形态特征，确定水洞的水流方向。

（4）进行洞穴调查时，应配备专用设备，如头盔、洞穴服、探洞鞋、单绳技术（single rope technique，SRT）设备、头灯、照明灯、洞穴测量专用罗盘及倾角仪、激光测距仪、救生衣及橡皮船等。

（5）进行洞穴调查时，一定要安全作业，除配备先进的探洞专用设备外，还要注意以下事项：进行洞穴探测前应学习和熟练掌握SRT技术，并购买相关的安全保险；要3人以上为一组开展探洞活动，并有专门的车辆在旁边等候；开展落水洞、竖井和天坑的探险时，洞外应有人把守；对洞穴照明、空气污染、洪水和落石等情况要有充分的准备或防备。

5.2 岩溶湿地水位-水量双控技术

岩溶湿地水位-水量双控技术是为实现湿地最佳的生态效益、环境效益和社会效益而对湿地水位和生态需水量进行精准调控的技术。为此，首先要对岩溶流域生态需水量进行系统研究，评估岩溶流域及其子系统的生态需水量；在此基础上，评估不同期望水平下湿地典型水生植物和农作物健康生长所需要的水位与生态需水量，量化水位与生态需水量之间的关系。

5.2.1 岩溶流域生态需水量概念及其估算方法 💧

一个岩溶流域往往包含多个天然（河流、湖泊、林地、草地等）或人工（林地、草地、农田等）生态系统，生态需水构成中既需维持流域生态功能的需水（储存量），又需维持流域范围内动物、植物生长繁殖的需水（消耗量），两部分相辅相成，缺一不可。另外，人工生态系统与天然生态系统往往紧密联系，在计算岩溶流域生态需水量的过程中要兼顾人工生态系统生态需水与天然生态系统生态需水。鉴于此，本书将岩溶流域生态需水量定义为维护岩溶流域生态环境不再恶化并逐步改善所需要支出的水资源量，包括储存性水资源量和消耗性水资源量两部分。

1.岩溶流域生态需水量结构模型

计算岩溶流域生态需水量，实质上就是计算维持流域范围内各生态系统生物群落稳定和可再生栖息地的环境需水量。本书在前人研究成果的基础上，结合岩溶流域水体分布特征，按照由高级至低级的原则，将岩溶流域生态需水划分为A级生态系统生态需水、B级生态系统生态需水和C级生态系统生态需水3个等级。其中C级生态系统生态需水为单项生态系统生态需水，包括湿地、河流和湖泊、林地、草地、农田等几种类型。B级生态系统生态需水由两种或两种以上C级生态系统生态需水累加构成，包括河湖内生态需水和河湖外生态需水两种类型，其中河湖内生态需水主要由湿地、河流和湖泊等几种C级生态系统生态需水累加构成；河湖外生态需水主要由林地、草地、农田等几种C级生态系统生态需水累加构成。A级生态系统需水为流域性生态需水，由流域内河湖内生态需水和河湖外生态需水两种B级生态系统生态需水累加构成。在C级生态系统单项生态需水构成中，岩溶湿地土壤需水量、岩溶湿地生物栖息地需水量及河流和湖泊生物栖息地需水量属于储存性水资源量，其余属于消耗性水资源量。在计算岩溶流域生态需水量时，采取从C级生态系统向B级生态系统、A级生态系统逐步递进的方式进行。岩溶流域生态需水量结构模型如图5-7所示。

2.研究步骤

根据过程分析及水文地质系统法，确定南方岩溶流域生态需水量研究的4个基本步骤如下。

第一步：岩溶流域等级确定。在研究岩溶流域生态需水量前，首先需明确目标岩溶流域所属等级。以长江为例，按照地表水系统划分方法，长江干流属于一级流域，洞庭湖属于二级流域，湘江干流属于三级流域，耒水河干流构成四级流域，耒水河支流构成五级流域，耒水河支流沿线的岩溶泉系统或地下河系统构成六级流域。

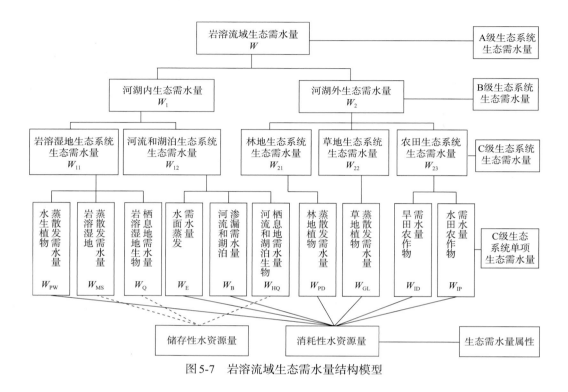

图5-7　岩溶流域生态需水量结构模型

第二步：岩溶流域生态系统类型划分。这是生态需水量研究的基础。一个岩溶流域范围内往往包含多种生态系统类型，而每个生态系统往往包含生物及其周围的环境，由于基础数据方面的限制，往往需要进一步通过资料收集、遥感解译、野外调查等手段掌握流域范围内生态系统特征。

第三步：生态系统关键因子确定。表征生态系统状况的因子很多，如存在指示性（或代表性）植物的湿地系统，就以该指示性植物的面积作为生态系统健康状况的关键因子。为了便于后期计算，选取的关键因子不仅要能够反映生态系统的主要生态环境问题，而且还要能够被定量描述，并且与地表水或地下水的表征指标（水位、流量等）建立联系。

第四步：生态需水量计算。根据岩溶流域范围内各生态系统特征，选取合适的方法逐级计算C级生态系统生态需水量、B级生态系统生态需水量、A级生态系统生态需水量，其中A级生态系统生态需水量即为岩溶流域生态需水量。需要强调的是，本书给出的生态需水量结构模型可以不受岩溶流域等级限制，任何一级岩溶流域均可以采用该结构模型。

3.C级生态系统生态需水量计算方法

1）岩溶湿地生态系统生态需水量（W_{11}）

与中国北方干旱、半干旱区湿地系统相比，南方岩溶区湿地系统生态需水量同样包括水生植物蒸散发、湿地土壤需水、湿地栖息地需水三部分，其中水生植物蒸散发属于消耗性需水，湿地土壤需水、湿地栖息地需水属于储存性需水，具体如下。

（1）水生植物蒸散发需水量（W_{PW}）。湿地水生植物是维持湿地基本特征的关键，其耗水须纳入生态需水范畴。岩溶湿地水生植物种类繁多，须选择指示性植物（能够在一定程度上反映湿地健康程度的植物，根据实际情况可以选取1种或1种以上的植物）进行计算，湿地水生植物蒸散发需水量包括：①植株表面蒸发耗水；②植物体内包含的水量；③植株同化过程耗水量。其中，②③仅占湿地水生植物耗水的1%，可不计算；①是主要耗水项目，占99%，计算公式为

$$dW_{PW}/dt = A \cdot ET_m(t) \tag{5-32}$$

式中，W_{PW}为湿地水生植物蒸散发需水量，m^3；A为湿地植被面积，m^2；ET_m为单位面积水生植物蒸散发量，mm；t为时间，月。

（2）岩溶湿地土壤需水量（W_{MS}）。岩溶湿地土壤是维持湿地生态系统健康的一个保障，保持一定范围湿地土壤水分非常必要。岩溶湿地土壤需水量常用计算公式为

$$W_{MS} = a \cdot h \cdot A_{MS} \tag{5-33}$$

式中，W_{MS}为岩溶湿地土壤需水量，m^3；a为田间持水率，%；h为岩溶湿地土层厚度，m；A_{MS}为岩溶湿地土壤面积，m^2。

（3）岩溶湿地生物栖息地需水量（W_Q）。岩溶湿地生物栖息地需水量是指湿地内鱼类、鸟类栖息与繁殖所需的基本水量，在计算大区域湿地生物栖息地需水量时，可根据栖息地水面面积比例和水深进行计算。岩溶湿地生物栖息地需水量的计算公式如（5-34）所示：

$$W_Q = \sum A_{Qi} H_i \tag{5-34}$$

式中，W_Q为岩溶湿地生物栖息地需水量，m^3；A_{Qi}为第i个栖息地潜在影响水域面积，m^2；H_i为第i个栖息地潜在影响水域平均水深，m。

2）河流和湖泊生态系统生态需水量（W_{12}）

目前，国内外学者在计算湖泊生态需水量时，主要考虑水面蒸发量，而较少考虑生物栖息地所需要的最低蓄水深度，这使得计算的湖泊生态需水量偏低。另外，河流和湖泊均可为动植物提供生存空间，且二者在岩溶区往往水力联系紧密。本书将河流、湖泊划归成一个大生态系统类型，生态需水量主要考虑水面蒸发、河流、岩溶湖泊渗漏及栖息地需水3部分，其中水面蒸发、河流和湖泊渗漏属于消耗性需水，栖息地需水属于储存性需水，具体如下。

（1）水面蒸发需水量（W_E）。当河流、湖泊水面蒸发需水量达到稳定状态时，其储水量不发生变化，由此可维持其生态功能不变。南方岩溶区具有水面蒸发量小于降水量的特点，降水量可满足河流、湖泊基本生态功能，往往不需要补水。但在局

部地区或某些月份，当蒸发量大于降水量时，则需要对区内河流、湖泊蒸散发量进行补给，以便维持地下水位动态平衡。水面蒸发需水量一般按照式（5-35）计算：

$$W_E = \sum A_{Ei} \times (E - P) \times 10^{-3} \qquad (5\text{-}35)$$

式中，W_E 为水面蒸发需水量，m³；A_{Ei} 为第 i 个水体（湖泊或河流）的水面面积，m²；E 为水面蒸发量，mm；P 为降水量，mm。

（2）河流和湖泊渗漏需水量（W_B）。河流、湖泊通过渗漏对地下水进行补给，其渗漏量需纳入河流、湖泊生态需水范畴。本书采用式（5-36）进行计算：

$$W_B = \sum K_i \cdot I_i \cdot A_{si} \cdot T_i \qquad (5\text{-}36)$$

式中，W_B 为河流和湖泊渗漏量，m³；K_i 为第 i 个水体（湖泊或河流）渗漏系数，m/d；I_i 为第 i 个水体（湖泊或河流）水力坡度；A_{si} 为第 i 个水体（湖泊或河流）渗流剖面面积，m²；T_i 为第 i 个水体（湖泊或河流）渗漏时间，d。

（3）河流和湖泊生物栖息地需水量（W_{HQ}）。河流和湖泊生物栖息地需水量是指河流和湖泊内鱼类、鸟类栖息与繁殖所需的基本水量，在计算大区域河流和湖泊生物栖息地需水量时，可根据河流、湖泊水面面积和平均水深进行计算。河流和湖泊生物栖息地需水量的计算公式如式（5-37）所示：

$$W_{HQ} = \sum A_{IQi} H_i \qquad (5\text{-}37)$$

式中，W_{HQ} 为河流和湖泊生物栖息地需水量，m³；A_{IQi} 为第 i 个栖息地潜在影响水域面积，m²；H_i 为第 i 个栖息地潜在影响水域平均水深，m。

3）林地生态系统生态需水量（W_{21}）

南方岩溶区林地生态系统生态需水构成与干旱、半干旱地区相似，主要考虑陆生植物蒸散发需水，具体如下。

林地生态系统是岩溶流域生态系统的重要组成部分，其耗水须纳入生态需水计算。岩溶流域林地种类繁多，须选择关键植物类型进行计算。植物蒸散发需水量包括：①植株表面蒸腾耗水；②植株棵间蒸发耗水；③植物体内包含的水量；④植株同化过程耗水量。其中，③④仅占湿地水生植物耗水的1%，可不计算；①②是主要耗水项目，占99%。林地植物蒸散发需水量的计算公式为

$$dW_{PD}/dt = A_{PD} \cdot ET_{PDm}(t) \qquad (5\text{-}38)$$

式中，W_{PD} 为林地植物蒸散发需水量，m³；A_{PD} 为林地面积，m²；ET_{PDm} 为单位时间内林地植物蒸散发量，mm；t 为时间，月。

4）草地生态系统生态需水量（W_{22}）

岩溶区草地生态系统生态需水构成与林地相似，主要考虑植物蒸散发需水，具体如下。

草地植物蒸散发需水量（W_{GL}）包括植株蒸腾、棵间蒸发、植物体内包含的水量和植株同化过程耗水量4部分，本书按照面积定额法进行计算，计算公式如下：

$$dW_{GL}/dt = A_{GL} \cdot ET_{GLm}(t) \qquad (5\text{-}39)$$

式中，W_{GL} 为草地植物生态需水量，m³；A_{GL} 为草地面积，m²；ET_{GLm} 为单位时间内草

地植物蒸散发量，mm；t 为时间，月。

5）农田生态系统生态需水量（W_{23}）

以往研究均将农田生态系统需水当作农业生产需水对待，而作为岩溶流域生态系统的一个重要组成部分，农田系统同人工林地、草地系统一样，往往和周边天然草地、林地生态系统存在能量、物质的转换或交换。因此，在计算生态需水时需要统筹考虑，才能合理地评估整个岩溶流域生态需水特征。为此，本书将农田生态系统需水作为岩溶流域生态需水的一个组成部分，细分为旱田农作物需水量和水田农作物需水量两部分，具体如下。

（1）旱田农作物需水量（W_{ID}）。旱田农作物生长需水基本代表了旱田系统生态需水特征，其需水构成包括：①植株蒸腾；②棵间蒸发；③植物体内包含的水量；④植株同化过程耗水量。其中，③④仅占植物耗水的1%，可不计算；①②是主要耗水项目，占99%。本书采用灌溉定额法进行计算，计算公式如下：

$$W_{\text{ID}} = M_{\text{ID}} \cdot A_{\text{ID}} \cdot k_{\text{ID}} \tag{5-40}$$

式中，W_{ID} 为旱田农作物需水量，m^3；M_{ID} 为旱田单位农作物灌溉定额，$m^3/(667\ m^2)$；A_{ID} 为旱田面积，m^2；k_{ID} 为农作物年内生长期数。

（2）水田农作物需水量（W_{IP}）。水田农作物生长需水基本代表了水田系统生态需水特征。南方岩溶区水田农作物主要为水稻，其生长过程中需水包括：①植株叶面蒸腾；②棵间水面蒸发；③深层渗漏；④维持水田基本功能的水量；⑤植物体内包含的水量；⑥植株同化过程耗水量。其中，前四项占水稻需水的90%以上，是主要耗水项目，本书采用灌溉定额法进行计算，计算公式如下：

$$W_{\text{IP}} = M_{\text{IP}} \cdot A_{\text{IP}} \cdot k_{\text{IP}} \tag{5-41}$$

式中，W_{IP} 为水田农作物需水量，m^3；M_{IP} 为水田单位农作物灌溉定额，$m^3/(667\ m^2)$；A_{IP} 为水田面积，m^2；k_{IP} 为水稻生长期数，单季稻为1，双季稻为2。

4.A级和B级生态系统生态需水量计算方法

在C级生态系统生态需水量计算的基础上，通过累加法求得B级生态系统生态需水量。进一步对B级生态系统生态需水量进行累加，求得A级生态系统生态需水量——岩溶流域生态需水量 W，计算公式如下：

$$W = W_1 + W_2 = W_{11} + W_{12} + W_{21} + W_{22} + W_{23} \tag{5-42}$$

式中，W 为岩溶流域生态需水量，m^3；W_1 为河湖内生态需水量，m^3；W_2 为河湖外生态需水量，m^3；W_{11} 为湿地生态系统生态需水量，m^3；W_{12} 为河流和湖泊生态系统生态需水量，m^3；W_{21} 为林地生态系统生态需水量，m^3；W_{22} 为草地生态系统生态需水量，m^3；W_{23} 为农田生态系统生态需水量，m^3。

5.2.2　狮子岩地下河流域生态需水量与地下水开发临界水位

科学合理地确定狮子岩地下河流域适宜的最小生态需水量是维持其生态系统健康的重要保障。本书在研究过程中，首先利用遥感技术提取狮子岩地下河流域覆被信息；其次对区内植物进行调查，查清区内能够指示湿地健康的植物群落分布特征及分布面积；再次，采用5.2.1节构建的生态需水量模型，计算狮子岩地下河流域一个水文年各个月生态需水量及年度总需水量；最后，选取狮子岩地下河流域下游河湖区作为典型区，进行典型区域生态需水量与水体水位关系研究，将生态需水量换算成典型区水体水位高度，求取不同期望水平下生态需水量与水体水位关系，结合指示性植物适宜生长水位特征，确定地下河开发的临界水位。

1.计算时段确定及生态系统划分

在计算狮子岩地下河流域各生态系统的生态需水量前，需要确定典型年或评估年，本书以2018年作为典型年，借助 Erdas 软件对会仙狮子岩地下河流域2018年8月的无人机航拍数据进行纠偏、裁剪、增强等预处理，然后利用 ArcGIS 进行目视解译以获取研究区湿地覆被信息。通过野外调查确定狮子岩地下河流域范围内 C 级生态系统有4种类型（表5-5）：岩溶湿地生态系统、河流和湖泊生态系统、林地生态系统、农田生态系统。其中，林地生态系统面积最大，占整个流域生态系统面积的45.40%；农田生态系统面积占35.48%；河流和湖泊生态系统面积占8.86%；岩溶湿地生态系统面积最小，占3.04%。在生态系统生态需水量计算过程中，降水量、蒸发量等数据均为2018年监测数据。

表5-5　狮子岩地下河流域生态系统的构成

A级生态系统类型	B级生态系统类型	C级生态系统类型	覆被类型	面积/km²	面积占比/%
岩溶流域	河湖内生态系统	岩溶湿地生态系统	沼泽[华克拉莎(*Cladium chinense*)]	0.66	2.51
			沼泽[长苞香蒲(*Typha angustata*)]	0.14	0.53
		河流和湖泊生态系统	水域	2.33	8.86
	河湖外生态系统	林地生态系统	阔叶林地	2.22	8.44
			灌丛林地	9.72	36.96
		农田生态系统	旱地	5.62	21.37
			水田	3.71	14.11
	其他		建筑用地	1.90	7.22
合计				26.30	100

2.指示性植物的确定

通过对2017年10月～2019年1月实地调查数据及以往资料的整理，划分出湿生、水生挺水、水生浮水和水生沉水4种植被类型，以及34个植被群落，细分为108科241属316种。其中，华克拉莎群落、长苞香蒲群落为会仙湿地原生优势植物群落，对维持生态环境的健康具有积极的作用，且华克拉莎对水位的敏感性更强，而凤眼莲、马来眼子菜等外来入侵物种会影响水体的水质。综合考虑后，选取华克拉莎、长苞香蒲作为指示湿地健康程度的指示性物种。通过对研究区华克拉莎、长苞香蒲的生长状况进行统计，可知华克拉莎生长状况与地表水水位有着明显的关系（表5-6）：当水位埋深小于15 cm时，植物群落高度小于180 cm；当水位埋深为15~42 cm时，植物群落高度能够达到180 cm，植物盖度较高（70%左右）；当水位埋深为42~76 cm时，植物群落高度能够达到200 cm，但植物盖度明显降低（60%以下），生长状态有所下降，且水位埋深达到50 cm时，植物基本无法根植土壤进行生长，而需要借助凤眼莲等浮水植物进行生长；当水位埋深达到76 cm时，没有相应群落出现。因此，可以大致推断：在自然条件下，能维持华克拉莎健康生长的水位为8~42 cm。相较于华克拉莎，长苞香蒲生长状况与地表水位的相关性较差，调查期间植物群落高度一般为130~180 cm，水位埋深一般为4~15 cm，见表5-7。

表5-6 华克拉莎群落高度与水位的对应关系

位置	群落高度/cm	盖度/%	水位埋深/cm	现象描述
黄插塘2	135	80	13	附近小面积沼泽有华克拉莎
督龙新村东南930 m沼泽1	160	65	7	矮小，有淹没情况
督龙新村东南930 m沼泽2	170	65	8	矮小，有淹没情况
督龙新村东南930 m沼泽3	180	65	8	有淹没情况
分水塘湿地	180	70	22	6月水位很高，水能盖住华克拉莎，淹没1个星期；2014年凤眼莲入侵，根8 cm，茎45 cm
黄插塘1	200	40	42	水域面积减小，群落面积减小
龙山临界点1	200	58	76	已借助凤眼莲无根漂浮生长
龙山临界点2	0	0	>76	已无植物生长

表5-7 长苞香蒲群落高度与水位的对应关系

位置	群落高度/cm	盖度/%	水位埋深/cm	现象描述
毛家码头	160	75	4.5	有被水淹没的痕迹，现基本枯萎
全洞芦苇区	150	85	14	基本枯萎
全洞长苞香蒲区	180	90	10	基本枯萎
黄插塘	135	80	14	基本枯萎
督龙新村	160	65	7	基本枯萎

3.C级生态系统生态需水量计算

1）岩溶湿地生态系统生态需水量计算（W_{11}）

（1）水生植物蒸散发需水量（W_{PW}）。研究区有维管束植物108科241属316种，其中华克拉莎（图5-8）和长苞香蒲（图5-9）为研究区分布面积最大的湿地原生挺水植物，在一定程度上能够反映研究区湿地的健康状况。20世纪50年代以前，华克拉莎和长苞香蒲在湿地内大面积分布。1970年以来，随着围湖造田、围湖造塘活动的增加，天然湿地面积不断减小，华克拉莎和长苞香蒲的生长面积也相应减小。因此，选取华克拉莎和长苞香蒲作为湿地系统关键因子，根据华克拉莎和长苞香蒲来计算水生植物蒸散发需水量。结合这两种水生植物的生长规律，分别将华克拉莎1~12月蒸散发量和长苞香蒲4~10月蒸散发量［用美国产Li-6400便携式光合测定系统测定，沈利娜等（2010）］代入式（5-32）进行计算，然后求和，得到湿地水生植物蒸散发需水量（表5-8）。经计算，狮子岩地下河流域湿地系统的华克拉莎蒸散发需水量为10.77×10^5 m^3，长苞香蒲蒸散发需水量为1.95×10^5 m^3，湿地水生植物蒸散发需水量W_{PW}为12.72×10^5 m^3。

图5-8　华克拉莎

图5-9　长苞香蒲

表5-8　狮子岩地下河流域水生植物发育阶段及蒸散发需水量

植物名	月份	1月	2月	3月	4月	5月	6月	7月	8月	9月	10月	11月	12月	合计
华克拉莎	生长阶段	繁殖期，生长立叶期							生长旺盛期					
	EF/(mm/d)	3.6	3.5	3.7	3.8	4.3	4.5	6.2	6.9	4.8	4.7	3.9	3.6	
	W_{PW}/10^5 m^3	0.74	0.65	0.76	0.75	0.88	0.89	1.27	1.41	0.95	0.96	0.77	0.74	10.77
长苞香蒲	生长阶段	枯萎期		繁殖期		花期		果期				枯萎期		
	EF/(mm/d)	—	—	4.2	4.4	4.6	4.7	8.5	8.1	5.8	5.1	—	—	
	W_{PW}/10^5 m^3	0	0	0.18	0.18	0.20	0.20	0.37	0.35	0.24	0.22	0	0	1.94

（2）岩溶湿地土壤需水量（W_{MS}）。实地调查结果显示，研究区湿地土壤类型为沼泽土。沼泽土田间持水率a为45%~55%，平均值为50%；植物根系以上土层平均厚度h为0.8 m；岩溶湿地土壤面积A_{MS}为0.8×10^6 m^2。将参数a、h、A_{MS}代入式（5-33），

可得到岩溶湿地土壤需水量 W_{MS} 为 $3.20 \times 10^5 \text{ m}^3$。

（3）岩溶湿地生物栖息地需水量（W_Q）。研究区湿地系统内有大量动物，其中东方白鹳为湿地内唯一的一种国家一级保护动物，为关键鸟类。现场调查结果显示，湿地代表性水生植物华克拉莎生长所需水深为 $0.15 \sim 0.45 \text{ m}$，平均水深 H 达到 0.3 m 时可满足东方白鹳生长繁殖需求；栖息地潜在影响水域面积 A_Q 等于湿地面积，即 $0.8 \times 10^6 \text{ m}^2$。将参数 H、A_Q 代入式（5-34）可得到岩溶湿地生物栖息地需水量 W_Q 为 $2.40 \times 10^5 \text{ m}^3$。

2）河流湖泊生态系统生态需水量计算（W_{12}）

（1）水面蒸发需水量（W_E）。会仙气象站测得的 2018 年逐月降雨量、蒸发量（E-601 型蒸发器）数据见表 5-9。参照阳朔站的 E-601 型蒸发器蒸发折算系数 k，可得到研究区水面年蒸发量和逐月蒸发量。进一步地，将表 5-9 中的降雨量 P、水面蒸发量 E 及河流与湖泊的总面积 A_E（$2.33 \times 10^6 \text{ m}^2$）代入式（5-35），可得到水面蒸发需水量 W_E 为 $1.27 \times 10^5 \text{ m}^3$。

（2）河流湖泊渗漏需水量（W_B）。狮子岩地下河流域下游发育有岩溶湖泊（八仙湖、分水塘）、地下河水库（狮子岩地下水库），其通过渗漏补给地下水。狮子岩湖泊水库区渗漏系数 K 为 $13.5 \sim 14.5 \text{ m/d}$，平均值为 14 m/d；湖泊上下游逐月水力坡度 I 为 $0.0086\% \sim 0.0135\%$（表 5-10）（利用水位监测站数据计算得到）；湖泊面积 A_{s1} 为 $2.33 \times 10^6 \text{ m}^2$，地下河水库面积 A_{s2} 为 $0.07 \times 10^6 \text{ m}^2$（呈南北向展布，长约 930 m，宽 $0.5 \sim 8 \text{ m}$），二者面积之和 A_s 为 $2.4 \times 10^6 \text{ m}^2$；每年渗漏时间 T 为 365 d。将参数 K、I、A_s、T 代入式（5-36），可得到河流湖泊渗漏需水量 W_B 为 $13.54 \times 10^5 \text{ m}^3$（表 5-10）。

表5-9　狮子岩地下河流域水面蒸发需水量

	1月	2月	3月	4月	5月	6月	7月	8月	9月	10月	11月	12月	合计
降水量 P/mm	115.1	25.9	268.2	109.2	223.1	185.0	259.5	109.5	88.5	134.6	75.8	39.8	1634.2
E-601型 /mm	41.8	49.0	62.1	57.6	72.8	92.4	116.4	117.9	113.4	102.4	59.6	46.3	931.7
k	0.90	0.84	0.81	0.81	0.85	0.88	0.95	0.98	0.96	0.99	1.00	0.97	—
水面蒸发量 E/mm	37.62	41.16	50.30	46.66	61.88	81.31	110.58	115.54	108.86	101.38	59.60	44.91	859.80
W_E/10^5m^3	—	0.54						0.14	0.47		—	0.12	1.27

表5-10　狮子岩河流湖泊渗漏需水量

	1月	2月	3月	4月	5月	6月	7月	8月	9月	10月	11月	12月	合计
I/%	0.0143	0.0101	0.0086	0.0087	0.0097	0.0108	0.0129	0.0135	0.0121	0.0072	0.0104	0.0140	—
d	31	28	31	30	31	30	31	31	30	31	30	31	365
W_B/10^5m^3	1.49	0.95	0.89	0.87	1.01	1.09	1.34	1.40	1.22	0.75	1.05	1.46	13.52

（3）河流和湖泊生物栖息地需水量（W_{HQ}）。研究区河流、湖泊内有大量鱼类，其中鲤形目鱼类占鱼类种群数量的60.87%，为关键鱼类。研究区湖泊水深0.4～1.2 m时，可满足鲤形目鱼类的生长繁殖需要，平均需水深H为0.8 m。另外，狮子岩地下河水库和八仙湖水体连通，水深0.4～1.2 m，平均需水深度H为0.8 m。湖泊与地下水库面积A_{IQ}合计2.4 km²，利用公式（5-37）计算得到河流和湖泊生物栖息地需水量W_{HQ}为19.23×10⁵ m³。

3）林地生态系统生态需水量计算（W_{21}）

研究区林地系统由阔叶林和灌木林组成，二者面积A_{PD1}、A_{PD2}分别为2.22×10⁶ m²、9.72×10⁶ m²。在计算植物蒸散发需水量时，阔叶林月蒸散发量ET_{PDm}参照气候条件相似的鼎湖山地区阔叶林蒸散发核算（表5-11），将相应数值代入式（5-38）得到研究区阔叶林蒸散发量W_{PD1}为18.42×10⁵ m³/a。何永涛等（2004）的研究表明，同一地区灌木林蒸散发量约为阔叶林的70%～80%，本书选取阔叶林蒸散发量的75%作为灌木林的蒸散发量，核算得到灌木林蒸散发量W_{PD2}为61.03×10⁵ m³/a，林地植物总蒸散发量W_{PD}为79.45×10⁵ m³/a。

研究区阔叶林蒸散发量相较于中国北方内陆地区的阔叶林，其蒸散发量对气温和太阳辐射较为敏感，而对降水的敏感性较弱。另外，研究区灌木林蒸散发量对降水的敏感性要强于阔叶林。

表5-11　狮子岩地下河流域关键林地植物蒸散发需水量

	林地类型	1月	2月	3月	4月	5月	6月	7月	8月	9月	10月	11月	12月	合计
阔叶林	蒸散/(mm/月)	25.5	33.4	47.2	70.6	103.2	93.7	138.4	109.8	94.2	64.1	37.5	19.6	837.2
	W_{PD1}/(10⁵ m³)	0.56	0.73	1.04	1.55	2.27	2.06	3.04	2.42	2.07	1.41	0.82	0.43	18.40
灌木林	蒸散/(mm/月)	19.1	25.1	35.4	53.0	77.4	70.3	103.8	82.4	70.7	48.1	28.1	14.7	628.1
	W_{PD2}/(10⁵ m³)	1.86	2.43	3.44	5.15	7.52	6.83	10.09	8.00	6.87	4.67	2.73	1.43	61.02

4）农田生态系统生态需水量计算（W_{23}）

（1）旱田农作物需水量（W_{ID}）。研究区旱田面积A_{ID}为5.62×10⁶ m²，主要旱作物有柑橘和木薯，柑橘（成熟状态）种植面积占旱地面积40%，95%保证率下灌溉定额M_{ID1}为3000 m³/hm²；木薯种植面积占旱地面积约60%，95%保证率下灌溉定额M_{ID2}为600 m³/hm²。柑橘和木薯年内生长期数k_{ID1}、k_{ID2}均为1。在结合柑橘和木薯年内逐月生长规律及逐月需水分配系数的基础上，通过式（5-40）得出研究区旱田的柑橘和木薯逐月需水量及年需水量，其中柑橘年需水量W_{ID1}、木薯年需水量W_{ID2}分别为4.45×10⁵ m³、1.34×10⁵ m³，旱作物总需水量W_{ID}为5.79×10⁵ m³（表5-12）。

（2）水田农作物需水量（W_{IP}）。研究区水田面积A_{IP}为3.71×10⁶ m²，主要农作物为水稻，一年两熟，年内生长期数k_{IP}为2，种植时间为3～10月。单季95%保证率下

灌溉定额 M_{IP} 为 8250 m³/hm²。将参数 A_{IP}、k_{IP}、M_{IP} 代入式（5-41），可得研究区水田农作物年内2次种植总需水量为 $61.22×10^5$ m³，具体见表5-13。

表5-12 狮子岩地下河流域旱田农作物生长基本参数及需水量

月份	1月	2月	3月	4月	5月	6月	7月	8月	9月	10月	11月	12月	合计
柑橘生长阶段		花期		开花挂果期			果实膨大期			成熟期			
逐月需水分配系数	—	—	0.10	0.10	0.10	0.10	0.11	0.11	0.10	0.11	0.10	0.06	
W_{IP1}（95%保证率）/10^5m³	0.11	0.18	0.30	0.51	0.53	0.45	0.57	0.51	0.47	0.43	0.25	0.14	4.45
木薯生长阶段		—	下种、苗期		块根形成期			块根膨大期			成熟期		
逐月需水分配系数	0.02	0.04	0.07	0.11	0.12	0.10	0.13	0.11	0.11	0.10	0.06	0.03	
W_{IP2}（95%保证率）/10^5m³			0.14	0.13	0.14	0.13	0.14	0.14	0.14	0.14	0.14	0.08	1.32

表5-13 狮子岩地下河流域水田农作物需水量

月份	1月	2月	3月	4月	5月	6月	7月	8月	9月	10月	11月	12月	合计
水稻生长阶段	—	—	育苗阶段	人工插秧、生长阶段	生长阶段	生长阶段	收割阶段、育苗阶段	人工插秧、生长阶段	生长阶段	生长阶段	收割阶段	—	—
W_{IP}（95%保证率）/10^5m³	—		0.02	10.12	10.24	10.24	0.02	10.12	10.24	10.24	—	—	61.24

4.A级和B级生态系统生态需水量计算

通过对研究区范围内湿地生态系统、河流和湖泊生态系统、林地生态系统及农田生态系统4项C级生态系统生态需水量叠加，可得2018年狮子岩地下河流域B级生态系统生态需水量，其中河湖内生态需水消耗量 $W_{1消耗}$ 为 $27.53×10^5$ m³，生态需水储存量 $W_{1储存}$ 为 $24.83×10^5$ m³；河湖外生态需水消耗量 $W_{2消耗}$ 为 $146.65×10^5$ m³，未产生生态需水储存量 $W_{2储存}$。进一步对两个B级生态系统需水量进行累加，可得整个狮子岩地下河流域2018年度生态需水量（即A级生态系统生态需水量），其中生态需水消耗量 $W_{消耗}$ 为 $173.97×10^5$ m³，生态需水储存量 $W_{储存}$ 为 $24.83×10^5$ m³（图5-10）。

从生态需水量属性来看，狮子岩地下河流域生态需水量以消耗性生态需水为主，其占整个生态需水量的85%以上。从单个C级生态系统需水特征来看，生态需水量从高至低依次为林地生态系统、农田生态系统、河流和湖泊生态系统、湿地生态系统。而林地生态系统、农田生态系统属于B级生态系统河湖外生态需水，河流和湖泊生态系统、湿地生态系统属于B级生态系统河湖内生态需水，揭示河湖外生态需水为狮子岩地下河流域主要B级生态系统需水类型，这与河湖外生态系统面积较大相关（河湖外生态系统面积为河湖内生态系统面积的6.79倍）。

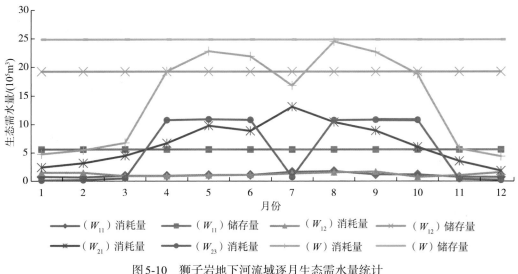

图 5-10　狮子岩地下河流域逐月生态需水量统计

从逐月生态需水特征来看，4～10月为狮子岩地下河流域主要需水月份，逐月消耗性需水量均在15×10⁵ m³以上，累计需水量占全年消耗性需水量的84.38%；而1～3月、11～12月两个时段生态需水量相对较少，单月消耗性需水量为4.39～6.77×10⁵ m³。另外，逐月需水峰值与作物生长发育期、降水高值期相关性较强，反映出降水、作物生长是控制本区生态需水的重要因子。

5. 生态需水量与区域水位的关系

狮子岩地下河流域范围内湖泊、沼泽等地表水体及地下河水库主要集中分布在流域下游（流域南部）（图5-11），该区域的生态需水量与地表和地下水位密切相关。示范工程在J001监测点拦水，在HX210G监测点出口及其上游蓄水，通过调节该区域地表水和地下水的水位，提高水资源利用率和用水保障率。本书通过测算J001、HX210G、J003等重要水点构成的下游河湖区（面积约为0.85 km²，由河湖区水域与非河湖区水域两部分构成）（图5-11），揭示生态需水量与地下水位、地表水位之间的内在关系。

通过对狮子岩地下河流域生态需水量的构成进行分析，可知水面蒸发需水量 W_E、水生植物蒸散发需水量 W_{PW}、河流和湖泊渗漏需水量 W_B 与下游河湖水域的地表和地下水位密切相关。上述3项生态需水量的计算涉及湖泊水域、沼泽湿地和地下河水库。根据下游河湖水域水体构成特征（表5-14），湖泊水域面积为125255.55 m²，沼泽水域面积为207959.33 m²，地下河水库面积为73846.15 m²。由于该区域地表湖泊和地下河水库连通，本书讨论下游河湖水域在不同期望生态环境水平下的生态需水量（3项需水量之和，用 W_3 表示）与该区水体水位变幅间的关系，就能够有效反映地下水位与生态需水量之间的动态关系。因此，首先核算出现状条件下下游河湖水域生态需水量及其产生的相应水位变幅；其次根据确保湿地水体面积不缩减及指示

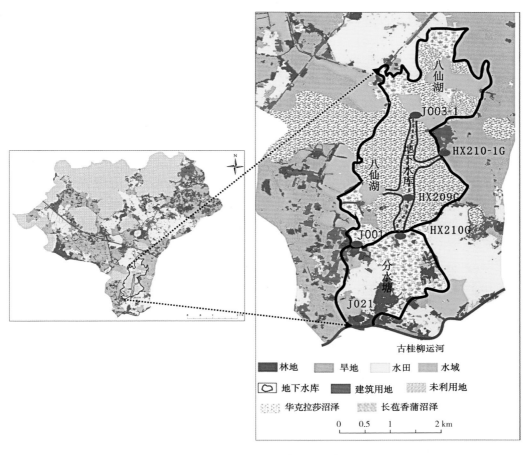

图5-11　狮子岩地下河流域下游河湖区位置

性水生植物正常生长的需要，设定不同期望水平下沼泽湿地面积变幅；计算出不同期望水平下的生态需水量，最后换算成相应的水面高度，拟合生态需水量与水体水位变幅之间的关系。

表5-14　狮子岩地下河流域下游河湖水域覆被类型面积统计

类型	覆被类型	分区面积/km²	典型湿地区分区面积/m²
湿地	水域	2.33	125255.55
	沼泽(华克拉莎)	0.66	129840.45
	沼泽(长苞香蒲)	0.14	78118.88
	水田	3.71	3583.38
非湿地	旱地	5.62	16973.88
	林地	2.22	3680.93
	建筑用地	1.90	3154.15
	未利用地	9.72	486792.77(包含 73846.15 m²地下水库)
合计		26.30	847399.99

1）下游河湖水域生态需水量计算

对狮子岩地下河流域下游河湖水域进行生态需水消耗量计算，生态需水消耗量计算项包括水面蒸发需水量W_E、水生植物蒸散发需水量W_{PW}、岩溶湿地渗漏需水量W_B3项。总体来看，2018年下游河湖水域总生态需水量为4.32×10^5 m³，其中水面蒸发需水量W_E占总需水量的9.12%，水生植物（长苞香蒲）蒸散发需水量W_{PW}占总需水量的25.14%，水生植物（华克拉莎）蒸散发需水量W_{PW}占总需水量的48.94%，岩溶湿地渗漏需水量W_B占总需水量的16.80%。从全年来看，7~10月生态需水量处于较高需水水平，将月生态需水量除以下游河湖水域面积（湖泊、沼泽和地下水库），可得对应的水面变幅为111.05~138.69 mm；3~6月生态需水量处于中等需水水平，将月生态需水量除以下游河湖水域面积（湖泊、沼泽和地下水库），可得对应的水面变幅为75.00~91.33 mm；其他月份生态需水量处于较低需水水平，将月生态需水量除以下游河湖水域面积（湖泊、沼泽和地下水库），可得对应的水面变幅为42.56~59.07 mm。

2）目标期望水平下的生态需水量与水位关系

由下游河湖水域年度生态需水量总量构成可知，水生植物（华克拉莎）蒸散发需水量W_{PW}占总需水量比重最大，达到48.94%。因此，可以将华克拉莎沼泽湿地面积作为一项期望目标水平指标。结合会仙岩溶湿地公园建设现状可知，华克拉莎沼泽湿地面积在近中期不会减小，因此可以设定华克拉莎沼泽湿地面积变化目标为增加20%、增加50%、增加100% 3个期望水平（表5-15），分别求出3个期望水平下生态需水量与水位变幅（表5-16和表5-17）。由表5-16可知，与2018年的生态需水量相比，目标1、目标2、目标3条件下生态需水量分别增加4.23×10^4 m³、1.06×10^5 m³、2.12×10^5 m³。

表5-15　下游河湖水域不同期望水平下水体面积变化特征

水体类型	期望水平	面积
长苞香蒲沼泽	不变	78118.88
湖泊	不变	125255.60
地下水库	不变	73846.15
华克拉莎沼泽	现状	129840.50
	目标1（增加20%）	155808.50
	目标2（增加50%）	194760.70
	目标3（增加100%）	259680.90
总计	现状	407061.00
	目标1	433029.10
	目标2	471981.30
	目标3	536901.50

表5-16　下游河湖水域不同期望水平下水位变幅统计

		1月	2月	3月	4月	5月	6月	7月	8月	9月	10月	11月	12月
不同期望水平下生态需水量对应的日均水位变幅/(mm/d)	现状（2018年）	1.61	1.52	2.42	2.82	2.95	2.98	4.37	4.47	4.27	3.58	1.93	1.91
	目标1	1.73	1.64	2.50	2.88	3.03	3.07	4.48	4.62	4.30	3.65	2.05	2.01
	目标2	1.88	1.79	2.60	2.95	3.13	3.19	4.62	4.81	4.35	3.74	2.20	2.14
	目标3	2.09	2.00	2.73	3.06	3.27	3.35	4.81	5.06	4.40	3.85	2.40	2.32
不同期望水平下生态需水量对应的水位变幅/(mm/d)	目标1-现状	0.12	0.12	0.08	0.06	0.08	0.09	0.11	0.15	0.03	0.07	0.12	0.10
	目标2-现状	0.27	0.27	0.18	0.14	0.19	0.21	0.25	0.33	0.07	0.15	0.27	0.23
	目标3-现状	0.48	0.48	0.31	0.24	0.33	0.37	0.44	0.59	0.13	0.27	0.48	0.41

表5-17　狮子岩地下河流域下游河湖水域2018年生态需水量与水体水位变幅统计

	W_E/m³	W_{PW}(长袍香蒲)/m³	W_{PW}(华克拉莎)/m³	W_B/m³	总生态需水量/m³	下游河湖水域面积（湖泊+湿地+地下水库）/m²	目标需水量下的水体水位变幅/(mm/m)
1月	1164.88	0	14490.19	4665.01	20320.08	407061.03	49.92
2月	0	0	12724.36	4598.37	17322.73	407061.03	42.56
3月	0	10171.08	14892.70	5464.72	30528.50	407061.03	75.00
4月	0	10311.69	14801.81	9296.70	34410.20	407061.03	84.53
5月	0	11139.75	17307.73	8730.23	37177.71	407061.03	91.33
6月	0	11014.76	17528.46	7867.20	36410.43	407061.03	89.45
7月	0	20584.32	24955.33	9563.27	55102.93	407061.03	135.37
8月	3770.19	19615.65	27772.87	5298.12	56456.83	407061.03	138.69
9月	15193.50	13592.69	18697.02	4698.33	52181.54	407061.03	128.19
10月	8705.26	12350.59	18917.75	5231.47	45205.08	407061.03	111.05
11月	4922.54	0	15191.33	3432.11	23545.99	407061.03	57.84
12月	5724.18	0	14490.19	3831.97	24046.34	407061.03	59.07
总计	39480.55	108780.53	211769.74	72677.50	432708.36	4884732.36	1063.00

由表5-18可知，从全年的角度看，目标1、目标2、目标3条件下生态需水量与水体水位变幅一致，分别增加9.79%、24.47%、48.94%，均低于华克拉莎沼泽湿地面积增幅，反映出湿地总生态需水量不是由某一项生态需水量决定的；但二者的变幅线性相关度达到0.97，揭示华克拉莎沼泽湿地面积变化对狮子岩地下河流域下游河湖水域生态需水量的变化有着重要影响。

表5-18　狮子岩地下河流域下游河湖水域不同目标条件下生态需水量变幅与水体水位变幅统计结果

	生态需水量变幅/%			水体水位变幅/%		
	目标1	目标2	目标3	目标1	目标2	目标3
1月	14.26	35.65	71.31	7.41	17.00	29.88
2月	14.69	36.73	73.45	7.81	17.92	31.51
3月	9.76	24.39	48.78	3.17	7.28	12.80
4月	8.60	21.51	43.02	2.09	4.79	8.43
5月	9.31	23.28	46.55	2.76	6.32	11.11
6月	9.63	24.07	48.14	3.05	7.00	12.32
7月	9.06	22.64	45.29	2.52	5.77	10.15
8月	9.84	24.60	49.19	3.25	7.46	13.11
9月	7.17	17.92	35.83	0.74	1.70	2.98
10月	8.37	20.92	41.85	1.87	4.29	7.55
11月	12.90	32.26	64.52	6.13	14.07	24.73
12月	12.05	30.13	60.26	5.33	12.23	21.50
总计	125.64	314.10	628.19	46.13	105.83	186.07

进一步分析不同目标水平下生态需水量变幅与水体水位变幅的特征（图5-12），目标1期望下，二者的月变幅集中在15%以下，相差不大；目标2期望下，逐月水位H变幅集中在1.70%～17.92%，而生态需水量W变幅集中在20%～38%；目标3期望下，逐月水位H变幅集中在2.98%～31.51%，而生态需水量W变幅集中在35.83%～73.45%。逐月同期情况下，生态需水量变化幅度要显著高于水体水位变化幅度。

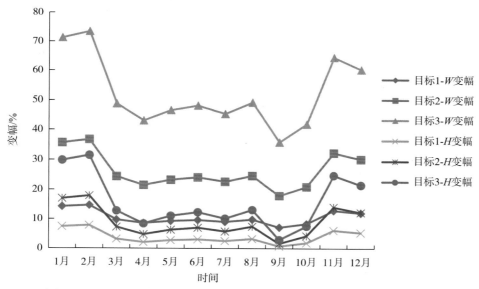

图5-12　不同期望水平下下游河湖水域生态需水量W变幅与水体水位H变幅的特征

3）临界水位计算

以J001、J003两个水文监测点为水位参照点（表5-19），计算以下两种情形下的临界水位。

（1）维持指示性植物（华克拉莎）群落所在的沼泽湿地健康的最低水位和最高水位（高程）。通过对2018年1月狮子岩地下河流域指示性水生植物华克拉莎生长状况数据的统计，J003监测点附近华克拉莎群落所在处平均水深为13 cm；而整个会仙岩溶湿地流域华克拉莎群落在植物盖度和高度正常的情况下适宜生长的平均水深为8～42 cm。本书将8 cm和42 cm作为指示性植物（华克拉莎）群落临界生长水深，通过计算（表5-19），得到J003监测点附近水生植物最低临界生长水位为148.7800 m，最高为149.1500 m。

（2）确保会仙岩溶湿地逐渐恢复且社会经济可持续发展的最低水位和最高水位。为了确保会仙岩溶湿地得到有效维护和逐渐恢复，本书计算出华克拉莎沼泽湿地面积在增加20%、增加50%、增加100% 3个期望水平下，生态需水量对应的日均水位变幅（表5-18和表5-20）。以2018年1月的水位数据为参照，可知在增加20%、增加50%、增加100% 3个期望水平下，J003监测点附近日均水位分别增加0.12 mm、0.27 mm和0.48 mm。结合水生植物最低和最高临界生长水位，可得到在增加20%、增加50%、增加100% 3个期望水平下，J003监测点最低水位分别为148.7812 m、148.7827 m和148.7848 m，最高水位仍然为149.1500 m。

表5-19　会仙狮子岩地下河流域监测点水位和临界水位统计

监测点	监测点高程/m	监测点水位 （2018年1月）/m	临界水位 （最低）/m	临界水位 （最高）/m
J003附近华克拉莎	—	148.8300	148.7800	149.1500
J001	149.5952	148.5452	148.4952	149.8652
J003	149.2900	148.8300	148.7800	149.1500

表5-20　狮子岩地下河流域下游河湖水域不同目标条件下生态需水量与水体水位变幅统计

	生态需水量/m³				水体水位变幅/mm			
	现状	目标1	目标2	目标3	现状	目标1	目标2	目标3
1月	20320.08	23218.12	27565.18	34810.27	49.92	53.62	58.40	64.84
2月	17322.73	19867.60	23684.91	30047.09	42.56	45.88	50.18	55.96
3月	30528.50	33507.04	37974.85	45421.20	75.00	77.38	80.46	84.60
4月	34410.20	37370.56	41811.10	49212.01	84.53	86.30	88.59	91.66
5月	37177.71	40639.26	45831.58	54485.45	91.33	93.85	97.10	101.48
6月	36410.43	39916.12	45174.66	53938.89	89.45	92.18	95.71	100.46

	生态需水量/m³				水体水位变幅/mm			
	现状	目标1	目标2	目标3	现状	目标1	目标2	目标3
7月	55102.93	60093.99	67580.59	80058.26	135.37	138.78	143.18	149.11
8月	56456.83	62011.41	70343.27	84229.70	138.69	143.20	149.04	156.88
9月	52181.54	55920.94	61530.05	70878.56	128.19	129.14	130.37	132.01
10月	45205.08	48988.63	54663.96	64122.84	111.05	113.13	115.82	119.43
11月	23545.99	26584.26	31141.66	38737.32	57.84	61.39	65.98	72.15
12月	24046.34	26944.38	31291.44	38536.54	59.07	62.22	66.30	71.78
总计	432708.36	475062.31	538593.25	644478.13	1063.00	1097.07	1141.13	1200.36

■ 5.3 表层岩溶带调蓄技术

5.3.1 表层岩溶带调蓄能力定量评价方法 💧

表层岩溶带的空间介质结构特征是决定其是否具有地下水调蓄功能的主要因素，调蓄能力则主要取决于表层岩溶带的发育规模和连续性，而影响表层岩溶带发育规模和连续性的因素包括地质、地貌、气候、土壤、植被等。可见，分析表层岩溶带的调蓄能力是一项极其复杂的工作。本书以"五水"转化和水均衡理论为指导，以水位、降雨量、蒸发量及泉流量等长观资料为基础，建立表层岩溶带调蓄系数定量计算方法。

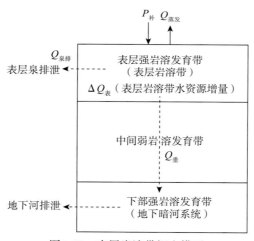

图5-13　表层岩溶带概念模型

作为一个独特的岩溶水系统，表层岩溶带的调蓄机制可通过对表层岩溶带水的补径排条件的分析来阐明（图5-13）。在一个均衡期（一般为1年）内，表层岩溶带的补给量等于总排泄量与储蓄的水资源变化量之和，可用式（5-43）表示：

$$P_补 = Q_{泉排} + Q_{蒸发} + Q_垂 + \Delta Q_表 \tag{5-43}$$

式中，$P_补$为均衡期内降水入渗补给量，m^3；$Q_{泉排}$为均衡期内表层泉排泄量，m^3；$Q_{蒸发}$为均衡期内地表蒸发量，m^3；$Q_垂$为均衡期内表层岩溶带垂向渗漏量，m^3；$\Delta Q_表$为均衡期内表层岩溶带水资源增量，m^3。

对于任意一个表层岩溶系统而言，其含水介质空间是一定的，表层泉排泄量$Q_{泉排}$、垂向渗漏量$Q_垂$与水资源增量$\Delta Q_表$都只是水位的单值函数。因此，$\Delta Q_表$与$P'_补$的比值在一定的条件下恒定，其比值的大小主要取决于表层岩溶带上覆土壤与植被的状况，以及含水介质的渗透性。如果用I表示$\Delta Q_表$与$P'_补$的比值，则称I为调蓄系数，它可用来定量刻画表层岩溶系统的水资源调蓄能力，即

$$I = \frac{\Delta Q_表}{P_补} \tag{5-44}$$

根据上述定义，调蓄系数I为无量纲参数，反映了入渗水在表层岩溶带内的滞留比例。在一定的入渗条件下，调蓄系数I越大，入渗水在表层岩溶带内的滞留比例越大，地下水量越多，表层岩溶系统的调蓄能力越强。

1. $P'_补$计算

表层岩溶带的补给量$P'_补$是减去蒸发量后的净补给量。赵家湾表层岩溶带水的补给源主要是降雨入渗，用降雨量乘以综合入渗系数可得到表层岩溶带的补给量，即

$$P'_补 = \alpha \times Q_{降雨} \tag{5-45}$$

式中，α为考虑了表层岩溶带发育的不均匀性及蒸发等影响因素后的综合入渗系数；$Q_{降雨}$为计算时段内流域的降雨量，m^3。

表层岩溶带的综合入渗系数可以通过多种方法来确定。由于表层岩溶带发育得极不均匀，通过常规的手段（如注水试验等）不能确定该系数，但可利用泉流量与降雨量的长观资料来计算。基本原理：在一个计算时段内，在水位相等的情况下，表层岩溶系统的水资源总量保持不变，即$\Delta Q_表=0$。基本方法：基于一个较短的时段，若在该时段内泉出现两次断流（适合季节性泉）或者有两个时刻泉流量相同，则计算出该时段内的总降雨量与总流量，由于起止时刻的泉流量均为零（或相等），该时段内的泉流量加上垂向渗漏量等于降雨入渗补给量（扣除蒸发量）。基于两个时刻的泉流量相同来确定计算时段时，起止时刻的水位必须相同且中间任意时刻的水位不能低于起止时刻的水位，以保证起止时刻表层岩溶带内的蓄水量基本不变。降雨入渗补给量与区域总降雨量的比值即为表层岩溶带的综合入渗系数，即

$$\alpha = \frac{P'_补}{Q_{降雨}} = \frac{Q_{泉流} + Q_垂}{Q_{降雨}} \tag{5-46}$$

综合入渗系数的详细计算过程如下。

（1）区域降雨总量计算。计算公式为

$$Q = M \times q \tag{5-47}$$

式中，M 为流域面积，km^2；q 为计算时段内实测降雨量，mm。

（2）时段内总流量计算。采用梯形法计算：

$$Q = \sum \left(\frac{q_i + q_{i+1}}{2} \right) \times 86400 \div 1000 \tag{5-48}$$

式中，q_i 为计算时段内某一天的流量，L/s；q_{i+1} 为第二天的流量，L/s。

（3）时段内表层岩溶带垂向渗漏补给量计算。可根据达西定律分4步来计算：

$$Q = K \times A \times J \tag{5-49}$$

式中，K 为渗透系数，m/d；A 为过水断面面积，m^2；J 为水力坡度。

①表层岩溶带底部的渗透系数。根据钻孔压水试验，按式（5-50）计算渗透系数：

$$K = 0.525w \lg \frac{0.66l}{r} \tag{5-50}$$

式中，K 为渗透系数，m^3/d；w 为单位吸水量，$m^3/d \cdot m \cdot m$；l 为试验段长度，m；r 为钻孔半径，m。

②水力坡度 J。通过双水位观测孔（由内孔与外孔组成，可以对地下水进行分层观测）的水位差 h 与压力水头 H 的比值来求水力坡度 J。也可通过对长观资料进行回归分析，得到水位差 h 与压力水头 H 之间的关系。

$$J = \frac{h}{H} = 0.0047H + 0.0048 - \frac{0.0042}{H} \tag{5-51}$$

③过水断面面积。可根据表层岩溶带厚度分段求取平均厚度，然后根据平均厚度计算各段的过水断面面积。

④压力水头。为简化计算，根据计算时段水位曲线的特征，将曲面概化为折线，用等效法分别计算各个分带的压力水头均值（以表层岩溶带底板为基准面），然后根据水力坡度计算其他各带的压力水头 H。

根据以上参数，按式（5-49）计算表层岩溶带垂向渗漏量。

（4）表层岩溶带综合入渗系数计算。通过以上的计算，可获得表层岩溶带水均衡关系中的各个参数，然后按照综合入渗系数的定义［式（5-46）］便可计算出表层岩溶带的综合入渗系数。但不同降雨强度下的综合入渗系数不同，表层岩溶带孔隙结构的初始充水程度极大地影响着降雨入渗，进而影响着表层岩溶带的调蓄能力。

丰水期具有几种不同的降雨形式：①连续降雨（连续几天降中-大雨）；②间歇性降雨（两场降雨间隔几天）；③连续与间歇性降雨都有。由于大雨和暴雨的降雨强度大，一部分降水来不及渗入地下便以地表径流的形式流失，从而影响了降水入渗率。

计算出综合入渗系数 α，便可以根据式（5-45）计算出表层岩溶带的补给量 $P'_{补}$。

2.$\Delta Q_{\text{表}}$计算

表层岩溶带的补给量与总排泄量（垂向渗漏量与泉排泄量之和）之差为表层岩溶带水资源增量$\Delta Q_{\text{表}}$。

3.I计算

水资源增量与补给量的比值为代表表层岩溶带调蓄能力的调蓄系数。

南方岩溶区的气候主要为亚热带季风气候，年降水量的时空分布极不均匀，体现为枯水期与丰水期降雨量不同。因此，不同时期表层岩溶带内储存的水资源量不同。在丰水期，岩溶孔隙多被水充满，没有足够的空间容纳入渗的降水，加上降雨强度大，表层岩溶带的调蓄能力相对较弱；在枯水期，岩溶孔隙只有部分空间被水占据，大部分空间可以用来容纳入渗的降水，加上降雨强度较小，表层岩溶带的调蓄能力相对较强。

为提高计算精度，可按枯水期与丰水期分别计算表层岩溶带调蓄系数。在选取计算时段时，需要将上一次降雨对该时段的影响尽量降到最低。采用该方法对近15年来会仙岩溶湿地表层岩溶带调蓄系数进行计算。在石漠化较严重的2003年，会仙岩溶湿地表层岩溶带的调蓄系数为0.11~0.16；2011年，表层岩溶带的调蓄系数为0.13~0.20；2018年，表层岩溶带的调蓄系数提高到0.14~0.22，显示出随着石漠化得到治理和植被覆盖率的增加，表层岩溶带的调蓄系数升高。而2018年为桂林市的枯水年，年降雨量（1653 mm）低于多年平均值（1863 mm），强降雨频率低，导致调蓄系数升高得较多。会仙岩溶湿地表层岩溶带的调蓄系数相对较小，除受石漠化影响外，其也与溶丘本身的体积相对较小、岩溶发育程度高有关。

5.3.2 会仙岩溶湿地水系统调蓄能力评估 ◈

为定量评价会仙岩溶湿地对水资源的调蓄能力，为示范工程的建设提供理论指导，在湿地水均衡计算模型的基础上，利用现有的地下水动态观测数据评估湿地浅部含水层的调蓄能力和复蓄能力。

将含水层的储存空间视为相对独立的地下水库，用调蓄系数（φ）表征地下水库的自然更新能力；用复蓄指数（λ）表征地下水库的来水补给能力。计算结果见表5-21。

$$\varphi = V_f/(V_t + V_s) \tag{5-52}$$
$$\lambda = V_f/V_t \tag{5-53}$$

式中，V_f为地下水年库复蓄库容，即在一个完整的水文年内含水层接受的总补给量；V_t为地下水库年最大调节库容，也称最大变幅调节量；V_s为地下水库库容，也称储存量或静储量。

表 5-21　地下水系统调蓄系数计算结果

含水层系统	代表站点	年变幅 ΔH/m		年水位累计升幅 ∑ΔH/m		计算面积 /km²	平均给水度 /μ	总库容 /万m³		年复蓄库容 V_f/万m³	调蓄系数 φ	复蓄指数 λ
		单井	平均值	单井	平均值			V_t	V_s			
马面-狮子岩地下河系统	HX22	1.89		34.2								
	HX15	1.70	1.76	32.3	32.6	19.51	0.020	69.07	780.40	1294.89	1.52	18.75
	HX18	1.70		31.3								
睦洞河(湖)分散排泄系统	HX16	1.81		33.2								
	HX05	1.69	1.74	28.4	30.2	22.31	0.029	112.58	1940.97	1923.87	0.94	17.09
	HX06	1.71		28.9								

由表 5-21 可知，调蓄系数越大自然更新速度越快，说明含水层的调蓄能力越弱；重复利用次数越多，也说明含水层的调蓄能力越弱。对会仙岩溶湿地的研究结果显示，会仙岩溶湿地地下水系统具有一定的储水调蓄功能，但调蓄能力有限，强降雨和长期干旱使湿地水位的稳定性受到影响。要长期维持湿地的生态功能，需要提升湿地的调蓄能力，这可以从减少湿地出流量入手，并配合建设相应的补水工程，使湿地水位维持稳定。

综合上述研究结果，可知会仙岩溶湿地的退化在 2003 年以前主要是由自然因素导致的，主要表现为湿地水体富营养化导致湿地水生植物大量繁殖但却得不到治理，从而堆积在湿地内，进而导致湿地不断淤积退化；2003 年以后，湿地退化更多的是由于人类活动增加（如湿地围垦造田、围湖建鱼塘）破坏了湿地的整体性，降低了湿地的有效环境容量，加快了湿地水体富营养化和淤积速度。

5.3.3　提高会仙岩溶湿地系统调蓄能力的方法

1.植被恢复与水土流失治理，提高表层岩溶带调蓄能力

表层岩溶带对岩溶水的调蓄表现在两个方面：①岩溶水量的调蓄，增加入渗补给量；②岩溶水径流过程的调蓄，即通过复杂的表层岩溶系统延长降雨后雨水在岩溶水系统中停留的时间。

影响表层岩溶带入渗补给量的因素，除降雨外，主要为表层岩溶带的结构。表层岩溶带对岩溶水径流过程的调蓄能力主要取决于表层岩溶带的结构。表层岩溶带的结构越复杂、规模越大，岩溶水在地表附近停留的时间越长。而岩溶区植被恢复可极大地增加表层岩溶带结构的复杂程度，进而有效提高表层岩溶带调蓄能力。

石漠化环境与森林环境的表层岩溶带对岩溶水的调蓄能力差异很大。

（1）石漠化地区表层岩溶带的调蓄能力差，表现在两个方面：①表层岩溶泉的出流时间短，且非常不稳定；②表层岩溶带对岩溶管道泉的调蓄能力弱。例如，在六盘水梅花山地区，由于石漠化严重，表层岩溶泉均为季节性泉，仅在雨季出流，旱季无水，除暴雨期外，表层岩溶泉的水量一般很小；泉水滞后于暴雨的时间仅为

1 h 左右，表明岩溶水系统对降水的调蓄能力较弱。桂林岩溶试验场在20世纪90年代以前是裸露的石山环境，表层岩溶泉也主要为季节性泉，降大暴雨后的几分钟，表层岩溶带的泉水即迅速增加，滞后于降雨的时间很短，并具有动态变化大、泉水流量衰减快等特征，降暴雨后形成的洪水往往不到一天即完成衰减全过程。试验场的管道泉如31号泉，流量变化达70000倍，而且洪峰平均滞后降雨峰值仅4 h，这再次说明裸露石山环境的表层岩溶带对岩溶水的调蓄能力较弱。

（2）森林环境的表层岩溶带则对岩溶水的调蓄能力强得多。与梅花山和桂林岩溶试验场相比，在弄拉，由于补给区为森林植被，其表层岩溶泉的水位和流量对降雨的调蓄作用加强，形成了四季流水不断的常流泉。暴雨效应观测结果表明，弄拉兰电堂岩溶泉暴雨后的水流动态与裸露环境明显不同。有的暴雨能够引起水位上升，有的则不能，如观测期内的第53～56天连续暴雨，水位上升6 cm；观测期内第70天和第110天，降雨量分别为56 mm和35 mm，但水位不涨反降，可能与前期雨量少而水位正从相对高位回落有关。暴雨后水位一旦上升，则衰减很慢，至少需要4～5 d才能衰减至正常水平。

可见，通过对岩溶石漠化及水土流失的治理，可有效提升表层岩溶带调蓄能力。

2.表层岩溶泉调蓄，有效提高枯水期水资源利用率

表层岩溶泉的发育受区域构造的影响较小，主要受浅部构造裂隙、风化裂隙的控制。表层岩溶带主要发育在碳酸盐岩层（体）的地表或地表以下一定深度范围内，一般多为3～10 m，在不同的地形地貌部位其发育深度存在一定的差异，一般岩溶谷地、洼地边缘地带其发育深度相对较深，而斜坡地带表层岩溶带的发育深度一般较浅。

表层岩溶泉补给来源主要为大气降水的入渗补给，储存于地表以下浅部一个由溶沟、溶槽、溶隙、溶穴、溶管、溶孔等组合而成的结构复杂的强岩溶化层（带）中，多以悬挂泉或季节泉的形式出露，一般水量较小，多为0.1～5.0 L/s；径流路径较短、深度浅，水文循环交替迅速，水文动态对降雨变化敏感，多属极不稳定型，多数表层岩溶泉水枯季断流，而在雨季特别是大雨后在其附近坡脚或山坡上很多部位会出现泉流。

表层岩溶泉有出露位置高的优点，但其基流量小、动态变化剧烈，这给开发利用带来极大困难。一方面，开发利用的方式应与一定的调蓄工程措施相结合，这样才能充分利用岩溶水；另一方面，不同类型的地下水系统中，表层带岩溶水的赋存条件不同，适宜的开发利用方式也不同。综合多年来我国西南地区岩溶石山地区表层带岩溶水开发利用的经验，合理的开发利用方式主要有"蓄""引""提"等，在有条件的地区也可采用隧洞"截"和浅井提水的方式。在不同的地段或不同的部位有不同类型的表层岩溶水系统，因此，对于不同类型表层岩溶水系统的水资源，宜采用不同的水资源开发技术。

1）洼地水柜山塘蓄水

在峰丛洼地区，小型洼地底部的面积较小，开发利用洼地范围内的表层岩溶水时，通常不必进行长距离的输送即可将水送达供水目的地。因此，对于洼地范围内集中排泄

的表层岩溶水，采用水柜（图5-14）、山塘蓄水技术对其进行积蓄是开发此类表层岩溶水的一项有效手段。水柜、山塘蓄水技术主要是在洼地周边的山坡或坡脚地带的有利部位筑建水柜或在洼地底部的低洼处修筑山塘，以积蓄出露于洼地周边山坡或坡脚地带的表层岩溶水，供零星散布于峰丛洼地区内的居民饮用和用于灌溉农作物。

图5-14　都安三只羊乡表层岩溶带调蓄水柜

2）山腰水柜蓄水、管渠引水

在峰丛山坡中上部地段，经常有表层岩溶泉（间隙性的为主）。在表层岩溶泉附近修建水柜可积蓄表层岩溶泉域的水资源，并通过配套的管渠系统将水资源输送到供水目的地。对于岩溶石山区大型岩溶洼地或谷地范围内流量较大、出露位置相对较高且距供水目的地较远的表层岩溶水，采用水柜蓄水、管渠引水的水资源开发技术可取得较好的效果。

3）山麓开槽截水、水柜山塘蓄水、管渠引水

开槽截水、水柜山塘蓄水、管渠引水是指对于岩溶石山区山体坡麓地带散流状表层岩溶水系统（图5-15），开挖截积水槽聚积表层岩溶水资源，同时修建水柜或山塘储蓄水资源，并配以管渠系统将水资源输送到供水目的地。

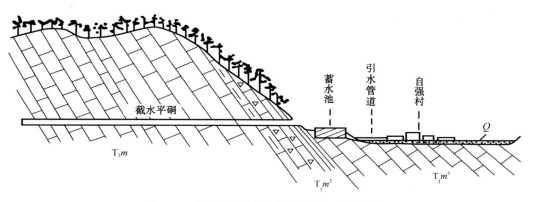

图5-15　表层岩溶带截水平硐开发工程剖面图

4）泉口围堰、管渠引水

泉口围堰、管渠引水是指在泉域范围内植被覆盖度高、流量变化较小、出露位置较高的表层岩溶泉口，采取围堰的方式并通过配套的管渠系统将水资源直接输送到供水目的地。

5）洼地底部人工浅井

人工浅井是指在宽缓洼地（或谷地）边缘底部、表层岩溶带发育得较均匀且表层岩溶水资源较丰富的部位，采用人工开挖浅井的方式并配以小型提水设备对表层岩溶水资源进行开发。

5.4 岩溶水资源分级调控技术

5.4.1 岩溶水资源分级调控技术的概念及主要措施 ◊

1.岩溶水资源分级调控技术的概念

岩溶水资源分级调控技术是指以岩溶水文地质条件为基础，根据不同的生产、生活和生态目标，采用拦、蓄、引、提等工程和生态措施对岩溶区不同级别的地表和地下水资源进行分级分类的调蓄、管理与利用，最终实现岩溶水资源的高效利用（图5-16）。从调控主体来看，调控主体可以分为岩溶地下河、岩溶泉、地表河；从调控内容来看，调控内容包括水质分级调控、水量分级调控、水能分级调控，其中水量分级调控是岩溶区最主要的调控内容；从调控措施来看，调控措施包括划分保护区、筑坝蓄水、建渠引水和电机提水等。在实践过程中，分级调控的主体、内容、措施往往以组合的形式出现。

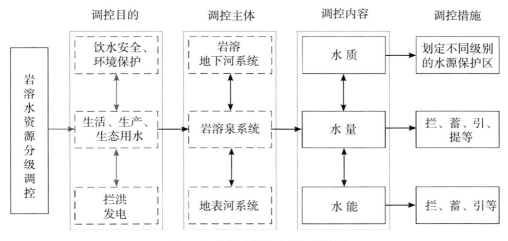

图5-16　岩溶水资源分级调控体系

2.岩溶水资源分级调控的主要措施

1）拦蓄水措施

根据水文地质条件的复杂程度，拦蓄水措施可以分为地下河出口拦蓄、岩溶泉泉口拦蓄和表层岩溶泉简易蓄水3种。在地下河出口筑坝堵截，可以进行小型水电站发电，为提灌工程和照明提供电力，或为乡镇供水、农业用水提供水源保障，或进行旅游开发，实现水资源的生态效益、社会效益、经济效益最大化。在岩溶泉泉口筑坝拦蓄，可以形成小型水库，增强区域控水能力。在表层岩溶带附近可以实施简易蓄水工程（蓄水池或水窖），其成本相对较低，受地形等条件的限制较少，表层岩溶泉的开发利用率较高，对居住人口较为分散、地形起伏相对较大的广大农村地区的供水具有重要意义，但其调蓄能力相对较差，蓄水后水质容易遭受污染，若连续遇到干旱，会出现断流缺水。

2）提水措施

根据岩溶水点的类型差异，提水措施可以分为地下河出口提水、天窗提水、竖井提水、溶潭提水、岩溶泉提水、打井提水6种。其中地下河出口提水、天窗提水、竖井提水、溶潭提水和岩溶泉提水均是利用天然岩溶水点不易直接取水的特征，通过提水泵等提水设备进行水资源的开发利用；打井提水是在缺少天然水点或天然水点的开发利用困难、地下水资源条件较好的蓄水构造地带，通过钻机打井人工揭露地下水，以各种水泵作为提水工具开发利用地下水。尽管打井提水的投资较大、费用较高，但因水源稳定、供水保证率高和能长期运用，故在城乡供水、农业灌溉方面得到了广泛应用。

3）引水措施

根据水文地质条件的复杂程度，引水措施可以分为直接引水、筑坝引水和隧洞截流引水3种。对于流量大、出露位置较高和较稳定的大型岩溶泉，可在泉口处安装输水管或修筑引水渠直接引流，将水用于人畜饮用或农田灌溉，该方法简单易行，工程量小，效益显著，后期运用费用低。在大型泉或地下河出口的有利地形处可修筑水坝，提升水位，以利于下游引水灌溉或发电。对于水头落差较大的地下河跌水或瀑布，可以开凿隧洞，直接从瀑布上游引水出洞，将水用于灌溉较高地段的农田，或者利用引水形成的水头发电，实现水资源的高效利用。

5.4.2 典型岩溶水资源分级调控技术

岩溶水资源分级调控技术主要包括以地下水补径排为特征的岩溶地下河上游-中游-下游分级调控技术、以多种工程措施组合为特征的岩溶地下河拦-蓄-提-引分级调控技术、以蓄水调节池串联与生态保护为特征的表层岩溶泉分级调控技术。

1.岩溶地下河上游-中游-下游分级调控技术

1）基本原理

以岩溶水文地质条件为基础，将岩溶地下水开发与石漠化和岩溶洪涝灾害的治理、土地整理、扶贫开发及解决干旱缺水问题等相结合，依据岩溶地下河上游、中游、下游岩溶水文地质条件的差异，因地制宜地选取工程措施进行地下河水资源的调控、调蓄、利用，进而将开发利用地下河水资源的环境效益、社会效益、经济效益最大化。

2）典型案例

2003~2005年，在中国地质调查局的统一部署下，贵州省地质调查院开展了大小井典型岩溶流域地下水调查与地质环境综合整治示范项目，通过项目的实施，基本查明了流域内的岩溶水文地质条件和生态环境条件。大小井地下河流域处于珠江水系三级支流蒙江上游，涉及平塘县、惠水县及罗甸县，面积为2062 km²。地下河系统由30条地下河组成，总出口位于罗甸县董当乡大井村，平水期总流量为55.64 m³/s，枯水期总流量为7.62 m³/s，为贵州岩溶区第一大地下河系统。流域内地形起伏较大，岩溶强烈发育，地下水多以管道流形式赋存和径流。流域中、上游地带地下水埋藏深度浅，下游地区地下水埋藏深度深，多数暗河的出口分布在深切峡谷中，总体上流域内地下水资源的开发利用程度低。根据大小井地下河系统的水文地质特征和地质环境条件，对流域内地下水的开发与地质环境的治理进行系统规划，本着因地制宜、分级调控的原则，对不同地段分别提出相应的地下水开发和地质环境整治措施。

（1）上游段调控。上游段靠近长江流域和珠江流域的分水岭地带，地形相对平缓，人口及耕地的分布较为集中，植被覆盖率相对较高，石漠化程度以轻度为主，中度次之。尽管地表存在缺水问题，但地下水水位埋深一般小于50 m，且岩层中的水分布的相对较为均匀，因而可采取机井抽吸的方式开发利用地下水，同时对岩溶泉采用拦、蓄的方式进行开发利用。

（2）中游段调控。中游段受不纯碳酸盐岩及碎屑岩阻隔，地下河明暗段交替。地下河流至碳酸盐岩与碎屑岩接触带处后出露地表呈明流，通过碎屑分布区进入碳酸盐岩后又转入地下。明流段地形相对平缓，呈丘陵谷地，人口及耕地的分布集中。暗流段则多呈峰丛洼地，耕地集中分布在洼地内，洼地中地下水埋深浅，水力坡度小，上游补给面积大，暴雨期地下水排泄不畅造成岩溶洼地被淹没，而枯季地下水位下降造成缺水干旱，致使部分岩溶洼地中的土地被废弃。因此，地下河开发方案应考虑地下水开发利用工程和生态环境治理工程两部分。

①地下水开发利用工程。根据地下河出口下游存在岩溶干旱而上游洼地岩溶洪涝、地下河年平均流量大但出口高程低、流域内地下空间调蓄能力强及干旱坝子与洪涝洼地地面高差不大的特点，地下水开发利用工程主要以抬高地下河水位引流为主、蓄水为辅。

②生态环境治理工程。在洪涝洼地中沿地下河出口方向开凿排洪沟渠及隧洞，将雨季由于地下水位抬升而从洼地上游地下河天窗内涌出的地下水及洼地地表积水通过排洪工程排出，并引入灌渠以灌溉下游的耕地。通过工程的实施使洼地中的耕地得以复耕，并将土地资源的开发与扶贫和石漠化整治工程相结合，对重度石漠化区的群众实施生态移民安置，为其生存和脱贫创造基本条件，同时对完成移民的石漠化区实施真正意义上的"封山育林"和"退耕还林"，以实现石漠化区的生态环境修复。

（3）下游段调控。下游段为典型的峰丛洼地区，人口、耕地稀少且分布分散。地下水水位埋深为200~300 m，开发难度极大，地表干旱缺水现象十分严重，人畜饮水极为困难，生态环境较为恶劣。根据人口、土地及水资源的分布情况，该地段应充分将"三小工程"的建设与表层岩溶水的开发相结合，提高表层岩溶水的利用率，以解决区内人畜饮水及农田灌溉用水问题，同时配合实施生态移民、退耕还林、植树造林和沼气建设等工程措施，对区内地质环境进行综合整治。该地段内的罗甸县大关村在吸取20世纪80年代"掏土造田"对生态环境造成破坏的教训后，实施退耕还林，山顶保留水土涵养林，山腰种植花椒、杜仲和金银花等经济林木，山脚处利用小水窖蓄积表层岩溶水，且取得了较好的效果，成为同类地区地质环境综合整治工作的经验示范和推广点。

（4）出口段调控。地下河出口处规模宏大，景观奇特，风景秀丽，集水资源、水能资源和旅游资源于一体。下游为罗甸县城，同时分布有面积为2000 hm²的蔬菜基地。当地政府及相关职能部门曾针对地下河出口一带的开发利用进行了一定的规划，包括对地下河出口进行适当的堵截，抬高水位建设水电站并引灌下游2000 hm²耕地，解决罗甸县城城镇和工业用水问题，以及进行旅游资源开发等。调查与研究结果表明，该规划是可行的。

2.*岩溶地下河拦-蓄-提-引分级调控技术*

1）基本原理

以岩溶水文地质条件为基础，将岩溶地下水开发与工农业生产相结合，依据岩溶地下河上下游存在水位差的特性，因地制宜地选取工程措施进行分级调控、调蓄，实现拦-蓄-提-引等工程措施的综合高效利用，进而将开发利用地下河水资源的环境效益、社会效益、经济效益最大化。

2）典型案例

巨木地下河发育于贵州高原向广西峰林平原过渡的高原斜坡地带，系贵州南部斜坡峰丛洼地型岩溶流域中大小井地下河系统内小井地下河系的支流之一，面积为128.4 km²。总出口位于塘边镇巨木村，平水期总流量为0.831 m³/s，枯水期总流量为0.192 m³/s。地下河河床及出口均低于当地村寨和有耕地分布的谷地，不能对地下水直接引流，为岩溶石山区"低位地下河"的典型代表。流域系统中地表水缺乏，干旱现象严重，经济发展滞后，是国家重点扶贫开发区。尽管地表水资源缺乏，但区内地下河却较发育，地下水资源丰富，合理有效地开发利用地下水，对解决地表干旱缺水问题和推动经济社会发展具有重要意义。为此，2003~2005年中国地质调查局将其作为地下水开发利用示范点，贵州省地质调查局与平塘县水利局合作，对该地下河开展了开发利用和分级调控示范工作。

（1）"一级"拦-蓄-提-引调控。系统中下游及地下河出口以下地带，耕地、人口的分布较为集中，需水量较大。各支流的地下水在水淹坝洼地地带汇集，水量丰富，地下空间容量大，并且水淹坝洼地至出口段地下水力坡度相对较大。根据流域内地下空间调蓄能力强、地下河年平均流量大但出口高程低、出口下游出现岩溶干旱而上游出现岩溶洪涝及干旱坝子与洪涝谷地地面高差不大的特点，地下水开发工

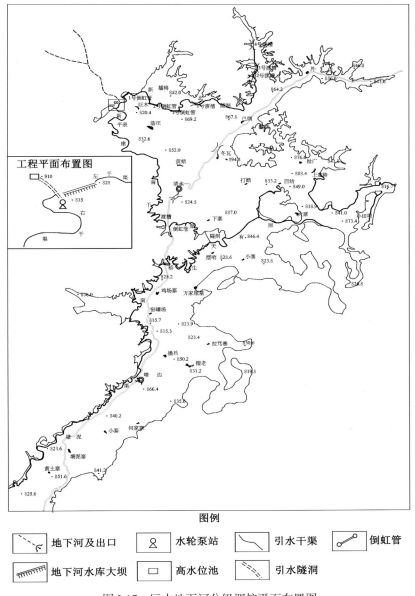

图例

地下河及出口	水轮泵站	引水干渠	倒虹管
地下河水库大坝	高水位池	引水隧洞	

图5-17 巨木地下河分级调控平面布置图

程主要以抬高地下河水位引流为主，蓄水为辅。主体蓄水工程在地下河出口处筑坝，以拦蓄地下水并利用地下空间成库。坝顶高程的设计充分考虑了地下河出口（高程为815 m）仅与上游的西混和水淹坝谷地（高程为845 m）相差30 m，为避免地下水库蓄水后，库区洞水加剧岩溶谷地的淹没程度，将水库蓄水高程（即地下水库坝顶高程）限制为830 m。在地下水库拦水大坝处设置水轮泵站，利用水能带动水轮泵将水提至高位水池（标高为1000 m），然后采用输水管道将水输送至集镇、村寨，以解决人畜饮水问题，同时利用干渠将水输送至原有的渠系，以灌溉农田。

（2）二级拦-蓄-提-引调控。为了解决地下水库蓄水高程受限、调节库容不足的问题，在距地下河出口下游1.2 km处的河道上建设一座坝顶溢流的浆砌块石重力坝。坝顶高程为815.5 m，坝轴线长40.0 m，坝高3.5 m，溢流段长15.0 m。同时以坝顶为基础，修建钢筋混凝土平板桥，桥面宽3.0 m，设计载重量为5 t。拦水坝拦蓄地下河出口的水形成二级蓄水库，并设置水轮泵站，与地下水库共同构成地下水梯级开发工程（图5-17）。

巨木地下河出口处筑坝拦蓄地下水，形成库容为$6.3×10^5$ m³的地下水库，抬高水位20 m，建设水电站1座，解决了塘边镇5000多人和10000头大牲畜的饮水问题及6000亩农田的灌溉问题（图5-18），促进了粮食产量的提高，水稻增收$9×10^5$ kg/年，油

图5-18　贵州省平塘县巨木地下河筑坝拦蓄工程

菜增产$8.82×10^4$ kg/年，年经济收入为145万元。2010~2011年，贵州省连续遭受百年不遇的特大干旱灾害，巨木地下河开发工程覆盖区内的平塘县塘边镇、克度镇其人畜饮水和农田灌溉几乎未受到影响，未出现农业减产情况。因此，巨木地下河开发工程具有明显的综合性效益，对当地社会经济的发展、促进当地人民脱贫致富起到了保障作用。

3.表层岩溶泉分级调控技术

1）基本原理

以岩溶水文地质条件为基础，将岩溶地下水开发与工农业生产相结合，依据表层岩溶带分散赋水的特性，因地制宜地采取工程措施和生态措施进行分级调控、调蓄，实现分散水源的集中持续利用，进而将开发利用表层岩溶泉水资源的环境效益、社会效益、经济效益最大化。

2）典型案例

龙那表层岩溶泉位于广西壮族自治区都安县三只羊乡北部峰丛山腰处，泉口高

程为600 m，比乡政府驻地高350 m。泉水从坡面上冲沟的土层中呈散流状渗出，枯水期流量为0.14 L/s，丰水期流量为2.80 L/s，水质良好。区域碳酸盐岩夹碎屑岩，由于受地貌与构造影响，岩溶水呈极不均一的裂隙溶洞水分布，埋深较大（约为60 m）。发育的地下河主要为八况地下河，汇水面积为170 km²，枯季流量为373 L/s，洪水流量大于8 m³/s，枯季径流模数为2.2 L/(s·km²)。由于岩溶水的分布不均一，加上地下水深埋，区域内地下水的开发难度很大。为了解决山区人民生活、生产用水困难的问题，当地政府联合中国地质科学院岩溶地质研究所实施了表层岩溶泉分级调控工程。

（1）串联蓄水池调控。多数表层岩溶泉的枯水期流量都很小，需要经人工调蓄才能满足需求，为此在泉口下方修蓄水池，以备枯水期使用。

（2）生态保护涵养水源调控。表层岩溶泉能否四季常流，泉域的植被是重要影响因素。为了保证枯季人畜有水饮用，在泉域上游补给区适当进行退耕还林、封山育林、植树造林，增强表层岩溶泉的自我调节能力。

实施表层岩溶泉分级调控工程，在表层岩溶泉和坡面流汇集的山凹部位，依托地形分散修建蓄水池7处，通过对引水渠道实施串联，实现蓄积水、净化水质的目的，同时丰富了补给区植被，水源涵养能力大大提高。

5.4.3 会仙狮子岩地下河水资源分级调控技术

狮子岩地下河流域位于广西壮族自治区桂林市西南约17 km的会仙喀斯特国家湿地公园核心区，面积约为26.3 km²（图5-19），地貌为岩溶峰丛谷地、孤峰平原，平均海拔约为149 m。区内地层主要为泥盆系中统东岗岭组（D_2d）、上统融县组（D_3r）、石炭系下统岩关组（D_1y）及第四系（Q），其中D_2d和D_3r为浅海相碳酸盐岩，岩溶管道发育，赋存溶洞裂隙水，流域内地表水与地下水交换频繁。地下水总体由北向南径流，在狮子岩附近的八仙湖一带地下水、地表水明暗相间，并分别从狮子岩溶洞出口HX210G、狮子岩J001监测点出流，出流后向南径流汇入分水塘，最终于总陡处汇入东西向展布的古桂柳运河。流域内的湖泊、沼泽等地表水体及地下水库主要集中分布在流域下游（流域南部）（图5-19），该区域生态需水情况与地表、地下水位密切相关。本书中示范工程采用二级调控技术进行水资源调控，其中第一级调控涉及起点J003-1（修建引水工程），中间点HX210-1G（修建堵水工程）和HX209G出口（修建蓄水工程），以及终点J001监测点（修建拦水工程）和HX210G出口（修建蓄水工程），主要调控八仙湖一带的地表水位、地下水位和蓄水容量，以便调丰补枯，提高枯水季节生态需水保障率；第二级调控涉及起点J001监测点（修建拦水工程）和HX210G出口（修建蓄水工程），以及终点J021（修建蓄水工程），主要调控分水塘一带的地表水位和蓄水容量，以便调丰补枯，提高枯水季节生态需水保障率。调控点的具体位置信息见表5-22。

通过对J001、J003-1、J021、HX209G、HX210G、HX210-1G自动监测点监测数据的综合分析，可知示范工程的分级调控对八仙湖、分水塘一带的地表水位、地下

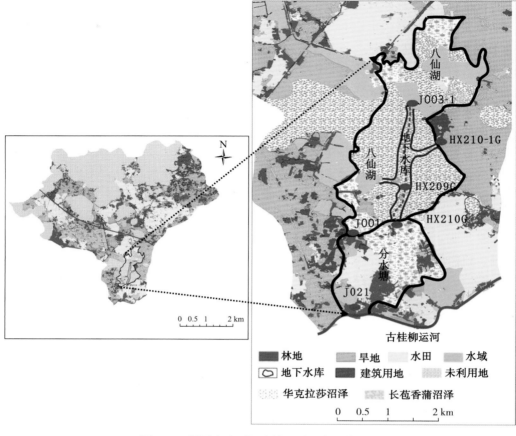

图 5-19　狮子岩地下河流域下游河湖区位置图

表 5-22　示范工程分级调控点信息　　　　　　　　　　　　　（2019 年 1 月）

工程名称	编号	X 坐标	Y 坐标	水位/m
拦水工程	J001	2777312	422083	148.0140
引水工程	J003-1	2778246	422585	148.4450
蓄水工程	J021	2778246	422585	147.7150
蓄水工程	HX209G	2777548	422276	148.0940
蓄水工程	HX210G	2777407	422257	148.0339
堵水工程	HX210-1G	2777845	422620	148.6380

水位及蓄存时间能够起到一定的调控作用。通过降雨时从源头引和雨停后关闭排水口闸门，可增加蓄水量和减缓水位下降速度，增加示范区内地表水及地下河管道内的蓄水量和蓄水时间，能够起到一定程度调蓄作用，且在不同降雨强度影响下，调蓄能力也有所不同。分级调控前后的效果如图 5-20 和图 5-21 所示。

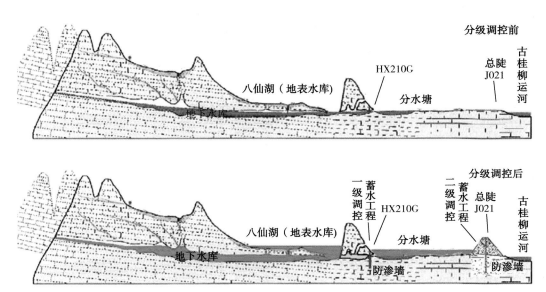

图5-20 示范区HX210G-J021段水资源分级调控对比图

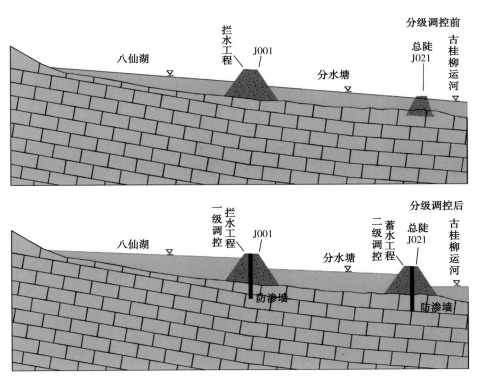

图5-21 示范区J001-J021段水资源分级调控对比图

■ 5.5　小结

（1）岩溶湿地的生态功能保护与调控涉及岩溶湿地地表水、地下水、表层岩溶带水的探测、调蓄、调控等多个方面的内容，应根据不同目的选取合适的方法。在岩溶湿地水资源探测方面，可以选取地球物理探测技术、示踪技术、地下水动态监测技术、洞穴探测技术；在岩溶湿地水资源调控、调蓄方面，可以选取水位-水量双控技术、表层岩溶带调蓄技术、分级调控技术。

（2）岩溶水资源探测技术涉及地球物理探测技术、高精度在线示踪技术、高精度地下水动态监测技术、洞穴探测技术，其中地球物理探测技术是水文地质领域的重要技术之一，其以被探测的地质体与围岩的物性（电性、磁性、弹性波、放射性、重力、热等）差异为基础，探测和识别地质体，达到解决地质问题的目的；示踪技术在水文地质工作中的用处也很大，其可以将运移参数量化，同时也可以很好地刻画地下水特征；高精度地下水动态监测技术是水文地质工作中传统且有效的工作手段，通过在不同位置设置观测井来直接测量地下水位、流量的变化。洞穴探测技术的应用范围比较广，本书聚焦于洞穴调查，即对岩溶洞穴进行探索、测量、记录，并对探测数据进行整理，分析洞穴展布特点、形态特点及其形成原因。

（3）岩溶湿地水位-水量双控技术是指为实现湿地最佳的生态效益、环境效益和社会效益而对湿地水位和生态需水量进行精准调控的技术。在使用该技术时，首先要对岩溶流域生态需水量进行系统研究，评估岩溶流域及其子系统的生态需水量，然后在此基础上评估不同期望水平下湿地典型水生植物和农作物健康生长所需要的水位与生态需水量，量化水位与生态需水量之间的关系。

（4）表层岩溶带调蓄技术涉及一系列方法和措施，旨在优化岩溶地区地下水的补给、储存和利用，以改善水资源管理和保护。这些技术特别适用于岩溶地形，因为岩溶地区的地下水系统通常较复杂且易受人类活动和自然变化的影响。表层岩溶带调蓄技术的核心目标是提高水资源的利用效率和可持续性，同时减轻水资源开发对环境造成的负面影响。

第6章

会仙岩溶湿地地下水合理开发与生态保护对策

6.1 岩溶湿地地下水开发利用模式

岩溶含水层与裂隙和孔隙含水层之间存在显著差异，主要表现在其具有较强的空间非均质性、较大的孔隙度及较好的连通性。我国南方岩溶水系统常常是由洞穴、管道、裂隙、孔隙等多重介质构成的，含水介质具有高度非均质性和各向异性，岩溶洼地和落水洞等地表岩溶形态十分发育，地表土壤层分布极不均一，发育地表河流、湖泊和岩溶地下河等多种岩溶湿地类型（陈静等，2019）。在湿地开发利用的过程中，需要充分考虑湿地生态系统的特点和对于环境的影响。岩溶湿地分布着众多的地下河、泉等，地下水资源开发潜力大。由于不同类型的岩溶湿地开发利用条件存在很大的差别，因此，对不同类型的岩溶湿地地下水资源的利用，应采用不同的开发技术。

6.1.1 岩溶地下河型湿地地下水开发利用模式 ◍

岩溶地下河型湿地具有一条或者多条地下河，构成一具有边界完整、相对独立的补给、径流、排泄水流循环系统，含水介质具有溶蚀管道-裂隙特征。在查清岩溶地下河系统的基础上，充分利用地下河出口、天窗、溶潭等特征是岩溶地下河型湿地地下水开发利用的重要方式。

1.地下河出口开发利用模式(图6-1)

岩溶湿地地下河出口位置通常较低，大部分地下河出口的位置与当地排泄基准面持平，主要的开发利用方式是自流引水和蓄水，据此获得的水其用途以灌溉为主，其次为居民生活使用。地下河出口直接自流引水较为普遍，该方式较为简单，不需要建立较高的拦水坝，基本上不用改变地下河系统的水文地质和工程地质环境，也不必考虑渗漏和坝体稳定问题；地下河出口位于低洼地带时，出水口较低，采用拦蓄开发利用模式。例如，会仙岩溶湿地狮子山地下河出口位于狮子岩南山脚，已探测洞穴长度约为 1 km，地下河枯季流量一般为 2~5 L/s，但在洪水季节，其瞬时流量可高达 5.0 m³/s，在该出口实施堵水工程，控制外流水量。通过拦水闸门调蓄，可以有效减缓地下河管道内水量的排泄，蓄积的水量可供下游用于农业灌溉。

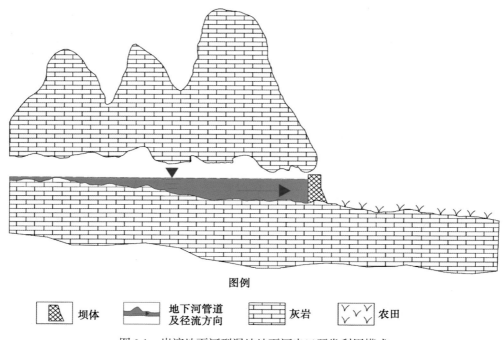

图例

| | 坝体 | | 地下河管道
及径流方向 | | 灰岩 | | 农田 |

图6-1 岩溶地下河型湿地地下河出口开发利用模式

2.地下河天窗开发利用模式(图6-2)

在岩溶湿地周边的峰丛洼地或者峰体斜坡上常有与地下河相通的天窗，地下水位埋深小，可直接采用地下河天窗提水技术（蒋忠诚等，2011），或在地下河管道上或其他适宜地段打井取水，由于地下岩溶普遍较发育，地下水分布均匀，钻井成功率较高。在比供水目的地高的有利部位修建蓄水设施，配套输水管、渠系统，利用蓄水设施与供水目的地的高差，以自流引水的形式将水输送到供水目的地，作为当地居民生活用水和农田灌溉用水。例如，会仙岩溶湿地狮子岩地下河上游洼地西侧发育有一与地下河道连通的地下河天窗，采用地下河天窗提水技术，在天窗处建立一座提水泵站，并在附近山坡上修建高位蓄水池，配套自流引水管道系统，将狮子岩地下河水通过天窗提至高位蓄水池，积蓄后通过自流引水管道系统输送，解决了附近农作物的灌溉问题。

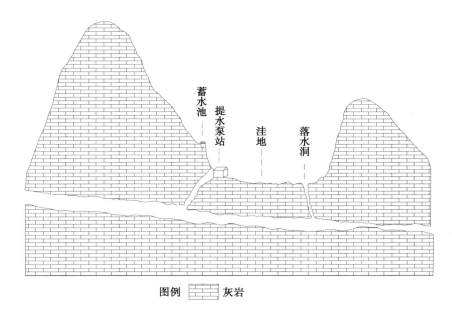

图例 ▦ 灰岩

图6-2 岩溶地下河型湿地地下河天窗开发利用模式

3.地下河溶潭和岩溶湖开发利用模式(图6-3)

在岩溶地下河型湿地,地下水位埋藏接近地表面且发育分布有溶潭、岩溶湖等,采用直接抽提水技术对其水资源进行开发,是岩溶湿地地下水资源开发中简单直接、经济有效的技术之一。主要是在溶潭、岩溶湖等地下水的天然露头点安装提水设备,通过引水管将地下水输送到供水目的地,用于农业灌溉或生活使用。目前,在会仙岩溶湿地,许多农田都通过抽提溶潭水进行灌溉。

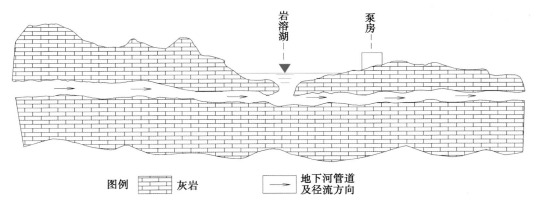

图例 ▦ 灰岩   → 地下河管道及径流方向

图6-3 岩溶地下河型湿地岩溶湖开发利用模式

6.1.2 岩溶泉型湿地地下水开发利用模式 💧

1.岩溶泉开发利用模式（图6-4）

岩溶泉型湿地发育的泉水一般出露位置较低，甚至略低于周边地势。岩溶泉的开发利用主要采用拦截泉水以抬高水位，然后通过修建渠道或安装输水管直接引流至需水的地段。

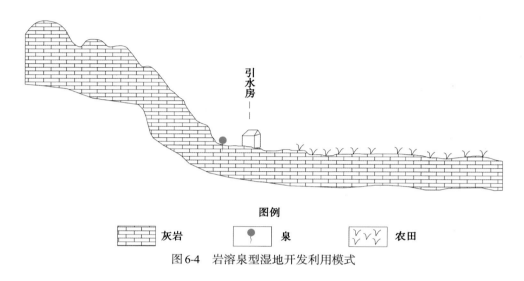

图6-4　岩溶泉型湿地开发利用模式

2.表层泉开发利用模式（图6-5）

岩溶湿地周围峰体发育的表层泉出露位置较高，且多数具季节性，适宜采用在泉口下游附近修建蓄水池的"泉-池"引流模式（王宇等，2021）。主要是在周边山坡或坡脚地带的有利部位筑建水池或在洼地底部的低洼处修筑水窖，以积蓄出露于洼地周边山坡或坡脚地带的表层泉，供零星散布于湿地内居民的生活使用和农作物灌溉。

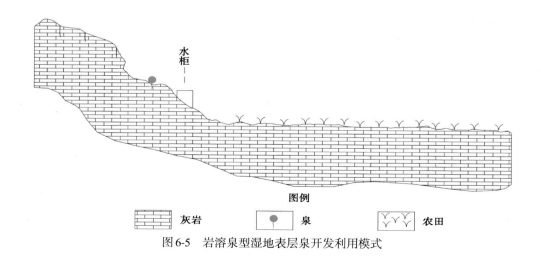

图6-5　岩溶泉型湿地表层泉开发利用模式

6.2 会仙岩溶湿地地下水开发利用现状

会仙岩溶湿地地下水类型主要为第四系孔隙水、基岩裂隙水和岩溶水。根据不同类型地下水的富水性特征及开发利用难度等，湿地地下水的开发利用主要集中于岩溶水。岩溶水主要分布于会仙岩溶湿地北部的峰丛谷地和残丘平原、孤峰平原，赋存于岩溶管道-裂隙含水层中，富水性较强，主要从地下河出口或以泉水等形式溢至地表，少数以溶潭、竖井和溶洞水等形式出露。湿地内地下水主要以地下河和泉引水、机民井抽水、大口井抽水、溶潭和竖井抽水为主进行开发利用（图6-6）。

手压井取水	大口井抽水
溶潭水泵抽水	溶潭水泵抽水
溶洞水泵抽水	水柜蓄水

图6-6 湿地内地下水的主要开发利用模式

6.2.1 地下河开发利用现状

会仙岩溶湿地流域发育有规模不等的岩溶地下河，规模较大的地下河有马面-狮子岩地下河、峨底地下河、罗锦地下河、西官庄福山地下河等。大多数地下河流域面积较小，水文动态变化大，尤其是枯水季节近乎干枯。部分地下河历经地表水—地下水—地表水多次水循环转化，出露的水点较多，主要以天窗、溶潭、伏流出口等形式出露，地下河水普遍以抽水、提水方式进行利用。总体上，地下河水水质较差，主要用于农田灌溉和鱼塘养殖，总开采量约占地下河枯季流量的1.5%，开发利用程度较低。

6.2.2 岩溶泉水资源开发利用现状

岩溶泉总体上数量较多、规模较小，以岩溶裂隙泉或面状溢流型分散排泄岩溶泉为主。大多数岩溶泉分布于会仙岩溶湿地边缘的泥盆系灰岩与石炭系白云岩（或碎屑岩）的界线附近，尤其是在会仙文家—马面、马面—灌塘—秦村、山尾—大源头、马头塘—杏外及四塘乡峨底—面村、全洞一带，岩溶泉的分布较为密集，是湿地内主要湖泊与沼泽的主要水源，分散排泄的小泉则在解决人畜用水问题方面也发挥了重要作用。

6.2.3 机民井开采地下水现状

在会仙岩溶湿地流域，机民井往往是村屯、城镇工业的重要供水站，能解决村屯数百乃至数千人口的饮水问题和城镇工业用水问题。会仙流域的人口约为5万人，按照每人每年的用水量为50 m³计算，会仙岩溶湿地流域的年生活用水量约为250万 m³，年城镇工业用水量约为2400万 m³，大部分情况下通过机民井抽水。

6.2.4 会仙湿地核心区地下水资源开发利用现状

根据调查统计结果，马面-狮子岩地下河系统有8个村庄，人口约为16000人，每人每年的用水量约为50 m³，每年通过机民井抽取的地下水量约为80万 m³，极旱月份（8、9月）从地下河天窗、溶潭和机民井中抽取约69.6万 m³的地下水用于农业灌溉，每年抽取的地下水量约为149.6万 m³；睦洞河（湖）分散排泄系统有5个村庄，人口约为18000人，每年通过机民井抽取的地下水量约为90万 m³，极旱月份（8、9月）从地下河天窗、溶潭和机民井中抽取约86.4万 m³的地下水用于农业灌溉，每年抽取的地下水量约为176.4万 m³。

■ 6.3 会仙岩溶湿地地下水合理开发利用示范与效益分析

6.3.1 示范基地概况

示范基地依托中国地质科学院岩溶地质研究所野外科学观测研究基地——岩溶生

态与水生态-广西会仙野外基地建设，该基地位于广西桂林市临桂区会仙镇，距桂林城区约30 km（图6-7），基地的研究以地球表层的岩石圈、大气圈、水圈和生物圈之间的能量转换和物质运移（循环）为主要研究对象，主要的研究目标为保护典型岩溶生态系统与岩溶水（湿地）生态系统和修复脆弱退化的岩溶生态系统，通过对水体、土壤、岩石和生物相互作用过程的观测和研究，揭示岩溶水（湿地）系统、岩溶石山生态系统的结构、功能和演化规律，并通过对典型退化岩溶生态系统的修复试验，探索岩溶地区综合开发利用水土资源、修复脆弱岩溶生态系统和能实现高效农业种植的关键技术。

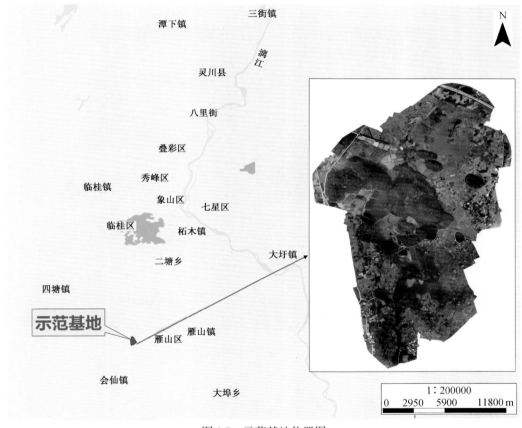

图6-7　示范基地位置图

选择新民村冯家西侧狮子岩地下河下游段峰丛洼地一带作为水资源高效利用与应急调控示范区，其位于岩溶生态-水文野外科学观测基地核心区，会仙岩溶湿地研究区中部，地形地貌整体上为峰林平原，局部有峰丛洼地，除狮子岩峰丛山体外，地势整体上北高南低（图6-8），出露地层的岩性如下：D₃d为中厚层灰岩、白云质灰岩，该岩层地表与地下岩溶比较发育，岩层见洞率可达56%以上；C₁y为硅质岩、钙质硅质岩及泥岩；Q为第四系松散沉积物。狮子岩地下河明流与暗流相间出现，主径流方向为由北往南，一条北西向支流汇交于主管道，该地下河从八仙湖流出地表，形成地表湖泊，后于狮子岩以北山角进入地下，形成明-暗相间的串（地下廊道式充水洞穴）珠（地表湖泊，包括八仙湖、神潭、出水岩湖泊）地下河（图6-9）。该地下河在狮子山附近已探测的洞穴长度约为1 km，地下河出口位于狮子岩南山脚，是分水塘的主要水源。地下河枯季流量一般为2～5 m³/s，极端干旱年份甚至会断流，但在洪水季节，瞬时流量可达5 m³/s以上。示范区西侧分布有北东向和北北东向两条正断层（图6-10），示范区内有地下河入口2处，地下河出口2处，溶潭1处，地表径流主排泄通道1处。主要蓄水区面积约为14107 m²，影响范围约为0.49 km²（图6-10和图6-11）。

图6-8　示范区三维地势图

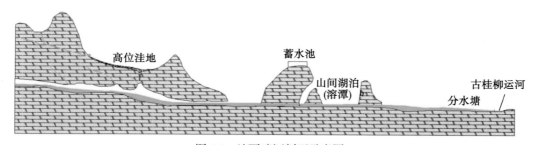

图6-9　地下暗河剖面示意图

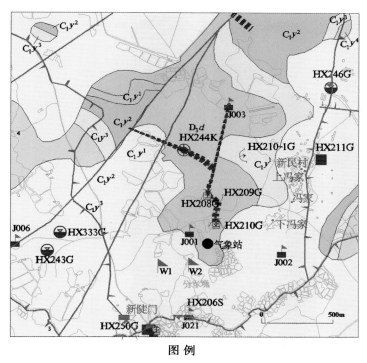

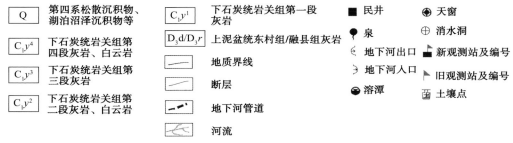

图 6-10　示范区水文地质略图

示范区内植物主要为华克拉莎和长苞香蒲两种。

（1）华克拉莎是丛生草本植物，具短匍匐根状茎。秆高 1~2.5 m，基部圆柱形，秆上有节，具多数秆生叶。叶扁平，平张，革质，剑形，长 60~80 cm 或更长，宽 0.8~1 cm，上端渐狭且呈三棱形，顶端细长呈鞭状，边缘及背面中脉具细锯齿，无叶舌。苞片叶状，具鞘，下面的较长，渐向上而渐短，边缘及背面中脉具细锯齿。

（2）长苞香蒲是一种多年生水生或沼生草本植物。根状茎粗壮，乳黄色，先端白色。地上茎直立，高 0.7~2.5 m，粗壮。叶片长 40~150 cm，宽 0.3~0.8 cm，上部扁平，中部以下背面逐渐隆起，下部横切面呈半圆形，细胞间隙大，海绵状；叶鞘很长，抱茎。雌雄花序远离，小坚果纺锤形，长约 1.2 mm，纵裂，果皮具褐色斑点。种子黄褐色，长约 1 mm，花果期 6~8 月。

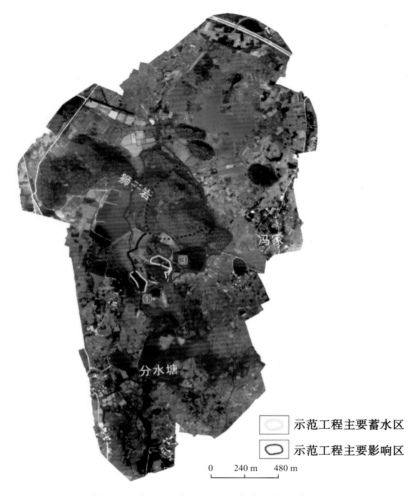

| | 示范工程主要蓄水区 |
| | 示范工程主要影响区 |

0 240 m 480 m

图6-11 技术示范基地主要蓄水及影响范围图

6.3.2 水资源调蓄关键技术

在系统总结南方岩溶区典型地下河开发利用模式的基础上，根据示范区水文地质条件、地形地貌特征及地下河管道结构、地下空间和地表蓄水洼地的情况等，通过拦、蓄、引、堵4种方式对示范区的水量和水位进行分级调控；根据气象站和在线水位水量自动监测站的监测情况，实时掌握降雨量及水位变化情况；根据地下水位的变幅，通过源头引、地下蓄和地表拦实现对地下水位的调控，进而增加地下水和地表水的蓄存量，达到提高地下水利用率的目的。调蓄地下水的目的在于通过相应工程调控地下水的蓄存量，增加溶洞、管道、溶缝等地下空间的蓄水量，进而抬升地下水位。调蓄地表水的目的在于减小地表水径流排泄量，增加地表水蓄存量和蓄存时间，进而增加地表水下渗量补给地下水。

1. 补给区调蓄技术

表层岩溶带的调蓄属于补给区调蓄。表层岩溶带本身具有一定的调蓄功能，通过实施拦、引、蓄等措施可以进一步提高水资源利用率。示范区所采取的表层岩溶带坡面流拦蓄引水措施对旱季场雨的调蓄意义重大，参见5.3节。

2. 径流区水量-水位分级调控技术

根据示范区水文地质条件、地形地貌特征及枯水期湿地蓄水情况、植被需水情况等，拟通过拦、蓄、引、堵四种方式对示范区进行水量-水位分级调控，选择示范区内5处水点进行工程性水量控制，详见5.4节。

3. 动水封堵技术

1）岩溶渗漏基本条件和判别标准

（1）岩溶渗漏的基本条件。是否会发生岩溶渗漏，主要取决于以下5项基本条件：①河谷及分水岭岩溶发育程度；②河间地块地下分水岭高低；③可溶岩体的透水性；④隔水层或相对隔水层分布情况；⑤河谷岩溶水动力条件。具体见表6-1。

（2）岩溶渗漏的判别标准。根据表6-1，岩溶渗漏的判别标准如下。

①不发生岩溶渗漏的9项条件中，只要具备2项，即可判断不会发生岩溶渗漏，其中最主要的是地下分水岭高于水库正常蓄水位和有隔水层包围。

②发生岩溶渗漏的9项条件中，岩溶发育程度、地下分水岭水位高低和有无隔水层分布是最基本的条件。可见，判断邻谷或河湾地带是否会发生岩溶渗漏时，应重点查明地下分水岭高程、岩溶发育程度及隔水层的分布情况。

表6-1　岩溶渗漏基本条件

基本条件	不发生岩溶渗漏的基本条件	可能发生岩溶渗漏的基本条件
河谷及分水岭岩溶发育程度	①河谷地带岩溶发育微弱 ②虽河谷地带岩溶发育较强烈，但分水岭地带岩溶发育微弱	①河谷及分水岭地带岩溶发育强烈，尤其是分水岭地带 ②有与低邻谷相贯通的岩溶管道系
河间地块地下水分水岭高低	①河间（湾）地块地下分水岭高于水库正常蓄水位 ②虽地下分水岭水位略低于水库正常蓄水位，但水库蓄水后分水岭水位升高，高于水库蓄水位	①河间（湾）地块无地下分水岭 ②河间（湾）地块有地下分水岭，但低于水库正常蓄水位
可溶岩体的透水性	①可溶岩体透水性很弱，相当于相对弱透水层 ②河谷地带可溶岩体透水性强，但分水岭地带可溶岩体透水性弱	①可溶岩体透水性强 ②可溶岩体中存在强透水带或岩溶管道
隔水层或相对隔水层分布情况	①库岸或分水岭地带具封闭构造条件，且有隔水层或相对隔水层包围 ②隔水层平行于分水岭，隔断库区与低邻谷间的水力联系	①库岸及分水岭地带无隔水层或相对隔水层分布 ②有隔水层分布，但因受构造或岩溶作用而遭受破坏，失去隔水作用
河谷岩溶水动力条件	补给型河谷，且具备前述条件	补排型河谷、排泄型河谷或悬托型河谷，且具备以上条件

2）岩溶防渗处理

为防止岩溶水库发生渗漏，杜绝或减少渗漏造成的损失，必须对一些岩溶水库进行防渗处理。若渗漏危及大坝或其他水工建筑物的安全，则必须进行严格的防渗处理，有时防渗处理和加固处理同时进行。

（1）岩溶防渗处理的基本原则如下。

①要提前查明水库坝址的岩溶水文地质条件，判断可能会发生岩溶渗漏的重要地段，并进行渗漏量计算。若计算出的渗漏量超出一定范围或允许的渗漏量，则应当进行防渗处理。

②防渗处理的目标和任务确定后，应通过多种方案的比较论证，选择最佳的防渗处理方案和处理方法。

③防渗工程应尽可能利用库坝区的隔水层、相对隔水层或相对弱透水层，使河床及两岸均能处于封闭状态，以保证今后水库安全、正常运行。

④防渗设计应由粗到细、由面到点。例如，对于灌浆防渗帷幕，先要进行防渗轮廓设计，然后再进行防漆结构设计，防渗帷幕线的方向、长度和帷幕深度都要适当，力求将岩溶水库渗漏量控制在最低限度或允许的渗漏量范围内。

⑤对于防渗材料，其既要具有较好的防渗性能，而且要具有耐久性，此外还要因地制宜，对于堵洞体和铺盖体，应尽量选择当地材料，如块石、黏土等。对于防渗帷幕的灌浆材料，除水泥之外，可就地取材，可使用掺加黏土或膨润土的混合浆液。在处理大型溶洞时，先回填当地的碎块石等级配料，再进行灌浆，以达到节省水泥，取得较好经济效益的目的。

（2）岩溶防渗处理的主要特点包括以下9个方面。

①防渗处理比较复杂。由于水库坝址岩溶水文地质条件通常比较复杂，因此，岩溶防渗处理也比较复杂。例如，岩溶防渗帷幕设计不论在线路选择方面，还是在帷幕深度的确定及灌浆压力和材料的比选方面，都较非岩溶地区复杂得多。

②防渗处理方法和手段多变。由于岩溶发育程度、规模和形态不同，对水库渗漏的影响程度也不同，因此，需要选用多种方法和多种手段进行处理。例如，对于溶蚀裂隙，一般选用铺盖；对于大型漏水管道，一般选用截水墙或堵洞；对于存在多种渗漏形式的水库，则综合采用多种方法进行处理。

③防渗处理范围大。由于岩溶发育，坝址两岸及分水岭地带地下水位一般都比较低，易发生较大范围的渗漏或向邻谷的渗漏。因此，防渗处理范围大，一般为非岩溶工程的几倍至几十倍。对于帷幕深度，不宜采用水头控制，而应用岩溶发育深度控制。

④防渗处理工程量大。由于防渗处理范围大，加上岩溶洞穴发育，防漏处理工程量较非岩溶地区大得多，有些工程还需要使用混凝土防渗墙。

⑤防渗处理历时长。由于防渗处理具有以上特点，处理历时较长，短则2~3年，长则10~20年。

⑥防渗材料多样。为达到防渗目的，需要选择多种多样的防渗材料，既包括天

然岩土材料，又包括人工材料及化学材料。当使用多种材料时，必须选择适宜的配合比，以达到既节约材料，又获得较好防渗效果的目的。

⑦防渗处理费用高。由于以上原因，防渗处理费用一般比较高。

⑧防渗处理方案分阶段实施。由于有时难以查明岩溶发育程度和深度，渗漏量难以预测，因此，防渗处理方案往往分阶段实施。

⑨防渗处理需要进行补强。某些岩溶渗漏会随着时间推移而发展，其主要原因如下：一是原来被充填的洞穴或溶隙在高水头作用下被冲开；二是防渗体（如堵洞体、防渗帷幕体等）因遭受冲蚀、淋滤或化学管涌而出现局部破坏或老化的问题，从而导致渗漏量增加。因此，水库运行若干年以后，防渗处理要进行补强或扩大处理范围。

（3）岩溶防渗处理的基本方法。

岩溶防渗处理的方法有很多，最常用的有灌、铺、堵、截、围（隔）、喷、塞、引和排9种，其中前5种较为重要。

①灌：用灌浆帷幕的方法封闭渗漏的溶蚀裂隙、洞穴或岩溶管道，对于大型的岩溶集中渗漏管道，要辅以堵、截。灌浆材料有水泥、黏土及化学浆液等。

②铺：用铺盖的方法防止地表分散的溶蚀裂隙发生渗漏，对于存在集中渗漏的洞穴，应先堵后铺。铺盖材料一般为黏土、混凝土、塑料薄膜或土工织物等。

③堵：堵塞存在集中渗漏的岩溶洞穴。堵体材料一般为浆砌块石或混凝土或级配料。

④截：用截水墙截断存在集中渗漏的岩溶暗河、管道。截水墙的材料一般为浆砌块石或混凝土。

⑤围（隔）：用围坝或烟筒式围井将水库中的岩溶渗漏洞穴包围起来，或者用土石坝或混凝土将下游的渗漏地带与水库隔离开来，以防止渗漏。

⑥喷：对于库边分散渗漏的溶蚀裂隙，用喷涂水泥砂浆的方法予以堵塞。

⑦塞：对于库边发生渗漏的较宽大的岩溶裂隙，用混凝土塞填，然后辅以喷浆处理，使用的材料一般为黏土或混凝土。

⑧引：将渗漏水流引走，以降低坝基下部过大的扬压力及渗透压力，防止地基被破坏，减小渗漏造成的损失。

⑨排：主要指排出水库蓄水后积聚在溶洞或管道中的气体，以防止气爆造成溶洞周围的岩体或堵体被破坏。

3）堵洞与截水墙防渗

堵洞指为防止溶洞或管道发生渗漏而在其进口部位设置堵体，将溶洞或管道严密地封堵起来。截水墙是为防止岩溶管道发生渗漏而在其内部岩体完整且比较狭窄处设置的截水建筑物。

（1）堵洞与截水墙的设计原则如下。

①堵洞或截水墙设置处，基岩应比较完整、稳定，周围无大的分支岩溶管道，堵洞或截水墙能明显起到防止漏水的作用。

②堵体或截水墙以就地取材为佳，可使用浆砌块石等，也可使用混凝土或钢筋混凝土。

③堵体或截水墙应能承受库水压力，不被破坏。

④为防止堵体或截水墙周围的岩体漏水，必要时可进行接触灌浆及岩体灌浆。灌浆孔应达到一定深度，以阻截周围风化破碎的岩体和溶蚀裂隙发生渗漏。

（2）堵体和截水墙的种类及特点。

①堵体的种类及特点。堵体按使用的材料分为两类。一类是级配料堵体，使用这种堵体时先在堵体的下部堵塞大块石，然后填塞碎块石或砂砾石，其上铺设反滤层，表面再铺设一层黏土。为防止渗漏，可在洞口适当位置修筑浆砌石拱桥，桥身设排水孔，桥上铺设反滤层，表面再铺一层黏土。这种堵体在不少工程中得到应用，但由于周围岩体中还存在渗漏，易产生管涌和塌陷，堵体容易被破坏。另一类是混凝土塞。若漏水的岩溶管道周围岩体完整稳固，可以使用混凝土塞作为堵体，其上再设一层铺盖。这种混凝土塞强度高，不易被破坏。另外，也可使用浆砌块石堵塞。

②截水墙的种类及特点。混凝土截水墙多用于堵截接近于水平的漏水岩溶管道。进行截水墙施工时须防止原水平管道与新的岩溶管道相连通，并且要注意验证截水墙的效果。而浆砌块石截水墙的主要优点是可就地取材，由此降低了造价，其作用与混凝土截水墙相同。

4）动水封堵——反向控制灌浆法

（1）基本思路与原理。通过安装止水灌浆盒（图6-12）创造变动水为静水的施工条件，利用止水灌浆盒进行反向灌浆。

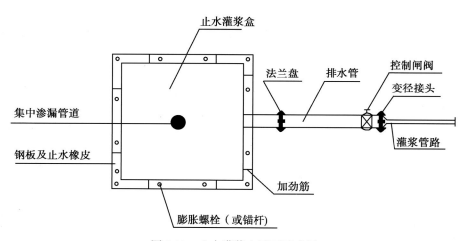

图6-12 止水灌浆盒平面示意图

（2）灌浆方法。利用止水灌浆盒进行反向灌浆，灌浆作业本身不具备常用的孔内循环式灌浆条件，故采用填压式灌浆法灌注。为便于控制反向灌浆注入率和避免灌浆过程中进浆管路出现堵管事故，以及考虑到灌浆作业连续进行且灌浆时间较长，反向灌浆时采用孔口循环式填压灌浆法。

（3）实施流程。①渗漏处安装止水灌浆盒和控制闸阀；②止水灌浆盒周围止水、加固；③关闭控制闸阀并进行耐压性试验；④接通灌浆管路；⑤打开控制闸阀；⑥开启灌浆机进行反向灌浆。

（4）主要控制参数。

①灌浆材料：安装止水灌浆盒后已经将集中渗漏的动水条件变为静水条件，灌浆材料不会被高流速的水流带走，可直接采用较浓的水泥浆液灌注，且灌浆过程中一般不需要添加速凝剂。

②灌浆压力：利用止水灌浆盒进行封堵灌浆的过程中，灌浆压力是封堵能否成功的关键。压力过低，则水泥浆液无法进入渗漏管道；压力过高，则扩散半径过大，会造成浪费，或者会对管道周围岩体结构造成破坏。根据涌水灌浆处理经验，反向灌浆压力一般按如下公式计算：$P = P1+P2$。其中，P 为反向灌浆压力；$P1$ 为渗漏出口涌水压力，当 $P1$ 不便实测时，可根据渗漏总水头（不计沿程损失）估算；$P2$ 为反向灌浆进浆压力，一般参照回填灌浆压力确定，取值为 0.2～0.3 MPa。

③灌浆结束标准：由于集中渗漏通道大多规模大，且多与库水、江水连通，灌浆作业很难像帷幕灌浆、固结灌浆那样达到水泥灌浆规范规定的正常灌浆结束标准，须在灌前制定一个合理的控制性灌浆结束标准。

④反向控制灌浆结束标准，原则上可采用 3 种方法控制，即总灌浆时间控制、浆液出现初凝时间节点控制和灌浆总量（总注灰量）控制。相对而言，灌浆总量控制法更能保证灌浆效果和质量，可靠性更高，因此推荐灌浆结束标准一般按灌浆总量控制。灌浆总量控制标准主要根据渗漏通道的断面、长度等规模特征进行估算制定。

6.3.3 技术示范基地建设 💧

地下水调蓄技术示范包括三部分（樊连杰等，2019）：①自动监测传输系统；②监控系统；③实施系统。技术路线如图6-13所示。

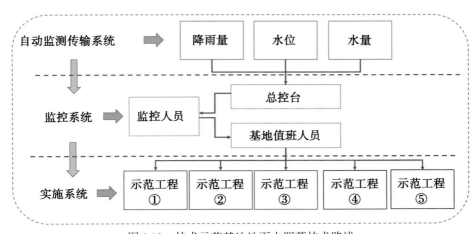

图6-13 技术示范基地地下水调蓄技术路线

1.地下水动态监测站

为查明示范区的水文过程和产汇流规律，在示范基地内建立1处气象监测站、1处土壤水分监测站、6处水位监测站、1处山坡径流小区、1处洞穴滴水监测站，各监测站同步观测的时长不少于1个水文年。监测站分布情况如图6-14所示。

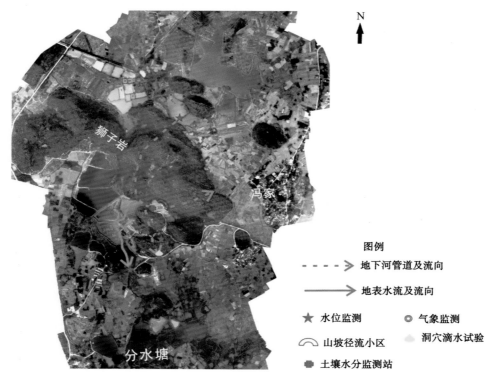

图6-14　示范区监测站分布图

1）气象监测

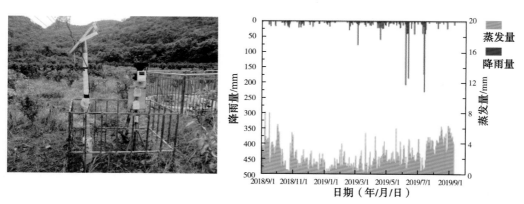

图6-15　气象监测站及数据

气象监测站为Vantage Pro 2自动气象监测站，测量参数有风速、风向、空气温度、空气相对湿度、降雨量、气压、太阳辐射、紫外辐射，可得出露点、蒸发、热指数等数据（图6-15）。

2）土壤水监测

土壤水监测站采用土壤温湿度监测仪实现同步监测，监测对象为20 cm和40 cm深度处坡面底部土壤温湿度（图6-16）。

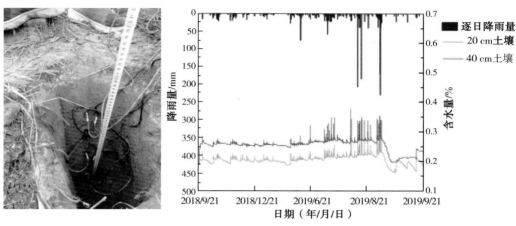

图6-16　土壤水监测站及数据

3）地表水监测

地表流量监测站建立了规整的监测断面，利用三参数自动水位计监测水位、水温和电导率，将其放入一种放置防盗式水文监测仪器的装置中，以对水位进行实时监测，并用流速仪对不同时间的水位进行测试（每年不少于6次），然后利用水位与流量的对应关系实现流量监测（图6-17）。

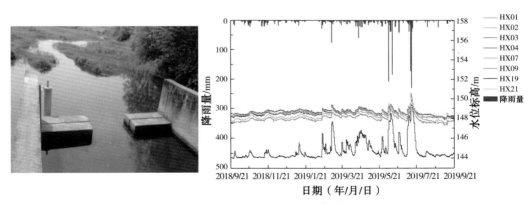

图6-17　地表水监测站及数据

4）地下水监测

地下水位监测站选择合适的大口井或溶潭，利用三参数自动水位计监测水位、水温和电导率，将其放入一种用于放置民井水位计的便携式装置中，然后，置于井底，对水位进行实时监测（图6-18）。

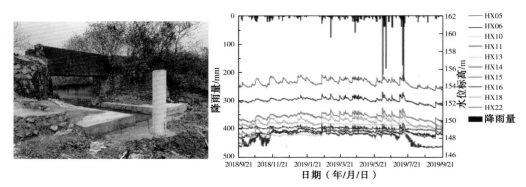

图6-18　地下水监测站及数据

5）山坡径流监测

径流小区用以研究岩溶山坡产流汇流规律。径流小区集流槽长200 m，集流槽末端放置三角堰板，采用三参数自动水位计监测（图6-19）。

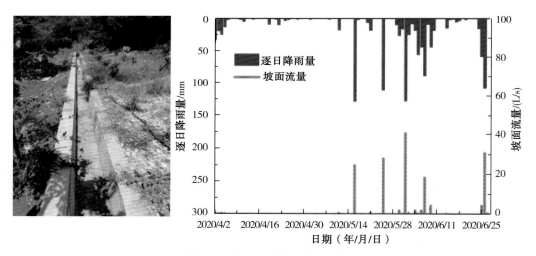

图6-19　坡面流收集水渠及数据

6）洞穴滴水监测

选择狮子岩一洞穴，利用雨量筒对洞穴滴水进行监测，并将其自动记录的滴水数据换算成单位时间内的流量（图6-20）。

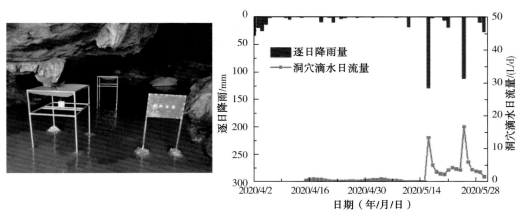

图6-20　洞穴滴水收集及数据

2.水资源调蓄示范点

1）示范点基本情况

选择示范区内的5处水点进行工程性水量控制，编号如下：①J001；②HX210G；③HX209G；④J003-1；⑤HX210-1G（图6-21～图6-26）。其中J001、HX210G和HX209G主要布置拦蓄设施，J003-1和HX210-1G主要布置辅助性控制设施。

图6-21　技术示范基地分布图

图 6-22 ①号拦水示范点

图 6-23 ②号蓄水示范点

图 6-24 ③号蓄水示范点

图 6-25 ④号引水示范点

图 6-26 ⑤号堵水示范点

技术示范基地主体工程采用矩形堰坝，由钢筋混凝土浇筑而成，在坝体中间预留矩形过水面（图6-27），在预留矩形过水面采取两种拦水方式供选择：①采取活动式闸门拦水，通过拦水闸门控制下面过水空间大小进而控制蓄水量；②采用薄壁矩形堰原理（图6-28），在矩形堰口通过薄壁钢板控制水量，堰口最下端有一固定薄壁钢板，钢板过水端呈45°斜口，根据需控制水量灵活增加控制水位板，控制水位板下端口呈45°反向斜口，斜口处增加橡胶垫，通过橡胶垫与下边薄壁钢板进行无缝衔接，该方案能够根据需控制水位情况精准拦截水量。

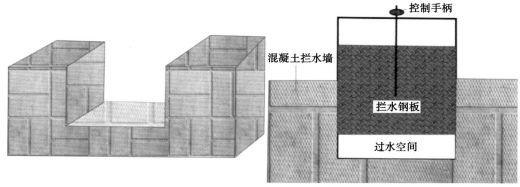

图6-27　拦水矩形坝体和闸门式拦水堰

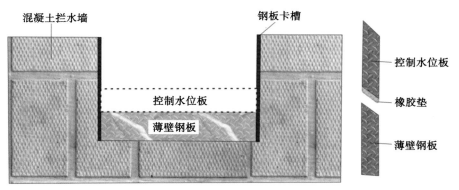

图6-28　矩形堰式拦水堰样式

　　2）①号技术示范基地（图6-22）
　　拦水坝（图6-29）上建造长3.0 m、宽1.0 m、高0.4 m的一级槽。二级拦水坝宽1.0 m，左坝长2.3 m，右坝长2.0 m，两侧延至路基的边坡。在一级堰口加装活动式闸门，全坝要求用混凝土灌注。

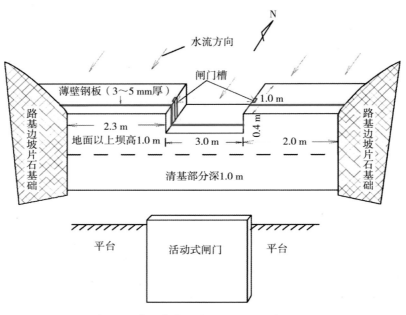

图 6-29　①号技术示范基地施工设计图

3）　②号技术示范基地（图6-23）

监测站类型：半圆形滚水坝。

建坝规模：坝高（从地面算起）1.1 m，宽0.6～1.2 m，弧顶至两侧内边线距离为1.6 m，从内边线统一向外延伸1.0 m，使整个半圆形滚水坝的内弧线长5.02 m，外弧

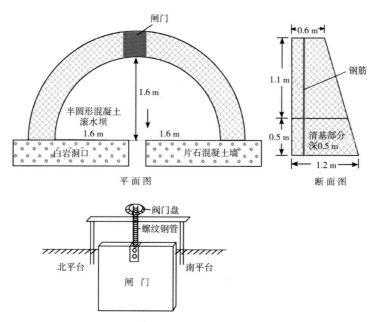

图 6-30　②号技术示范基地施工设计图

线长6.28 m，在拱水坝中间加装宽0.5~1.0 m的闸门（图6-30）。

4）③号技术示范基地（图6-24）

拦水坝（图6-31）位于原有复合矩形堰NW 310°方向的上游约9 m处。利用前人建复合堰的流水槽两侧的围墙作为拦水坝两侧的边界，在两侧墙内建造拦水坝。坝长6.0 m，宽1.0 m，高1.0 m（从地面算起），中间一级堰长2.0 m，加装闸门。

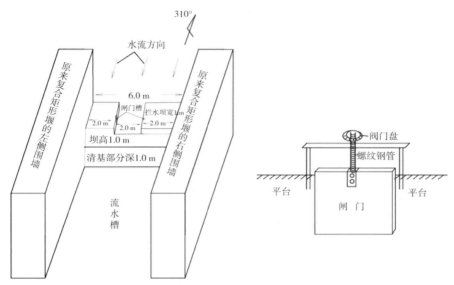

图6-31　③号技术示范基地施工设计图

5）④号技术示范基地（图6-25）

拦水坝位于狮子山南部山脚下方，地表水沟的分布，沿近SN方向发育的为地表水主流，沿WS 240°方向发育的地表水沟为支流。拦水坝修建在主流与支流的交会处西侧（图6-32）。

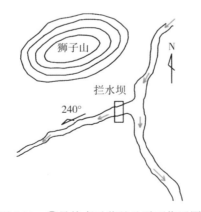

图6-32　④号技术示范基地平面位置图

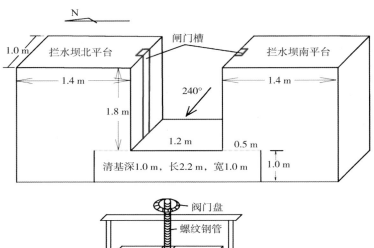

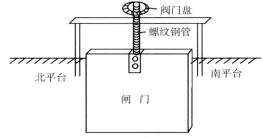

图6-33　④号技术示范基地施工设计图

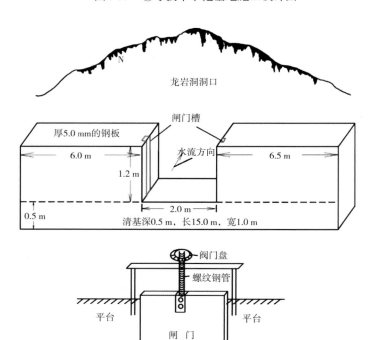

图6-34　⑤号技术示范基地施工设计图

拦水坝规模及尺寸与建造方式（图6-33）：南北长4.0 m，东西宽1.0 m，高1.8 m，南北两端长1.4 m，在二级平台的南北两端搭建1.0 m高的闸门基架，中间安装闸门，用于调节洪水的排放。

6）⑤号技术示范基地（图6-26）

拦水坝位于龙岩洞口外NE 25°方向约5 m处，采用二级堰口设计（图6-34），主要调控洞内外季节性地表水与地下水沿洞口产生的排泄，合理调节水资源的利用率。拦水坝长15.0 m，坝顶面宽1.0 m，坝底部宽1.0 m，坝高（从地面算起）1.2 m（以实际情况为准）；左右两侧坝长6.5 m，作为高水位溢洪坝，中间留2 m长作为低水位溢流口，在溢流口处加装闸门，即拦水坝由一、二级堰口构成复合矩形堰拦水坝。

6.3.4 技术示范基地运营

根据技术示范基地建设进度，5个技术示范基地于2020年1月竣工验收（图6-35），从2020年1月15日开始，水位自动监测在线传输系统正式运行，水位自动记录采用solinst LTC探头，可以同时监测水位、水温和电导率3个参数，通过锂电池无线模块传输系统将实时数据传输到监控平台（图6-36和图6-37）。

图6-35　技术示范基地分布图

根据示范区水文地质条件、地形地貌特征及湿地蓄水、生态植被需水情况等，通过拦、蓄、引、堵4种方式对示范区内水量进行调控（图6-38），其中①为拦水工程点，该点是湿地地表水位控制点，主要控制狮子岩洼地中的蓄水通过地表由北向南排泄的路径；②和③是狮子岩地下河的尾端段出口和入口，地下河管道发育于山体溶洞中并穿山而过，岩溶发育强烈，溶洞空间较大，具有较大的蓄水空间，能够储

图6-36　水位在线监测系统登录界面

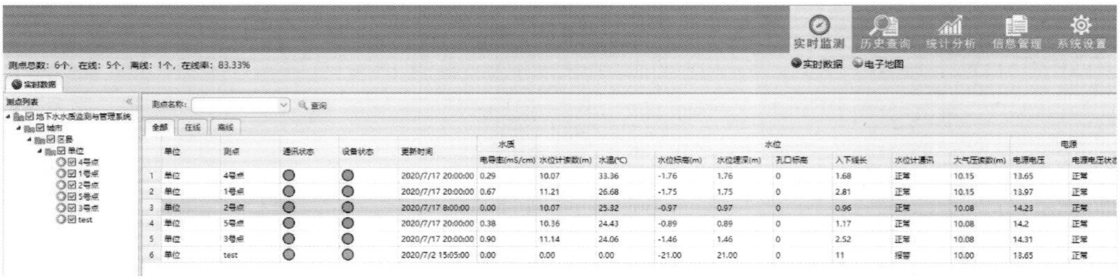

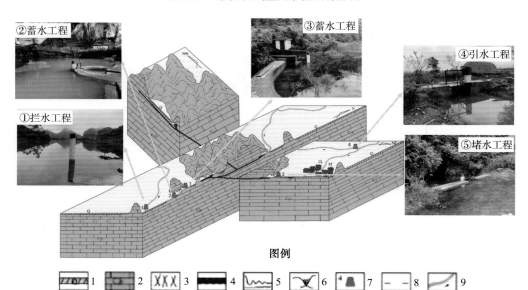

图6-37　水位在线监测系统运行界面

图例

1. 第四系地层，为松散堆积物；2. 石炭系岩关阶（C_1y）地层，岩性为石灰岩，岩溶发育强烈，地下水比较丰富；3. 构造裂隙；4. 岩溶管道；5. 岩溶洞穴；6. 岩溶塌陷；7. 地表及地下水径流排泄工程监测点；8. 地下水位；9. 地表溪流及流向

图6-38　技术示范基地运行效果图

存一定量的地下水，通过在这两个示范点进行蓄水工程施工，控制管道内的蓄水量；④位于监测站J003点NE 85°方向约200 m处，该示范点是控制外来补给水进入洼地和流入外水域的点，通过实施引水工程将流入外水域的水根据需要引入狮子岩洼地；⑤是狮子岩地下河一分支出口，该出口主要是在洼地内水量较大时会从该出口排水到北东水域，在枯季地下河水量较小时未有地下水流出，地下河水量较大时才有水，在该示范点实施堵水工程，控制外流水量。

6.3.5 技术示范应用效果分析

1.完整水文年调蓄效果

技术示范基地水位自动监测传输系统自2020年1月15日运行以来，已获得5个监测点在1个水文年的水位、水温和电导率等数据。其中①②③号技术示范基地是调蓄水资源的主要工程，④和⑤是为了达到拦蓄效果实施的辅助工程。①②③号技术示范基地运行一个完整水文年运行水位变化如图6-39、图6-40和图6-41所示。

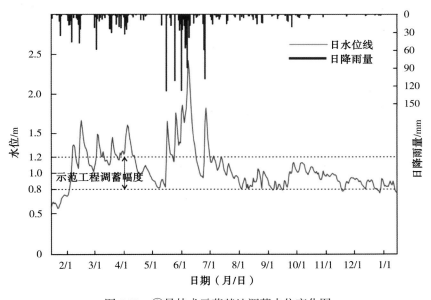

图6-39　①号技术示范基地调蓄水位变化图

技术示范基地运行后，在空间上增加了地下水在溶洞和地表洼地中的蓄存量，同时在时间上延缓了地下水的排泄时间，增加地下水补给时间和地下水资源渗漏补给量。

其中在溶洞和洼地中的静态蓄存增加量按式（6-1）计算：

$$Q_{1ij} = F_{ij} \cdot \Delta d_{ij} \tag{6-1}$$

式中，F_{ij}为第i个调蓄工程j调蓄阶段蓄水面积，m²；Δd_{ij}为第i个调蓄工程j调蓄阶段内技术示范基地影响下最大水位差（扣除洪水位），m。

动态入渗补给增加量按式（6-2）计算：

$$Q_{2ij} = \int F_{ij} \cdot \alpha \cdot J = \sum F_{ijk} \cdot \alpha \cdot J_{ijk} = \sum F_{ijk} \cdot \alpha \cdot \Delta d_{ijk} \qquad (6\text{-}2)$$

式中，F_{ijk} 为第 i 个调蓄工程 j 调蓄阶段 k 时刻水位对应的蓄水面积，m^2；J_{ijk} 为第 i 个调蓄工程 j 调蓄阶段 k 时刻水力梯度；Δd_{ijk} 为第 i 个调蓄工程 j 调蓄阶段 k 时刻水位差；α 为渗流补给系数。

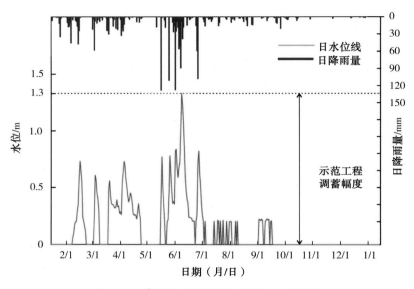

图6-40　②号技术示范基地调蓄水位变化图

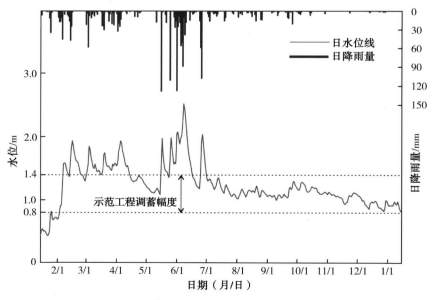

图6-41　③号技术示范基地调蓄水位变化图

总调蓄水资源量按式（6-3）计算：

$$Q = \sum Q_{1ij} + Q_{2ij} - Q_{3ij} \qquad (6\text{-}3)$$

式中，Q_{3ij} 为第 i 个调蓄工程 j 调蓄阶段重复计算资源量。

按照式（6-1）～式（6-3），计算①②③号技术示范基地在1个水文年内调蓄增加的水资源量，由于蓄水区域底部均有较厚的泥土，参照该地区降雨入渗系数，取入渗系数为0.03，同时考虑静态蓄水增量和动态入渗补给量的重复计算，重复计算资源量按静态蓄存增量的30%计算，技术示范基地调蓄水资源量计算结果见表6-2。

表6-2　技术示范基地调蓄增加水资源量计算表

技术示范基地	蓄水面积/m²	静态水位增量/m	静态蓄水增量 Q_1/m³	动态入渗补给量 Q_2/m³	重复计算资源量 Q_3/m³	水资源总增量/m³
①号技术示范基地	7008	0.4	2803.2	15752.54	840.96	17714.78
②号技术示范基地	1986	1.3	2581.8	2852.30	774.54	4659.56
③号技术示范基地	5113	0.8	4090.4	24372.28	1227.12	27235.56
总计	14107	2.5	9475.4	42977.12	2842.62	49609.90

由于技术示范基地仅在会仙湿地局部地段开展，技术示范基地影响范围并未覆盖完整的地下河系统，但对整个系统水资源调蓄具有重要的示范意义。技术示范基地区块地下水资源量的计算存在一定的困难。经研究讨论，将技术示范基地区块概化为一个与周边地下水存在密切联系的不封闭的水文地质单元，采用地下水径流模数法估算地下水资源量。技术示范基地所在水文地质单元面积 F 为491974 m²，根据该区块主要含水岩组富水性，结合已开展的会仙岩溶湿地水文地质勘查和桂林市以往同类地区经验值，枯水期径流模数为8 L/(s·km²)，平水期径流模数为10 L/(s·km²)，丰水期径流模数为15 L/(s·km²)，一个完整水文年地下水资源量为165775.56 m³（表6-3）。

表6-3　径流模数法计算地下水资源量表

	面积/m²	径流模数/(L/s·km²)			地下水资源量/m³			总计/m³	调蓄水资源总增量/m³	提高比例/%
		枯水期	平水期	丰水期	枯水期	平水期	丰水期			
技术示范基地概化影响区块	491974	8	10	15	51007.86	38255.90	76511.80	165775.56	49609.90	29.93%

根据以上计算结果，可知从2020年1月15日至2021年1月15日，通过技术示范基地的实施，示范区内水资源量增加约4.96万 m³，增幅为29.93%。水资源量的增加

有效保障了示范区内农业灌溉用水需求，同时有助于维持湿地正常的地下水位。

2.短期调蓄运行效果

以技术示范基地②号点为例，拦水堰矩形堰口高于地下河管道地面约0.2 m，监测水位从矩形堰口算起，从2019年9月开始至监测站完工运行时，地下河管道内基本处于干涸状态（图6-42）。

图6-42　技术示范基地②号点地下河干涸和蓄水

从2020年1月15日自动监测开始至7月初，降雨过程分为3个阶段（图6-43），第一次降雨阶段从1月15日至2月16日，总降雨量为243.2 mm，其中有3次主要降雨过程，第一次降雨过程从1月15日至1月26日，降雨量为58 mm；第二次降雨过程从2月1日至2月8日，降雨量为106.2 mm；第三次降雨过程从2月11日至2月16日，降雨量为79 mm，整体上降雨时间短，降雨量相对较大。第二次降雨阶段从2月29日至4月25日，持续时间较长，总降雨量为382.2 mm，该阶段降雨较频繁但单次降雨过程降雨量相对较小。第三次降雨阶段从5月11日至6月26日，总降雨量为845.6 mm，降雨持续时间较短，但降雨量较大。

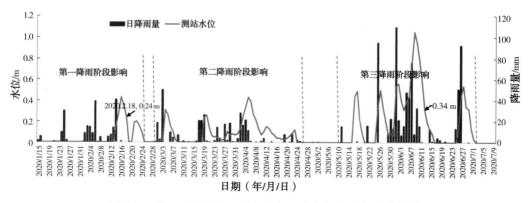

图6-43　②号技术示范基地拦水堰水位与降雨量关系曲线图

水位与降雨量呈正相关关系（图6-43），且水位上涨趋势较降雨量有2~4 d的滞后效应。第一阶段从2020年1月15日到2月13日降雨量累计达到194.4 mm后，2月14日拦水坝监测点开始形成有效径流，并在2月16日达到峰值，此时降雨量已达243.2 mm，较最近一次降雨量峰值时间滞后2 d，此时闸门一直处于关闭状态，但闸门底部仍有少量水排泄。在拦水堰的作用下，监测点矩形堰口水位从0 m达到最高值0.43 m，用时2 d，之后随着降雨的结束，水位开始下降，在2月18日开闸后，水位下降速度明显加快，于2月19日水位恢复到0 m，之后在水位滞后效应和开闸的影响下，水位上升到0.2 m极值后开始下降并恢复到0 m（即堰基位置），自此监测点于2月24日第一阶段降雨影响下拦水堰蓄水过程结束（图6-43）。从第一阶段降雨过程中可以看出，拦水堰在蓄水阶段能够有效缩短蓄水时间，且能够将水位从0.2 m提升到0.43 m，水量涨幅达115%。

根据第二降雨阶段曲线，3月17日至4月6日平均降雨量为12.1 mm，降雨次数为20次，监测点水位在达到极值0.43 m后，水位开始下降，有两次明显下降过程。第一次下降过程主要是由超出拦水闸门高度的水位下降，下降速度较快，第二次下降主要是在拦水闸门控制范围内下降，下降速度明显缓慢。由此可以看出，在降雨量小且降雨频繁的条件下，通过拦水闸门的调蓄，可以有效减缓地下河管道内水量的排泄（主要通过闸门底部缝隙排泄）。

根据第三降雨阶段曲线，可知该阶段降雨天数为28 d，降雨量达845.2 mm，拦水堰蓄水接近于最大值（图6-44），水位达到极值1.05 m后开始下降，该阶段水位下

图6-44　技术示范基地②号点拦水堰6月份最大蓄水

降到 0.34 m 后闸门调蓄作用显现，下降速度变慢。在该阶段最后一次降雨过程中，通过人工开闭闸门再次验证调蓄效果，如图 6-45 所示，在监测点水位从 0 m 增加到 0.20 m 时，关闭闸门，在闸门影响下水位迅速上升到 0.50 m，后受降雨影响达到极值 0.64 m，在降雨影响结束后水位开始回落，回落至 0.50 m 时，开闸泄水，水位迅速下降到 0.39 m，后开始缓慢下降，直至水位至 0.29 m 时，再次关闭闸门，水位迅速回升到 0.39 m，然后趋于稳定，在水位缓慢下降到 0.34 m 时，再次开闸排水，水位迅速下降到 0.24 m，然后缓慢回落，直至回到 0 m。从多次短时间内开闭闸门调蓄结果可以看出，在降雨影响减弱的情况下，短时间内拦蓄堰能够调蓄的有效水位差为 0.1 m 左右。

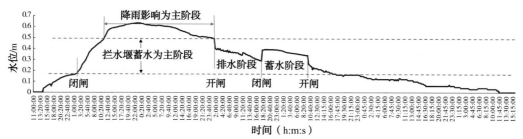

图 6-45　技术示范基地②号拦水堰水位 0 m～0 m 一次完整周期曲线

3. 枯水期水资源调蓄（图 6-46～图 6-51）

根据示范区多年平均降雨量，分析枯水期（1 月 15 日至 3 月 31 日和 11 月 1 日至次年 1 月 15 日）调蓄阶段技术示范基地调蓄效果。根据式（6-1）～式（6-3），计算该

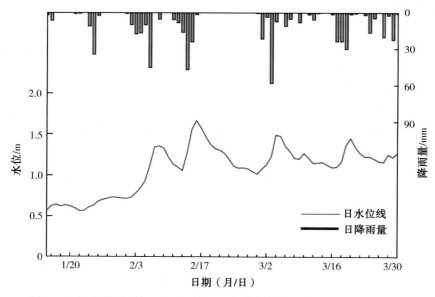

图 6-46　枯水期（1 月 15 日至 3 月 31 日）①号技术示范基地调蓄水位变化

时间段内技术示范基地调蓄水资源量和地下水资源量，计算结果见表6-4和表6-5。根据计算结果，在该时间段内技术示范基地调蓄水资源量提升40.70%，这主要是由于枯水期地下水资源量较少，储水空间较大，在拦蓄作用下，地下水增量相对较大。

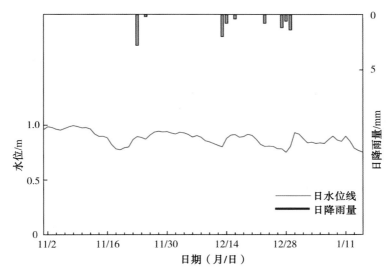

图6-47　枯水期（11月1日至次年1月15日）①号技术示范基地调蓄水位变化

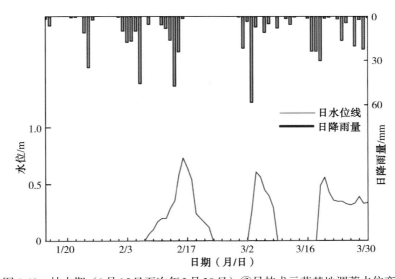

图6-48　枯水期（1月15日至次年3月30日）②号技术示范基地调蓄水位变化

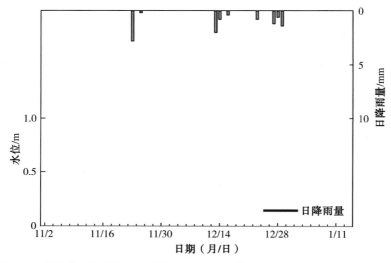

图6-49 枯水期（11月1日至次年1月15日）②号技术示范基地调蓄水位变化

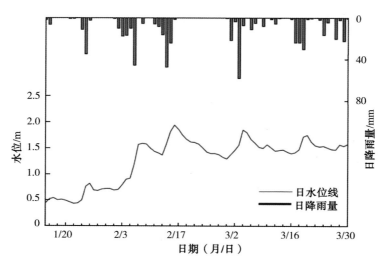

图6-50 枯水期（1月15日至3月30日）③号技术示范基地调蓄水位变化

表6-4 枯水期水资源调蓄量计算结果

技术示范点	蓄水面积/m²	静态水位增量/m	静态蓄水增量 Q_1/m³	动态入渗补给量 Q_2/m³	重复计算资源量 Q_3/m³	水资源总增量/m³
①号点	7008	0.40	2803.20	5608.56	840.96	7570.80
②号点	1986	0.73	1449.78	626.91	434.93	1641.76
③号点	5113	0.80	4090.40	8683.21	1227.12	11546.49
总计	14107	1.93	8343.38	14918.68	2503.01	20759.05

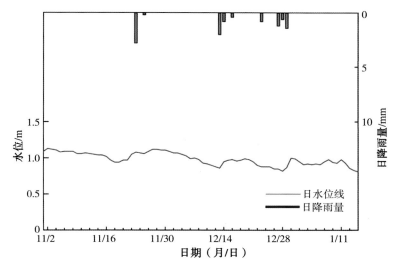

图6-51 枯水期（11月1日至次年1月15日）③号技术示范基地调蓄水位变化

表6-5 枯水期示范影响区地下水资源量计算结果

	面积/m²	径流模数 /[L/(s·km²)]	地下水资源量/m³	调蓄水资源总增量/m³	提高比例/%
技术示范基地概化影响区块	491974	8	51007.86	20759.05	40.70%

4.丰水期水资源调蓄（图6-52～图6-54）

根据示范区多年年平均降雨量及技术示范基地运行一个水文年时间段，本次示范期内丰水期从4月1日至7月31日，分析丰水期调蓄阶段技术示范基地调蓄效果，并根据式(6-1)～式(6-3)，计算该时间段内技术示范基地调蓄水资源量和影响范围内的地下水资源量，计算结果见表6-6和表6-7。根据计算结果，可知在该时间段内技术示范基地调蓄水资源量提升35.33%，主要是由于丰水期降雨量较大，技术示范基地调蓄能力达到最大，即使在降雨量相对较少的时间段内，其对地下水资源量的调蓄也能起到作用。

表6-6 丰水期示范影响区地下水资源量计算结果

	面积/m²	径流模数 /[L/(s·km²)]	地下水资源量/m³	调蓄水资源总增量/m³	提高比例/%
技术示范基地概化影响区块	491974	15	76511.80	27031.35	35.33

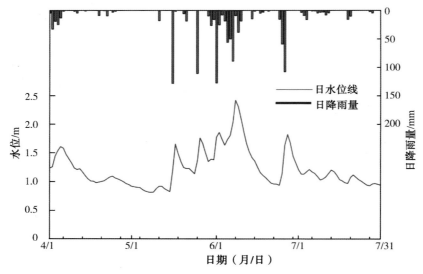

图6-52　丰水期①号技术示范点调蓄水位变化

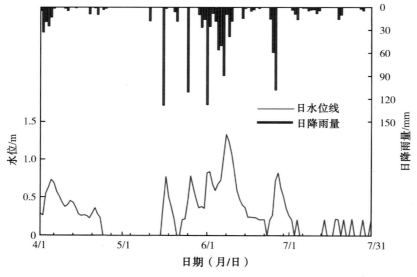

图6-53　丰水期②号技术示范点调蓄水位变化

表6-7　丰水期水资源调蓄量计算结果

技术示范点	蓄水面积 /m²	静态水位 增量/m	静态蓄水增量 Q_1/m³	动态入渗补给 量 Q_2/m³	重复计算资 源量 Q_3/m³	水资源总 增量/m³
①号点	7008	0.4	2803.2	7390.23	840.96	9352.47
②号点	1986	1.3	2581.8	2023.89	774.54	3831.15
③号点	5113	0.8	4090.4	10984.46	1227.12	13847.74
总 计	14107	2.5	9475.4	20398.58	2842.62	27031.36

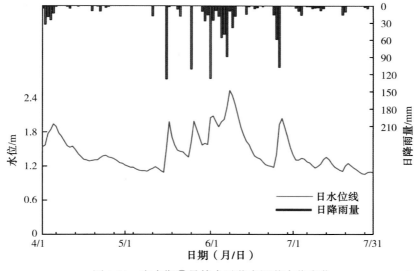

图6-54 丰水期③号技术示范点调蓄水位变化

5.平水期水资源调蓄（图6-55～图6-57）

　　根据示范区多年年平均降雨量及技术示范基地运行一个水文年时间段，本次示范期内枯水期从11月1日至次年3月31日，分析平水期调蓄阶段技术示范基地调蓄效果，并根据式(6-1)～式(6-3)，计算该时间段内技术示范基地调蓄水资源量和影响范围内的地下水资源量，计算结果见表6-8和表6-9。根据计算结果，可知在该时间段内技术示范基地调蓄水资源量提升37.36%。

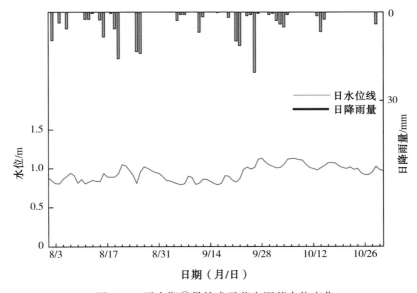

图6-55 平水期①号技术示范点调蓄水位变化

表6-8　平水期示范影响区地下水资源量计算结果

	面积/m²	径流模数 /[L/(s·km²)]	地下水资源量/m³	调蓄水资源总 增量/m³	提高比例/%
技术示范基地概 化影响区块	491974	10	38255.90	14292.64	37.36

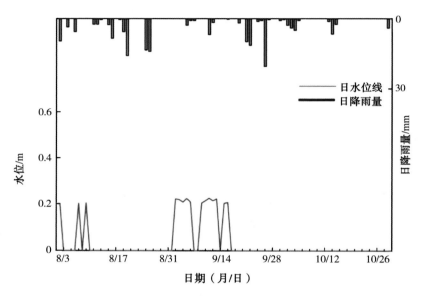

图6-56　平水期②号技术示范点调蓄水位变化

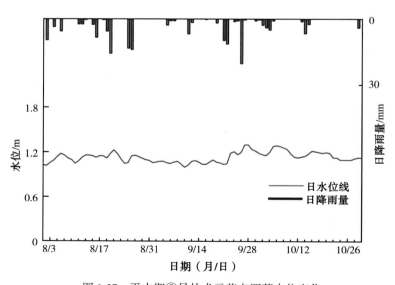

图6-57　平水期③号技术示范点调蓄水位变化

表 6-9　平水期调蓄水资源量计算结果

技术示范点	蓄水面积/m²	静态水位增量/m	静态蓄水增量 Q_1/m³	动态入渗补给量 Q_2/m³	重复计算资源量 Q_3/m³	水资源总增量/m³
①号点	7008	0.4	2803.2	2753.74	840.96	4715.98
②号点	1986	1.3	2581.8	201.50	774.54	2008.76
③号点	5113	0.8	4090.4	4704.61	1227.12	7567.89
总计	14107	2.5	9475.4	7659.85	2842.62	14292.63

6.技术示范前后水位变化分析

技术示范点于2021年1月15日建成运行，下面以①号示范点为例，分析工程实施前后水位的变化情况，其中枯水期（1月15日至3月31日）是关键期，选取枯水期、工程实施前（2019年）和工程实施后（2020年）①号示范点的水位做对比分析，对比结果如图6-58所示，从图中可以看出，工程实施后，即2020年1月15日至3月31日，该点的水位在初期经过缓慢变化后，随着拦水堰拦蓄作用的持续，较拦蓄前（2019年1月15日至3月31日）明显上升，并且在拦水堰达到最佳拦蓄效果后保持在1.0 m以上，之后随着降雨的变化产生一定波动。

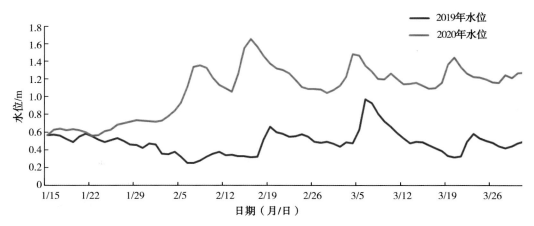

图6-58　①号示范点建成前（2019年）和建成后（2020年）水位变化

7.地下水开发利用率和应急供水能力分析

1）地下水开发利用率分析

（1）有效提高地下水开发利用率的方法。

根据前期的调查研究，会仙岩溶湿地流域提高地下水利用率主要通过两个方面来实现：①进行表层岩溶带的调蓄；②通过工程措施封堵地下河。

表层岩溶带本身具有一定的调蓄功能，通过拦、引、蓄等措施可以进一步提高水资源利用率。示范区所采用的表层带坡面流拦蓄引水渠对旱季场雨的调蓄意义重大。此外，南方岩溶区大量建设的水柜、水窖等集蓄工程，不仅可充分利用天然降水，提高区域调蓄能力，还可合理调节灌溉水源，从而提高水资源的利用率和有效性。

地下河系统具有较大的存储空间，可通过工程措施堵洞成库，充分利用地下空间，以丰补歉，对降水、地表水和地下水进行联合调蓄。在用水淡季利用渠系引水，而在用水高峰期以地下水作为补充水源，不仅可在时间和空间上合理调节水资源，大大提高水资源的利用程度，还可满足干旱期作物适时灌溉要求。

（2）示范区地下水开发利用率分析。

示范区的地下水主要用于水塘养鸭养鱼、农田生态系统、湿地生态系统、林地生态系统、河流湖泊生态系统等，以及用作生活用水，其中调蓄前后水资源量变化较大的是农田生态系统，主要表现为枯水季节农业灌溉用水量增加，此外水塘养殖和生活用水量也略增加。由于地下水资源量增加，灌溉用水量可以得到保障。示范区及周边主要种植木薯和柑橘，种植面积约为 21.19 万 m^2，枯水季节灌溉用水量较调蓄前增加 3583 m^3，水塘养殖用水量增加 768 m^3，生活用水量增加 206 m^3，总用水量增加 4557 m^3，地下水开发利用率提高 12.2%（表6-10）。

表6-10 示范区地下水开发利用统计结果

	水塘养殖（养鱼、养鸭）用水量/m^3	生活用水量/m^3	生态用水量（含灌溉用水量）/m^3	总用水量/m^3	提高比例/%
调蓄前	5907	1470	29979	37356	—
调蓄后	6675	1676	33562	41913	12.2

2）应急供水能力分析

应急供水能力主要体现在枯水季节或长期降雨量小导致的干旱期，示范区可用于应急供水。除去蒸散发、径流排泄后，示范区在调蓄前可用于应急供水的水资源量为 2048 m^3。根据前述计算结果，示范区调蓄水资源后，枯水季节地下水资源量增加 20759 m^3，随着地下水资源量增加，生态用水量（含灌溉用水量）、水塘养殖用水量和生活用水量增加，同时蒸散发和径流排泄量也增加，计算后可知可用于应急供水的水资源量为 2451 m^3，较调蓄前增加 403 m^3，调蓄后应急供水能力提升 19.7%（表6-11）。示范区枯水期增加的应急供水（403 m^3）可供周边村民应急使用，利用方式主要为水井、溶洞抽水，以及水柜蓄水后使用。按冯家村常住人口为 120 人且每人每天的用水量为 100 L 计算，可供该村村民应急使用 33.58 d。

表6-11 示范区地下水应急供水统计结果

	地下水资源量/m^3	已利用水资源量/m^3	剩余水资源量/m^3	应急供水资源量/m^3	提高比例/%
调蓄前	51008	37356	13652	2048	—
调蓄后	71767	41913	29854	2451	19.7

6.4 会仙岩溶湿地地下水合理开发与生态保护对策

6.4.1 岩溶地下水资源持续利用与保护对策分析

全球岩溶分布面积为2200万km²，赋存于岩溶区的岩溶水资源为全球20%～25%的人口提供了饮用水源。随着全球人口的增长和水资源供需矛盾的加剧，有必要进行岩溶水资源持续利用研究，其对于保障供水安全、维持经济社会发展和开展生态文明建设具有重要的意义。

西南岩溶区横跨贵州、云南、广西、湖南、四川、重庆、湖北和广东等省（区、市），岩溶分布面积为75.5万km²，是我国最大的连片岩溶分布区。由于岩溶地质环境特殊，水资源赋存和分布规律十分复杂，开发利用难度大，而岩溶水资源的开发利用会直接影响区域经济和社会的可持续发展。岩溶地貌是影响岩溶地下水资源赋存和分布规律的主要因素，根据地表岩溶形态及其组合关系，可将西南岩溶区划分为4种主要类型：①峰林平原，指山峰与平原的组合形态；②溶丘洼地，指山丘、溶岗、洼地和谷地的组合形态；③峰丛山地，指连绵的山峰与封闭的洼地的组合形态；④断陷盆地，指断裂活动造成的岩溶盆地与其周边山地的组合形态。不同的岩溶地貌对应的岩溶地下水资源的持续利用对策不同，下面将根据上述4种岩溶地貌类型介绍岩溶地下水资源可持续利用与保护的对策。

1. 峰林平原区挖井钻孔、节水灌溉与发展高效农业对策

1）水资源特征

峰林平原区的主要特征为地形平坦、耕地连片、地表水缺乏、地下水埋深浅、水资源和光热资源丰富，是岩溶区不可多得的农业基地。地貌类型以峰林平原（盆地）为主，地势平缓开阔，土层厚度为0～10 m。耕地面积占土地总面积的15%～20%，其中水田面积占耕地面积的60%～70%、旱地面积占耕地面积的30%～40%。人均耕地面积为0.08 hm²左右，高于西南岩溶区平均水平。岩溶发育强烈，裸露区山峰上发育有数层溶洞，脚洞、穿洞和岩溶泉的分布较为普遍；覆盖区溶蚀-堆积残丘平原上，表层岩溶系统的岩溶化程度极高，漏斗、竖井、落水洞、地下河天窗、溶洞和地下河管道等构成可让物质与能量迅速渗漏运移的复杂介质结构。局部低洼部位常形成宽而浅的洼地，石芽和"石海"遍布。地表除水系干流外，多无常年性水流，这对区域供水不利。地下浅部在水位变动带或饱水带附近，横向洞穴比较发育，溶隙比较均一。地下水以分散的水平运动为主，水力坡度缓，具有统一水位。岩溶地下河系统发育，以集中排泄为主，非均一性强。大气降水、地表水、地下水交替强烈，动态不稳定。地下水埋深较浅，枯季埋深为10～30 m，雨季仅数米。

2）地下水持续利用对策

（1）挖井钻孔。可建设抽水型地下调节水库，解决区域性干旱问题。由上述水资源条件可知，该区缺乏常年性地表河流，也不适宜修建地表引水工程和大型蓄水工程，故地下水是主要的供水水源。区内开挖大口径井和钻井的条件比较有利，且

投资少、周期短、取水成本低，宜建设抽水型地下调节水库。其基本原理如下：利用峰林平原浅层岩溶化强、储水性和透水性好的特点，在农作物需水的干旱季节开采中深层地下水，形成空库容，雨季来临后通过天然降水入渗恢复地下库容。

（2）节水灌溉。可发展节水型生态农业，提高取水和供水的经济效益。主要措施如下：推广节水灌溉技术（如喷灌、滴灌和移动式灌溉等），提高水资源利用率；进行土壤持水能力改良，如使用生物蓄水保肥和保水技术，以及引进需水量少的高效、优质品种等，增强抗旱、减灾能力；进行产业化开发，提高取水和供水的经济效益。

（3）调整用地结构。可将水资源调蓄、高效种植、高效养殖和生态建设相结合，具体如下：改良水土资源配置，调整用地结构，扩大经济果林面积；合理调整农业产业结构，减小高耗水作物的种植面积，扩大高效旱作物如瓜果、蔬菜、药材等经济作物的种植面积；建造生态经济林，提高森林覆盖率，增强涵养水源功能，治理水土流失和石漠化，改善平原区小气候。

2.溶丘洼地区堵洞引水、梯级发电与发展庭院经济对策

1）水资源特征

溶丘洼地区的岩性为灰岩和白云岩夹碎屑岩。地貌类型以溶丘洼地、溶岗谷地为主，北西部隆升地区高差较大，为300~800 m，常形成多级台地和分布于不同高程下的多层溶洞。地势较高处，岩溶形态以洼地、漏斗和落水洞为主，为地下水的补给区；地势较低处，以溶洞和地下河等为主，为地下水的排泄区，出露大岩溶泉和地下河。该区气候属亚热带气候，平均降水量为1200~1500 mm。4~9月为雨季，其降水量占全年的50%~70%，旱灾主要出现于秋季。岩溶地下水资源开发利用率低，仅占枯季资源的10%左右。例如，湖南省岩溶区保灌面积仅占耕地总面积的5.7%，缺水量达30.85亿 m^3/a。

2）地下水持续利用对策

（1）堵洞蓄水，凿洞拦截，引水灌溉与发电相结合。根据上述特征，宜在地下水的补给区、径流区和排泄区分别采取堵、蓄、引的方式，综合开发利用水资源和水能资源：补给区的高位洼地，宜选择岩溶管道集中发育的部位，堵洞形成地表-地下联合水库；径流区宜开凿隧洞，拦截地下河，引水灌溉和发电；排泄区宜以引水为主，开发地下河和大岩溶泉的水资源，具备条件时可修建地表-地下联合水库。

（2）整理土地，退耕还林，发展生态经济林。在土地集中的地区，可进行地下水调度，建设灌溉渠网，实施坡改梯工程，保水保肥，引进优质品种，科学种植，建立高产、稳产粮食基地；在位置较高的山地和坡度较陡的地区，应退耕还林，优选当地优势树种和引进速生树种，大力发展生态林、用材林、薪炭林和经济林，恢复生态环境。

（3）开发资源，兴办企业，发展庭院经济。在开发利用水电资源的基础上，开发煤炭等其他矿产资源，兴办加工业等，发展庭院养殖业和种植业；兴建沼气池，其既与家庭养殖业相配套，又可解决燃料问题，减少对植被的破坏，防止土地荒漠

化，增加农民收入，实现生态经济的良性循环。

3.峰丛山区兴建水柜、实施表层调蓄与发展生态经济对策

1）水资源特征

峰丛山地区的地貌类型以峰丛洼地和深切河谷为主，地形切割深，高差大，是西南岩溶区自然环境条件最恶劣的地区。该区除洼地、谷地底部外，地下水埋深一般大于300 m，不适合进行钻井开采；地表崎岖破碎，耕地零星分布，村民分散居住，不适合进行大规模集中供水。岩溶发育特征为垂向分带性比较明显，由上向下可划分为表层岩溶带、垂向渗滤带和饱水带。其中表层岩溶带为峰丛山区强烈岩溶化的表层部位，厚度为数米至30 m，对水资源开发和生态建设有着特殊的意义。表层岩溶带的岩溶网络结构由纵横交错的溶蚀缝洞构成，具有较高的孔隙度和渗透性。降雨后，雨水渗入其内部产生岩溶水浅循环，对地表坡面流具有调节作用。入渗的水流，一部分以季节性泉水形式重新流出地表（称为表层岩溶泉），另一部分则下渗进入垂向渗滤带和饱水带。由此，峰丛山区形成了特有的浅层水循环和深层管道水循环耦合的二次岩溶水循环结构。表层岩溶带是水资源的重要调蓄转换带，也是岩溶山区水资源开发和生态建设的重要媒介，其赋存的地下水可构成小型供水水源，是缺水山区人畜用水和分散农田灌溉的重要水源。

2）地下水持续利用对策

（1）兴建水柜，修建山塘，分散蓄水和引水。可在表层岩溶泉处兴建水柜，蓄积水资源；在地头和居民住处分别兴建地头水柜和家庭集雨水柜，充分集蓄雨水和地表水；在高位洼地修建山塘小水库，因地制宜，分散蓄水和引水，以解决零星分布的耕地的灌溉用水问题和分散居住的居民的饮用水问题。

（2）生物措施与工程措施相结合，提高表层岩溶带调蓄能力。一方面，可种植适生和速生树种，建设生态水源林，修复生态，涵养水源；另一方面，可修建拦水挡土坝和绿化带，实施坡改梯，进行土壤改良和黏土铺盖，截水防渗，控制水土流失，增强表层岩溶带调蓄能力。

（3）退耕还林，生态移民，发展生态型经济。峰丛山区以生态建设为主，不适宜进行大规模的人类活动和经济建设。对于坡度大于25°的坡耕地，一律实行退耕还林，对于不适合人类居住的地区，则应组织居民搬迁。产业宜以种植业（如种植药材和果树等）和家庭养殖业为主，利用丰富的岩溶景观资源发展生态旅游业也是脱贫致富的途径之一。

6.4.2　会仙岩溶湿地地下水合理开发与生态保护对策分析 ◌

会仙岩溶湿地是在特殊的岩溶水文地质发育过程中形成的，对我国岩溶生态水文研究具有重要的科研价值。由于湿地的自然属性，以及人类无节制地开发，湿地不断萎缩，功能退化。保护会仙岩溶湿地时应充分了解岩溶湿地的特点，并结合岩溶湿地存在的问题，因地制宜、因时制宜，制定科学的保护对策。根据前面的分

析，会仙岩溶湿地的保护主要涉及以下几个方面。

1.结合岩溶水文地质特点，修建蓄水和引水工程

会仙岩溶湿地退化的重要原因在于湿地来水减少，造成湿地没有足够的水资源保有量保证湿地系统健康发展。根据湿地的水文地质结构，可在冯家地下河下游和分水塘上游分段布置蓄水工程，在提高湿地水位的同时，对湿地水资源进行调蓄，以防止发生洪涝灾害，保证湿地系统的稳定性。在湿地流域的东西两侧，可沿地下水径流方向修建引水工程，减少系统溢流水外排，同时重新启用青狮潭水渠，适当对湿地的水资源进行补给。

2.适当增加土壤营养元素，维持稳定的生态系统

土壤营养元素在交替经历氧化和还原环境时会严重流失。因此，应减少湿地的水文扰动，遵循水资源循环规律，这对维持湿地较高的营养元素含量和提升生态系统服务功能具有十分重要的意义。已有研究表明，湿地土壤中的氮是影响湿地植物生长的重要因素，此外氮元素还能够促进土壤有机碳的积累，对于维持湿地的生态平衡具有重要作用。湿地的氮元素主要来源于凋落物和根系。因此，应减少对湿地植物的干扰，尽量让植物凋落物融入湿地土壤，这对维持湿地土壤的有机碳和氮元素水平很重要。

3.减少人类活动的影响

湿地拥有丰富的动植物资源，与人类的生存、生活紧密联系，对湿地进行开发利用是人类活动的一个重要组成部分。人类活动特别是围湖造田、修建鱼塘等，对湿地生态环境造成了严重影响。应避免进一步破坏湿地，逐步修复遭受破坏的湿地，并配合相应的补水工程、退耕还湿、退（鱼）塘还湖和避免过度开采等，这是实现岩溶退化生态系统恢复和功能提升的主要途径。

4.进行石漠化治理，减少水土流失和地下河管道堵塞

会仙岩溶湿地内存在的石漠化问题是导致湿地脆弱的主要因素之一。开展湿地保护时，必须从源头上减少水中的泥沙含量，进行石漠化治理，减少水土流失，防止湖泊沼泽淤积及地下河管道堵塞，由此可减缓湿地的退化速度，增加湿地水资源补给量。

5.开发适应性景观生态与保护性替代产业模式

岩溶湿地资源缺乏、环境脆弱，但却是人口聚集地。修复退化的湿地时，应在保护区域生态环境的同时解决大量居民的生计问题。近年来，湿地周边地块大量种植葛根、山药等深根经济作物，坡耕地种植柑橘，这些高强度的垦殖活动造成湿地植被被破坏、水土流失。因此，应开展适应性景观生态设计，开发保护性替代产业模式，如构建木本饲料植物群落、大力种植优质牧草与实施肉牛圈养等，以形成岩溶农牧复合生态系统，减轻垦殖活动对坡耕地的破坏。

6.5 小结

    岩溶湿地地下水开发利用模式应结合湿地水文地质条件、岩溶水赋存及运移规律。在岩溶地下河型湿地中，地下河出口多采用直接引流或拦蓄开发模式，天窗采用提水至高位水池后自流开发模式，而溶潭、岩溶湖采用直接抽提水技术对其水资源进行开发。针对岩溶泉型湿地，主要布置蓄引工程。总体来说，岩溶湿地地下水的开发利用模式由其水文地质特征决定，应因地制宜地选择适宜的开发技术和方案，以达到高效开发利用岩溶地下水的目的。

    会仙岩溶湿地具有特殊的水文地质结构，湿地内地表水和地下水联系密切，地下水的时空分布差异和开发利用不合理对湿地生态系统产生较大影响。在准确掌握湿地地下水开发利用现状的基础上，通过构建会仙岩溶湿地退化分类分级评价指标体系，开发会仙岩溶湿地预警模型。选择狮子岩地下河开展水资源调蓄关键技术示范，在系统总结南方岩溶区不同类型地貌下5种水资源高效开发利用模式的基础上，根据示范区水文地质特征和岩溶与石漠化发育程度，提出了"补给区开展以植被恢复为主、峰丛洼地坡面流收集回用的石漠化治理以提高表层带调蓄能力，径流区通过拦、蓄、引、堵四种方式对地下水进行水量-水位分级调控，排泄区拦蓄地表水促进湿地恢复"的"三位一体"技术方案。由于湿地的自然属性，加之人类无节制开发，湿地不断萎缩，功能退化。保护会仙岩溶湿地应充分了解岩溶湿地的特点，结合岩溶湿地存在的问题，因地制宜、因时制宜地科学制定保护措施。

结论与建议

岩溶湿地是一种独特的湿地类型，是地表湿地与地下湿地的有机结合体。由于地下水资源被过度开发，岩溶湿地地下水位严重下降，造成岩溶塌陷、湿地沼泽萎缩、生物群落减少等一系列生态环境问题，严重威胁岩溶湿地的健康与可持续发展。

本书围绕石漠化区退化岩溶湿地的水文调控与生态功能提升，阐述了岩溶湿地地下河水资源化及生态功能保护技术与方法，论述了岩溶地下河封堵、储存和利用方面的关键技术及应用效果。

1. 构建岩溶湿地"五水"转化动力学模型，阐明典型岩溶湿地水循环与"五水"转化规律

岩溶湿地的水文动态与岩溶地下水关系密切，具有地表孤立、地下连通的特点，对气候变化和人类活动较为敏感。

本书以桂林会仙岩溶湿地为研究对象开展研究，在会仙岩溶湿地重点研究区内共建设了25个监测站，包括11个地表水自动监测站、11个地下水自动监测站、1个气象监测站、1个土壤水监测站和1个坡面流试验站。监测结果表明，会仙岩溶湿地地表水位的波动具有典型的山区雨源型地表河特征，2019～2020年度暴雨期水位最大涨幅为0.24 m/d，变幅为0.8～1.4 m；地下水文过程曲线呈现多峰多谷特征，水位降幅为0.042 m/d，涨幅为0.29 m/d，水位变幅大于地表水，为0.5～2.27 m。

地下水水温明显受气温季节性变化的影响，且具有滞后效应。根据不同地点地下水水温的变化规律，可以将降水补给方式分为两种：面状入渗补给和点状集中入渗补给。

对一个丰水年（2018～2019年）内包括睦洞湖子系统（I-2）和马面-狮子岩子系统（I-3）的会仙岩溶湿地核心区（总面积为41.82 km²）的各水均衡要素进行计算，得到湿地核心区地下水总补给量为3283.35万 m³，总排泄量为3380.97万 m³，地下水系统的蓄存量为-97.62万 m³，表现为负均衡。湿地核心区以大气降水入渗补给为主，排泄方式以蒸发和径流排泄为主。

"五水"转化现场试验结果显示：在小雨等级的降雨事件中，降雨转化为土壤水的比例为64.65%～95.09%；在中雨等级的降雨事件中，出现洞穴滴水，但比例较低；在大雨及大暴雨等级的降雨事件中，超过50%的降水转化为岩溶地下水，洞穴滴水量次之，地表径流量最小。在小雨和中雨条件下，大气降雨转化为植被水、土壤水和地下水，转化比例分别为2%～3.5%、40%～60%和25%～35%；在大雨、暴雨及以上降雨条件下，转化比例分别为1.5%～2.2%、25%～30%和32%～50%。小雨及中雨条件下，降雨直接转化为地下水和岩溶裂隙水的比例分别为8%～15%和10%～15%，大雨和暴雨条件下，降雨的转化比例分别为15%～20%和20%～35%；不同降雨条件下，降雨转化为植被蒸腾水和蒸发水的比例分别为1.5%～3.5%和6%～9%。

降雨量小于5 mm时无法产生有效的壤中流；当降雨量达到5 mm后，20 cm内的土壤会迅速达到饱和状态并产生壤中流；当降雨量达到50 mm时，20 cm处土壤含水量增加21%，40 cm处土壤含水量增加13%；雨后6 h内，40 cm处土壤含水量只降低2%（降幅为15%）。坡面流的产流条件为6 mm以上的降雨持续降1 h以上，而临界降雨量达到15 mm时才会出现洞穴滴水。地下河出口流量变化滞后于降雨4～36 h；尽管小雨降雨次数较多，但雨量较分散，对地下水动态变化贡献较小。

2. 对会仙岩溶湿地演化趋势进行深入分析，基本阐明岩溶湿地生态功能危机形成机制

（1）会仙岩溶湿地的形成与演化是地质构造运动、人类活动共同作用的结果。自晚白垩纪发生燕山构造运动以来，区域内地壳抬升，内陆湖泊不断解体、缩小，遗留的内陆湖形成会仙岩溶湿地。6450～2750 BP，区域内地壳下降，加上区内强烈的岩溶作用，湿地维持湖泊状态；2750 BP至1943年，出现气候冷暖交替和地壳短暂抬升的现象，导致湖泊进一步解体，沼泽化加速。

（2）自20世纪70年代以来，会仙岩溶湿地水域面积不断缩减，湿地从自然湿地逐渐向人工湿地（主要为水田、鱼塘）转变。

（3）气候变化加快了湿地生态逆向演替和退化速度。1960年以来，气温每年平均升高0.8 ℃。1985年以前偏冷，气温增幅为0.08 ℃/10 a；1985年以后偏暖，气温增幅为0.15 ℃/10 a，并且剧烈波动。虽然气温在不断升高，但降雨量并没有相应增加，导致蒸发量增加，而极端天气频发加剧了降雨的年内分配不均。

（4）高温、高湿及岩溶作用造成土壤中Ca^{2+}、Mg^{2+}等易溶性阳离子流失，不利于土壤保持养分，导致岩溶湿地土层薄，富钙偏碱性，营养元素总量低，有效态含量少。此外，岩溶湿地地表和地下水位的波动促使有机质迅速分解，加剧了湿地的淤积。

（5）岩溶发育导致水土流失，加快了湿地底泥沉积速度，而地下河的堵塞直接影响了湿地的调蓄功能。

（6）2003年之后，在围湖造田、鱼塘围垦养殖等的影响下，会仙岩溶湿地内自然湿地面积急剧减小、人工湿地面积急剧增加，湿地破碎化加剧，这破坏了湿地的整体性，降低了湿地的有效环境容量。此外，水体富营养化现象频繁发生，危害了水环境，破坏了景观，加剧了湿地淤积程度。

3.初步揭示地下水资源开发利用与岩溶湿地生态环境相互作用机制，构建基于湿地健康的水位-水量双控指标体系

对会仙岩溶湿地水化学组分昼夜变化规律进行分析后发现，沉水植物群落分布区水化学等指标的昼夜变幅大于挺水植物群落分布区，由此可知水生植物的光合作用和呼吸作用、水温及脱气作用共同影响岩溶湿地水文地球化学的昼夜变化，并影响了岩溶湿地内部的物质循环过程，且岩溶湿地沉水植物分布区的生物地球化学作用更加强烈，这有助于湿地恢复健康。

采用2018年和2019年2个水文年的监测数据对会仙岩溶湿地核心区地下水调蓄系数和复蓄指数进行计算，计算结果显示，会仙岩溶湿地地下水系统具有一定的储水调蓄功能，但调蓄能力有限，而强降雨和长期干旱导致湿地水位的稳定性受到影响。要想长期维持湿地的生态功能，需要提升湿地的调蓄能力，这可以从减少湿地出流量入手，并配以相应的补水工程，使湿地水位维持稳定。

2019年地下水开发潜力指数逐月计算结果显示，枯水期会仙岩溶湿地地下水开发潜力为负值，亟须提高地下水利用率。

马面-狮子岩地下河系统在2019年的极旱月份（8~9月）抽取约6.96×10^5 m^3的地下水用于灌溉，每年平均抽取地下水约1.496×10^6 m^3。睦洞河（湖）分散排泄系统在2019年的极旱月份抽取约8.64×10^5 m^3的地下水用于灌溉，每年平均抽取地下水约1.764×10^6 m^3。由于在枯水期大量开采地下水用于农田（蔬菜地）灌溉，导致在会仙岩溶湿地核心区内发生多处岩溶塌陷。要想实现该区地下水资源的持续利用，必须构建基于湿地健康的水位-水量双控指标体系。为此，本书选择会仙岩溶湿地代表性物种——华克拉莎作为指示湿地健康状况的指示性物种。华克拉莎群落在会仙岩溶湿地的分布面积为0.66 km^2，属于原生集中连片分布的单优势种群落，对水位的变化极其敏感，在临界水深8~42 cm内可健康生长。因此，将水位波动8~42 cm作为调控会仙岩溶湿地的临界水位。

在确定临界水位的基础上，建立会仙岩溶湿地生态需水量结构模型，对示范区所在的狮子岩地下河系统逐月计算湿地需水量。计算结果显示，4~10月为狮子岩地下河系统主要的需水月份，逐月消耗性需水量均在1.5×10^6 m^3以上，累计需水量占全年消耗性需水量的84.38%；而1~3月、11~12月两个时段生态需水量相对较少，单月消耗性需水量为4.39×10^5~6.77×10^5 m^3。另外，逐月需水量峰值与作物生长发育期、降水高值期的相关性较强，反映出降水、作物生长是影响该区生态需水量的重要因素。验证计算结果后，将计算得到的生态需水量作为维持湿地健康所需的最小需水量。同时，采用PSR方法构建会仙岩溶湿地健康评价模型，并完成会仙岩溶湿地健康评价。评价结果显示，2018~2019年会仙岩溶湿地的CEI值为3.08，湿地处于亚健康状态。

4.构建南方岩溶区地下河水资源化与生态保护"三位一体"技术方法体系

通过研究，构建适合南方岩溶区地下河水资源化与生态保护的"三位一体"技

术方法体系，即补给区开展以植被恢复为主并收集回用峰丛洼地坡面流的石漠化治理以提高表层岩溶带的调蓄能力，径流区通过拦、蓄、引、堵4种方式对地下水进行水量-水位分级调控，排泄区拦蓄地表水以促进湿地的恢复。主要技术具体如下：

1）表层岩溶带调蓄技术

表层岩溶带是岩溶水循环的重要调蓄带，其调蓄功能是维持岩溶水系统生态健康的基础。本书以水均衡理论和达西定律为理论基础，综合利用水位、降雨量、蒸发量及泉流量等长观资料和水文地质参数，建立了表层岩溶带调蓄系数定量计算方法。同时，本书根据表层岩溶带调蓄系数的计算原理，结合会仙岩溶湿地的岩溶发育特征和水文地质条件，开展了以坡面流回收为主要内容的径流小区现场试验。试验结果显示，采用坡面流回收利用技术可有效提高表层岩溶带的大气降水入渗率（5%~10%），使表层岩溶带的调蓄能力明显提升。

2）岩溶湿地水量-水位分级调控技术

鉴于会仙岩溶湿地地下河管道明暗段相间的特点，主要通过对地下河系统实施源头引、地下蓄和地表拦实现对地下水位的调控，同时在地下河主管道和支管道排泄区实施拦蓄工程，充分利用地下空间，增加溶洞、管道、溶缝等地下空间的蓄水量，进而抬升地下水位。在地下河明流段实施拦堵工程，减少地下水出露地表后明流段径流排泄量，增加地表水蓄存量和蓄存时间，进而增加地表水下渗量以补给地下水，同时增加明流段的蓄存量，达到提高地下水利用率的目的。

选择华克拉莎作为指示会仙岩溶湿地健康状况的指示性物种，以华克拉莎生长区水位阈值8~42 cm作为湿地水位调控的依据。根据地形坡度和地表水-地下水水力坡度，采用分级调控方式对水位进行调控，以确保不同地段华克拉莎生长区水位保持在合理范围内。

为防止调蓄过程引发农田被淹没、岩溶塌陷等次生地质灾害，基于GMS-CFP软件建立湿地核心区水资源评价数学模型，并就示范区调蓄点位、调蓄水位、调蓄量进行不同场景下的模拟，最终确定5个示范点的建设位置，且确定坝前调控水位在0.5 m以内，以确保调蓄量可达到提高地下水利用率10%以上和提高应急供水能力15%以上的目标。

3）地下河及岩溶含水层"三定"探测技术

本书结合现场试验，系统总结了地球物理探测方法在岩溶区的适用性，并从定性、定位和定深几个方面来综合确定地下暗河的特征。

（1）定位方法：用于确定异常平面的位置，可选择大功率充电法、微动法、高密度联合剖面法、高精度重力法。

（2）定深方法：用于确定异常埋藏深度，可选择高密度对称四极电测深法和可控源音频大地电磁法。

（3）定性方法：主要用于验证异常充填与含水性，可选择放射性法、充电法、自然电位法、微动法。

5.建立岩溶水资源化与生态保护示范基地，典型应用取得成效

以"三位一体"的（补给区开展以植被恢复为主的石漠化治理以提高表层岩溶带调蓄能力，径流区通过拦、蓄、引、堵4种方式对地下水进行水量-水位分级调控，排泄区拦蓄地表水以促进湿地恢复）技术方法体系为基础，在广西会仙岩溶湿地典型区开展技术示范应用。

在径流区，主要采取拦、蓄、引、堵4种方式对岩溶地下河系统进行水量-水位分级调控。通过拦水工程，控制狮子岩地下河系统中洼地水体由北向南排泄的路径；对具有较大蓄水空间的地下河管道实施蓄水工程，以有效控制管道内的储水量；通过引水工程将流入系统以外水域的水根据需要引入狮子岩地下水系统，以弥补枯水期的水量匮缺。

采用水位自动记录探头同时监测水位、水温和电导率3个参数，通过无线传输系统将实时数据传输至监控平台，实现示范区在线调控。通过降雨时源头引、雨停后关闭排水口闸门增加蓄水量和延长水位下降时间，增加示范区内地表水及地下河管道内的蓄水量和蓄水时间。在一个水文年内，示范区地下水资源量增加49609.90 m³，较调蓄前增加29.93%；分阶段计算水资源增加量，枯水期、丰水期、平水期分别增加20759.05 m³、27031.35 m³和14292.64 m³，对应于同时期地下水资源量，增幅分别为40.70%、35.33%和37.36%。其中由于计算周期分阶段，地下水资源量枯、丰、平周期地下水资源量总量较一个水文年多，主要是由于各时期均有静态蓄水量增加所致。

经示范区调蓄能力核算，调蓄前后水资源量利用变化较大的是农田生态系统。在枯水季节，农业灌溉用水量增加，鱼塘养殖和生活用水量也略增加；农田/蔬菜面积约为0.213 km²，旱季灌溉用水量比蓄水前增加3584 m³，采用分散开采方式可延长特旱季节农田灌溉时间11 d；总用水量增加4557 m³（其中鱼塘养殖用水量增加768 m³，生活用水量增加206 m³），地下水开发利用率提高12.2%。

在枯水季节，地下水资源量增加20759 m³。随着地下水资源量的增加，生态需水量（含灌溉用水）、水塘养殖和生活饮用水量增加，同时蒸散发和径流排泄量也增加；应急供水资源量为2451 m³，较调蓄前增加403 m³，在枯水季节调蓄后应急供水能力提升19.7%，可供周边村民在枯水季节应急使用，利用方式主要为水井、溶洞抽水及水柜蓄水后使用。按冯家村常住人口为120人且每人每天的用水量为100 L计算，可供该村村民应急使用33.58 d。

参考文献

蔡德所，马祖陆，赵湘桂，等，2009. 桂林会仙岩溶湿地近40年演变的遥感监测[J]. 广西师范大学学报（自然科学版），27（2）：111-117.

蔡德所，马祖陆，2012. 会仙岩溶湿地生态系统研究[M]. 北京：地质出版社.

曹星星，2016. 基于水化学与稳定同位素的岩溶湿地流域地球化学过程研究[D]. 贵阳：贵州大学.

常勇，刘玲，2015. 岩溶地区水文模型综述[J]. 工程勘察，43（3）：37-44.

陈静，罗明明，廖春来，等，2019. 中国岩溶湿地生态水文过程研究进展[J]. 地质科技情报，38（6）：221-230.

陈瑞红，莫德清，李金城，等，2018. 会仙岩溶湿地水质监测及评价[J]. 山东化工，47（6）：156-160.

陈伟海，2006. 洞穴研究进展综述[J]. 地质论评，52（6）：783-792.

邓伟，潘响亮，栾兆擎，2003. 湿地水文学研究进展[J]. 水科学进展，14（4）：521-527.

樊连杰，邹胜章，卢海平，等，2019. 岩溶湿地地下水资源高效开发利用示范[J]. 中国矿业，28（S2）：494-496.

高士武，李伟，张曼胤，等，2008. 湿地退化评价研究进展[J]. 世界林业研究，21（6）：13-18.

官威，2015. 滇东南普者黑峰林湖盆土地利用变化的水文响应[D]. 昆明：云南师范大学.

郭纯青，方荣杰，代俊峰，等，2009. 岩溶地区地下水与环境的特殊性研究[M]. 北京：地质出版社.

郭欢，2016. 滇东南峰林湖盆区喀斯特森林生态水文过程研究[D]. 昆明：云南师范大学.

国家林业局《湿地公约》履约办公室，2001. 湿地公约履约指南[M]. 北京：中国林业出版社．

何永涛，闵庆文，李文华，等，2004．森林植被生态需水量的确定和计算：以泾河流域为例[J]．水土保持学报，18（6）：152-155．

黄海燕，戴益源，孙亚丽，2016．喀斯特溶洞湿地景观特征：以云南普者黑湿地为例[J]．山东林业科技，46（3）：99-102．

黄健，胡祎祥，黄亮亮，等，2017．广西会仙湿地鱼类多样性[J]．湿地科学，15（2）：256-262．

蒋忠诚，李先琨，胡宝清，等，2011．广西岩溶山区石漠化及其综合治理研究[M]．北京：科学出版社．

焦阳，雷慧闽，杨大文，等，2017．基于生态水文模型的无定河流域径流变化归因[J]．水力发电学报，36（7）：34-44．

郎赟超，2005．喀斯特地下水文系统物质循环的地球化学特征：以贵阳市和遵义市为例[D]．北京：中国科学院研究生院．

类延忠，冯颖，周宝同，等，2013．岩溶地区水土流失强度的等级划分研究：以毕节岩溶区为例[J]．水土保持通报，33（2）：221-225．

李发文，王艳萍，夏超，2017．桂林会仙湿地生物多样性研究[J]．安徽农业科学，45（35）：64-66．

李军，赵一，邹胜章，等，2021b．会仙岩溶湿地丰平枯时期地下水金属元素污染与健康风险[J]．环境科学，42（1）：184-194．

李军，邹胜章，赵一，等，2021a．会仙岩溶湿地地下水主要离子特征及成因分析[J]．环境科学，42（4）：1750-1760．

李佩成，1973．人工"引渗"建立"地下水库"[J]．陕西水利科技（3）：18-25．

李世杰，蔡德所，张宏亮，等，2009．桂林会仙岩溶湿地环境变化沉积记录的初步研究[C]//中国地理学会百年庆典学术论文摘要集，北京．

李挺宇，2019．我国石漠化土地5年减少1/6[J]．生态经济，35（2）：9-12．

刘昌明，牟海省，1993．雨水资源以及在农业生态中的应用[J]．生态农业研究，1（3）：20-26．

刘德良，孙自永，周海玲，等，2009．基于CSR模型的我国湿地退化地学监测指标体系研究[J]．安全与环境工程，16（2）：5-9．

刘峰，2015．黄河三角洲湿地水生态系统污染、退化与湿地修复的初步研究[D]．青岛：中国海洋大学．

刘金荣，曹建华，2000．用古植被面貌重建桂林3.7万年以来的气候变化[J]．中国岩溶，19（1）：5-12．

卢德宝，史正涛，顾世祥，等，2013．岩溶地区水文模型应用研究[J]．节水灌溉（11）：31-34．

马铭嘉，张兵，赵晶晶，等，2019．云南普者黑成景水文地质条件及岩溶特征[J]．云南地质，29（1）：74-78．

马瑞，董启明，孙自永，等，2013. 地表水与地下水相互作用的温度示踪与模拟研究进展[J]. 地质科技情报，32（2）：131-137.

马祖陆，蔡德所，蒋忠诚，2009. 岩溶湿地分类系统研究[J]. 广西师范大学学报（自然科学版），27（2）：101-106.

毛转梅，刘青，彭尔瑞，等，2021. 云南普者黑湿地流域水域面积变化及其影响因素[J]. 江西农业学报，33（5）：109-114.

潘欢迎，2014. 岩溶流域水文模型及应用研究[D]. 武汉：中国地质大学.

沈德福，李世杰，蔡德所，等，2010. 桂林岩溶湿地沉积物地球化学元素变化的环境影响因子分析[J]. 高校地质学报，16（4）：517-526.

沈利娜，蒋忠诚，吴孔运，等，2010. 峰丛洼地恢复演替系列优势种光合生理生态特征日变化研究：以广西马山弄拉峰丛洼地为例[J]. 广西植物，30（1）：35，75-81.

宋涛，于晓英，邹胜章，等，2020. 岩溶湿地退化评价指标体系构建初探[J]. 中国岩溶，39（5）：673-681.

田昆，常凤来，陆梅，等，2004. 人为活动对云南纳帕海湿地土壤碳氮变化的影响[J]. 土壤学报，41（5）：681-686.

涂水源，1987. 桂林碳酸盐岩人工地下洞室稳定性浅析[J]. 水文地质工程地质（6）：26-30.

汪海伦，路明，邹胜章，等，2022. 会仙岩溶湿地生态系统健康评价[J]. 科学技术与工程，22（8）：3380-3386.

汪良奇，张强，萧良坚，等，2014. 基于湖积物硅藻与地球化学记录的古环境变迁反演：以桂林会仙岩溶湿地为例[J]. 中国岩溶，33（2）：129-135.

王金哲，张光辉，严明疆，等，2020. 干旱区地下水功能评价与区划体系指标权重解析[J]. 农业工程学报，36（22）：133-143.

王丽娟，1989. 桂林甑皮岩洞穴遗址第四纪孢粉分析[J]. 人类学学报，8（1）：69-76，105-106.

王妍，刘云根，梁启斌，等，2016. 1977~2014年枯水期普者黑湖面积的变化[J]. 湿地科学，14（4）：471-476.

王宇，张华，张贵，等，2021. 喀斯特断陷盆地水资源高效开发利用模式构建[J]. 中国岩溶，40（4）：644-653.

王元云，何奕忻，鞠佩君，等，2019. 层次分析法在若尔盖湿地退化研究中的应用[J]. 应用与环境生物学报，25（1）：46-52.

王月，尹辉，李晖，等，2015. 桂林会仙岩溶湿地生态环境保护与生态补偿研究[J]. 湖北农业科学，54（1）：66-69.

吴应科，莫源富，邹胜章，2006. 桂林会仙岩溶湿地的生态问题及其保护对策[J]. 中国岩溶，25（1）：85-88.

伍晨，李洪兴，2014. 水质指数在水质综合评价中的应用研究进展[J]. 环境与健康杂志，31（1）：87-87.

肖谋艳，2019. 生态功能区绿色发展绩效评价及其指标体系构建研究[J]. 环境科学与管理，44（6）：148-153.

肖羽芯，王妍，刘云根，等，2020. 典型岩溶湿地流域生态功能区划研究：以滇东南普者黑流域为例[J]. 华中农业大学学报，39（2）：47-55.

熊立华，刘烁楠，熊斌，等，2018. 考虑植被和人类活动影响的水文模型参数时变特征分析[J]. 水科学进展，29（5）：625-635.

徐宗学，赵捷，2016. 生态水文模型开发和应用：回顾与展望[J]. 水利学报，47（3）：346-354.

杨薇，杨志峰，孙涛，2008. 湿地生态需水量与配水研究进展[J]. 湿地科学，6（4）：531-535.

余绍文，周爱国，孙自永，2011. 湿地退化的地质指标体系[J]. 地质通报，30（11）：1757-1762.

章光新，武瑶，吴燕锋，等，2018. 湿地生态水文学研究综述[J]. 水科学进展，29（5）：737-749.

张华海，李明晶，姚松林，2007. 草海研究[M]. 贵阳：贵州科技出版社.

张人权，梁杏，靳孟贵，等，2005. 当代水文地质学发展趋势与对策[J]. 水文地质工程地质（1）：51-56.

张晓龙，刘乐军，李培英，等，2014. 中国滨海湿地退化评估[J]. 海洋通报，33（1）：112-119.

张永利，罗佳，王留林，等，2015. 基于PSR模型的湖北湿地生态系统健康评价研究[J]. 环境保护科学，41（4）：89-94，128.

赵魁义，2002. 地球之肾：湿地[M]. 北京：化学工业出版社.

赵一，邹胜章，申豪勇，等，2021. 会仙湿地岩溶地下水系统水位动态特征与均衡分析[J]. 中国岩溶，40（2）：325-333.

中国地质调查局，2006. 地下水功能评价与区划技术要求[S]，GWI-D5.

周建超，覃军干，张强，等，2015. 广西桂林岩溶区中全新世以来的植被、气候及沉积环境变化[J]. 科学通报，60（13）：1197-1206.

朱丹尼，邹胜章，李军，等，2020. 会仙岩溶湿地丰平枯水期地表水污染及灌溉适用性评价[J]. 环境科学，42（5）：2240-2250.

朱丹尼，邹胜章，周长松，等，2021. 桂林会仙岩溶湿地水位动态特征及水文生态效应[J]. 中国岩溶，40（4）：661-670.

朱磊，2016. 普者黑峰林湖盆区稳定同位素水文过程研究[D]. 昆明：云南师范大学.

Aguilera H, Castaño S, Moreno L, et al., 2013. Model of hydrological behaviour of the anthropized semiarid wetland of Las Tablas de Daimiel National Park（Spain）based on surface water-groundwater interactions[J]. Hydrogeology Journal, 21（3）：623-641.

Boussinesq J，1877. Essai sur la théorie des beaux courante denouements nonpermanent des beaux southerliness[J]. Mémoires de l'Académie（royale）des Sciences de l'Institut（imperial）de France，23：252-260.

Boussinesq J，1903. Sur un mode simple decoulement des nappes d'eaud infiltration a lit horizontal，avec rebord vertical tout autourlorsqu 'une partie de ce rebord est enlevee depuis la surfacejusqu 'au fond[J]. Comptes Rendus de l'Académie des Sciences，137（5）：11.

Field M S，2002. The Qtracer2 program for tracer—breakthrough curve analysis for tracer tests in karstic aquifers and other hydrologic systems[R]. Washington：United States Environmental Protection Agency.

Guo F，Jiang G H，Liu F，2022. Plankton distribution patterns and the indicative significance of diverse cave wetlands in subtropical karst basin[J]. Frontiers in Environmental Sciences，10：970485.

Kovács A，2003. Geometry and hydraulic parameters of karst aquifers：a hydrodynamic modeling approach[D]. Switzerland：University of Neufchatels Doctoral thesis.

Kovács A，Perrochet P，Király L，et al.，2005. A quantitative method for the characterisation of karst aquifers based on spring hydrograph analysis[J]. Journal of Hydrology，303（1-4）：152—164.

Kullman L，1990. Dynamics of altitudinal tree-limits in Sweden：a review[J]. Norsk Geologisk Tidsskrift，44（2）：103-116.

Luo M M，Chen Z H，Criss R E，et al.，2016a. Method for calibrating a theoretical model in karst springs：an example for a hydropower station in South China[J]. Hydrological Processes，30（25）：4815-4825.

Luo M M，Chen Z H，Zhou H，et al.，2016b. Identifying structure and function of karst aquifer system using multiple field methods in karst trough valley area，South China[J]. Environmental Earth Sciences，75（9）：824.

Otnes J，1953. Uregulerte elvers vassforing irrvaersperioder[J]. Norsk Georafisk Tidsskrift，14：210-218.

Samani N，Ebrahimi B，1996. Analysis of spring hydrographs for hydrogeological evaluation of a karst aquifer system[J]. Theoretical and Applied Genetics（9）：97-112.

Toebes C，Strang D D，1964. On recession curves，1—Recession equations[J]. Journal of Hydrology，3（2）：2-15.

Werner P W，Sundquist K，1951. On the groundwater recession curve for large watersheds[J]. International Association of Scientific Hydrology Publication，33：202-212.

Winter T C，1999. Relation of streams，lakes，and wreetlands to groundwater flow systems[J]. Hydrogeology Journal，7（1）：28-45.